JN205101

最新農業技術 果樹 vol.11

本書の読みどころーまえがきに代えて

○モモ　生理，品種と基本の技術

今号はモモの大特集です。

各産地の試験場，とりわけ山梨県果樹試験場の先生方には力をふるっていただき，生育ステージ別の各管理（摘蕾・摘花，人工受粉，摘果，除袋，収穫期の判断）から樹形構成と仕立て方，整枝・剪定の方法，土壌管理と施肥，開園・新植・接ぎ木，樹体凍害・雪害対策，ハウス栽培，せん孔細菌病・モモハモグリガなど重要病害虫の解説まで，モモ栽培の基本をたっぷり収録。また，近年明らかになった果実の軟化生理のメカニズム（農研機構果樹茶業研究部門・立木美保氏）や，低温要求時間が日本の主要品種の約半分に短縮された‘さくひめ’など新世代のモモ５種を紹介したほか，モモの多様な血縁関係が概観できる品種の系統分類と栽培特性からみた分類（同・八重垣英明氏）の解説など，基礎的な生理生態情報も収めました。

生産者事例では，果樹産地では珍しい集落営農モデルを紹介。山梨県甲州市の中萩原らくらく農業運営委員会では，既存の樹園地を基盤整備，集約化し，新たに10a ７～８本の疎植でかつ低樹高の園地を造成，省力と収益性をアップするとともに遊休農地の解消，担い手育成も実現しています。次世代につながる営農モデルとして山梨県で注目の取組みを，同県果試の曽根英一氏に紹介頂きました。

○ウメ　‘露茜’栽培と加工のポイント

モモと同じ核果類では，近年注目のウメ‘露茜’を取り上げました。ご承知の通り，農研機構果樹研究所（当時）育成の品種で，梅酒や梅ジュースに加工するときれいな紅色がつき，加工業者にとっては魅力的な素材。このつくりこなし技術と早期多収のポイントを和歌山西牟婁振興局・竹中正好氏に整理頂くとともに，和歌山果試うめ研究所の大江孝明氏には栽培方法と果実品質との関係や，少々若めの果実を収穫しエチレン処理することで果肉の赤みをより深める着色向上技術を紹介頂きました。

○ナシ，リンゴ　果実障害の発生と対策

もう一つの特集は，果肉障害，裂果など果実の生理障害の発生と対策。

果実障害は果実の生理，生化学的な変化や，土壌・樹体の水分不足，養分の過不足，さらに

は品種の特性，樹齢などによって引き起こされますが，温暖化に伴う生育環境の変化や高齢化している作業環境もそれらを促進します。今号ではニホンナシの果実障害をメインに取り上げ，鳥取大学・田村文男氏にその総説とユズ肌症について，また‘あきづき’‘王秋’のコルク症果肉障害を農研機構果樹茶業研究部門・三谷宣仁氏に，‘にっこり’の水浸状果肉障害を栃木県農政部経済流通課・大谷義夫氏にそれぞれじっくり解説頂きました。大谷氏にはまた，‘豊水’みつ症の挿し木苗や台木利用による発生軽減対策と，その対策につなげるうえで有効なみつ症の発生予測式の活用についてもご案内頂いています。

ところで，生理障害といえばリンゴは「つる割れ」，裂果が古くから課題でしたが，1-ナフタレン酢酸ナトリウムの実用化以降，‘ふじ’ではその発生を半減，もしくはそれ以下にさせることも可能となりました（青森県産技セリンゴ研・葛西智氏）。また，すぐれた食味から交雑親として後代の品種育成に大きく貢献した‘千秋’はこの裂果性がとくに強く，経済品種としてはなかなか定着できなかったものの，秋田果試・上田仁悦氏によれば，裂果という形質が遺伝的であり，栽培管理でコントロールするのはきわめて困難で選抜段階での排除が重要であることを明らかにできた点で意義深い品種であったとしています。

○カンキツ，ブドウ技術，事例

最後に，カンキツとブドウでも基本的な技術情報と生産者事例を収録できました。

カンキツでは，樹冠下にシートマルチを被覆するマルチ栽培が高品質生産の標準となっていますが今日ではさらに，根の生育範囲を防根シートなどであらかじめ限り，水分制御をより確実にする根域制限マルチ栽培が各地で導入されています。今号では2001年から現地栽培が始まり，現在約10haまで栽培面積が広がっている佐賀方式のそれを，同県果試の田島丈寛氏に整理，解説頂き，本技術のマニュアルとして頂きました。

また生産者事例でも同じ九州は福岡県の，JAみなみ筑後柑橘部会の実践を紹介。10月中下旬の単価（平成29年実績352円/kg）としては日本のトップクラスを誇る品種「北原早生」をはじめとする同地の「山川みかん」，その生産技術およびブランド化と販売戦略，部会運営などについて同JA営農部の山口亮氏に報告頂きました。

ブドウでは，生果と異なる醸造用ブドウの仕立てと剪定，赤系品種で人気のクイーンニーナのつくりこなし，また生産者事例では，排水改善と小さな葉づくりで，ナガノパープルなどの裂果を防いで高品質安定生産をしている柴壽氏（長野県箕輪町）の取組みを収めました。

本書は「農業技術大系果樹編」追録33号および32号の記事を元に編ませていただきました。掲載を許諾いただいた執筆者の皆様には篤く御礼申し上げます。

2018年7月　農文協編集局

最新農業技術　果樹 vol.11　目次

本書の読みどころ―まえがきに代えて ………………………………………………… 1

◆モモ　生理，品種と基本の技術

〈生理，品種〉

果実軟化の生理 ………………………………… 立木美保（農研機構果樹茶業研究部門）7
品種の系統分類 ………………………………八重垣英明（農研機構果樹茶業研究部門）11
栽培特性からみた分類 ……………………八重垣英明（農研機構果樹茶業研究部門）17
有望品種の栽培上の特性
………新谷勝広（山梨県果樹試験場）／八重垣英明（農研機構果樹茶業研究部門）19

〈生育過程の各技術〉

発芽・開花結実期　摘蕾・摘花 ……………………………富田　晃（山梨県果樹試験場）21
人工受粉 ………………………………萩原栄揮（山梨県果樹試験場）25
新梢伸長期　摘果 ……………………………………富田　晃（山梨県果樹試験場）28
果実肥大成熟期　除袋 ……………………………………富田　晃（山梨県果樹試験場）33
収穫適期の判断と収穫 ……………池田博彦（山梨県果樹試験場）34
貯蔵養分蓄積・休眠期　雪害対策 ……松本辰也（新潟県農総研・園芸研究センター）37
樹体凍害対策 …………………岡沢克彦（長野県果樹試験場）42

〈土壌管理と施肥〉

施肥の基礎 ……………………………………………………手塚誉裕（山梨県果樹試験場）49
施肥設計の基礎 ………………………………………………加藤　治（山梨県果樹試験場）53

〈整枝・剪定〉

整枝・剪定と生育 ……………………………………………富田　晃（山梨県果樹試験場）61
樹形構成と仕立て方 …………………………………………富田　晃（山梨県果樹試験場）67
長野県の樹形構成 ……………………………………………徳永　聡（長野県農業技術課）74
岡山県の樹形構成 ……………………………荒木有朋（岡山県農水セ・農業研究所）79
整枝・剪定の方法 ……………………………………………富田　晃（山梨県果樹試験場）83
間伐・縮伐 ……………………………………………………富田　晃（山梨県果樹試験場）87

〈開園，改植，更新〉

そぎ芽接ぎ，切接ぎ，緑枝接ぎ …………………………新谷勝広（山梨県果樹試験場）89
開園・新植 ……………………………………………………池田博彦（山梨県果樹試験場）93
改植 ……………………………………………………………池田博彦（山梨県果樹試験場）97
連作障害の回避 ……………………… 和中　学（和歌山県果樹試かき・もも研究所）100

〈ハウス栽培〉

ハウス栽培 ………………………………………………… 萩原栄揮（山梨県果樹試験場）105

〈栽培技術上の重要病害虫〉

せん孔細菌病 ………………… 栁沼久美子・七海隆之（福島県農総セ・果樹研究所）115
果実腐敗病 ………………………………………………… 綿打享子（山梨県果樹試験場）119
黒星病 ……………………………………………………… 綿打享子（山梨県果樹試験場）123
モモハモグリガ …………………………………………… 内田一秀（山梨県果樹試験場）125

ウメシロカイガラムシ ……………………………… 内田一秀（山梨県果樹試験場）127
シンクイムシ類 ………………………………………… 内田一秀（山梨県果樹試験場）129
〈生産者事例〉
山梨県甲州市　既存の樹園地を基盤整備 10a 7～8本の疎植＋超低樹高でラクラク作業，収益アップ　中萩原らくらく農業運営委員会 …… 曽根英一（山梨県果樹試験場）131

◆ウメ‘露茜’栽培と加工のポイント

露茜 ………………………………… 竹中正好（和歌山県西牟婁振興局農業水産振興課）141
露茜果実の品質向上技術 ……………………… 大江孝明（和歌山県果樹試うめ研究所）147

◆ナシ，リンゴ　果実障害の発生と対策

〈ナシ〉
ナシの生理障害 ……………………………………………… 田村文男（鳥取大学農学部）155
あきづき，王秋のコルク状果肉障害 ………… 三谷宣仁（農研機構果樹茶業研究部門）161
ユズ肌症 …………………………………………………… 田村文男（鳥取大学農学部）169
豊水のみつ症 …………………………… 佐久間文雄（茨城県農総セ・生物工学研究所）／大谷義夫（栃木県農政部経済流通課）175
にっこりの水浸状果肉障害 ……………………… 大谷義夫（栃木県農政部経済流通課）185
〈リンゴ〉
リンゴ　裂果（ふじ）………………… 葛西　智（(地独) 青森県産技セ・りんご研究所）191
リンゴ　裂果（千秋）……………………………………… 上田仁悦（秋田県果樹試験場）196

◆カンキツ技術，事例

根域制限高うねマルチ栽培（佐賀方式）………………… 田島丈寛（佐賀県果樹試験場）203
〈生産者事例〉
福岡県みやま市　北原早生　トップブランドの生産・販売戦略　高単価実現に向けたJAみなみ筑後柑橘部会の取組み ………………… 山口　亮（JAみなみ筑後営農部園芸課）213

◆ブドウ技術，事例

クイーンニーナのつくりこなし方 ……………………… 宇土幸伸（山梨県果樹試験場）225
醸造用ブドウの仕立てと剪定 ………………………… 渡辺晃樹（山梨県果樹試験場）233
〈生産者事例〉
長野県上伊那郡箕輪町　ナガノパープル　露地栽培・WH型短梢剪定 …………………………………… 柴　壽（長野県実際家・元長野県果樹試験場）245

モモ　生理，品種と基本技術

◎生理，品種……7 p
◎生育過程の各技術……21 p
◎土壌管理と施肥……49 p
◎整枝・剪定……61 p
◎開園・改植・更新……89 p
◎ハウス栽培……105 p
◎栽培技術上の重要病害虫……115 p
◎生産者事例……131 p

果実軟化の生理

(1) 軟化における細胞壁の変化

モモはリンゴなどと同じクライマクテリック型果実であることから，果実の成熟にはエチレンが関与する。モモ果実は，硬核期（モモ果実生長の第2期）の間は緩やかに肥大するが，硬核期を過ぎると（モモ果実生長の第3期）急速に肥大し始め，それは果実成熟期まで続く。成熟期が近くなると，果皮の緑色成分であるクロロフィルが分解されることで地色が抜け，アントシアニンが合成されることで着色がおこり，果肉硬度は低下する。

モモの肉質や硬さの違いは，おもに細胞壁を構成する多糖類の構造変化によって生じると考えられている。モモ果実の細胞壁における多糖類は，ペクチン，ヘミセルロース，セルロースに区分される。果実の成熟や軟化時には，多くの細胞壁分解・代謝酵素の働きによってペクチンおよびヘミセルロースの量的，質的な変化が生じる。

果実の細胞壁はペクチンの割合がもっとも高く，果実が成熟して軟らかくなるときに劇的な変化がおこる。ポリガラクツロナーゼは，ペクチンの主鎖を構成するポリガラクツロン酸を加水分解し低分子化させる。ポリガラクツロナーゼにはエキソ型とエンド型が存在するが，とくにエンド型のポリガラクツロナーゼはポリガラクツロン酸をランダムに加水分解し，成熟時のペクチンの低分子化に関与している。

(2) モモ果実肉質の種類

①溶質・不溶質

わが国で一般に栽培されている‘あかつき’‘白鳳’‘川中島白桃’などのモモは「溶質タイプ」と呼ばれ，収穫後に果肉が急激に軟化する。一方，缶詰の原料として利用される‘錦’‘大久保’‘もちづき’などのモモは「不溶質タイプ」と呼ばれ，収穫後の軟化が緩やかで，最終的な肉質の状態も溶質に比べて硬く，弾力があるため一般にゴム質と呼ばれている（第1図）。不溶質のモモは果肉を加熱したさいに，溶質のように煮崩れしない。

溶質と不溶質のモモの肉質の違いはポリガラクツロナーゼの活性に依存する。エンド型，エキソ型2種類のポリガラクツロナーゼのうち，溶質のモモは両タイプのポリガラクツロナーゼ活性をもっているが，不溶質はエキソ型のポリガラクツロナーゼ活性しかもっていない。成熟期の溶質モモでは，生成されたエチレンの作用によってエンド型のポリガラクツロナーゼ遺伝子発現が誘導される。その結果，エンド型のポリガラクツロナーゼ活性が高くなり，ペクチンは可溶化して低分子化する。一方，不溶質モモでは，溶質モモと同様に成熟期になるとエチレン生成量は増大するが，エンド型のポリガラクツロナーゼ活性をもたないため，ペクチンの可溶化や低分子化がおこらないと考えられる。

近年の報告では，エンド型のポリガラクツロナーゼは果肉硬度の低下ではなく，肉質の変化に関与しているという。したがって，エンド型のポリガラクツロナーゼによって触媒されるペクチンの代謝は，溶質モモの軟化後期における肉質の変化に重要な役割を果たしていると考えられる。溶質，不溶質の形質は，溶質が優性形質であり，その遺伝子座はM（溶質）/m（不溶

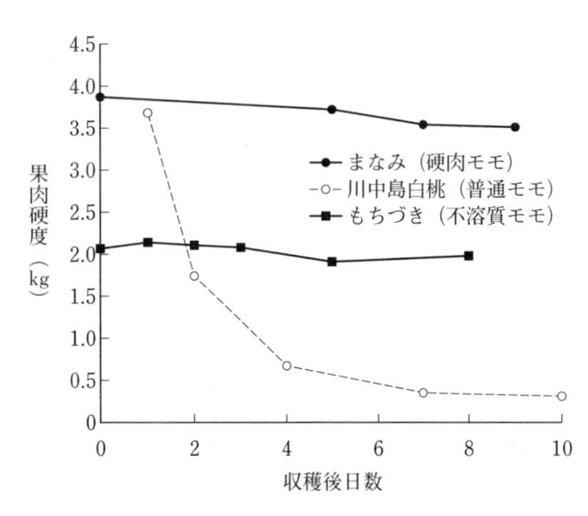

第1図　収穫後果実の果肉硬度の変化

第1表　モモの肉質を決める主要な因子

因子		本稿での表記	おもな品種
Hd/*hd*[1)]	*M*/*m*[1)]		
非硬肉	溶　質	普通モモ	あかつき・白鳳・川中島白桃
	不溶質	不溶質モモ	錦・大久保・もちづき
硬　肉	溶　質	硬肉モモ	まなみ・おどろき
	不溶質	該当なし	

注　1）大文字表記が優性

質）と表わされる（第1表）。

②硬肉・非硬肉

モモには硬肉と呼ばれるタイプがあり，わが国では‘おどろき’‘まなみ’などが少量ながら生産されている。硬肉モモは，一般的なモモ品種間の交雑で得られた実生のなかから発見され，成熟に伴う果皮色の変化，糖度の上昇，減酸などは一般的なモモと同様に進行するが，エチレン生成量が増加せず，果肉は収穫後もほとんど軟化せず，硬いままでカリカリとした食感をもつ（第1図）。硬肉は不溶質とは異なり，煮ると果肉は崩れる。硬肉の形質は，劣性形質であり，その遺伝子座は*hd*と表わされる。硬肉モモの要因については後述する。

以上のようにモモの肉質に大きな影響を与える遺伝的な因子は二つあり，その組合わせによって，溶質―非硬肉（わが国で一般的に栽培されている生食用のモモ品種），不溶質―非硬肉（一般的な缶詰用のモモ品種），溶質―硬肉（‘まなみ’‘おどろき’など），不溶質―硬肉の4グループに分類される（第1表）。本稿では，溶質―非硬肉を「普通モモ」，溶質―硬肉を「硬肉モモ」，不溶質―非硬肉を「不溶質モモ」と表記する。不溶質―硬肉タイプについて，現在わが国において栽培されている品種はないが，海外ではこのタイプと推測される品種は存在する。

(3) モモの軟化におけるエチレンとオーキシンの関与

モモ果実成熟の制御には，エチレンだけでなくアブシジン酸，オーキシンなどの植物ホルモンの関与についても指摘されている。近年，硬肉モモの軟化抑制機構を研究する過程で，モモの軟化制御にエチレンとオーキシンが深く関与することがあきらかとなった。

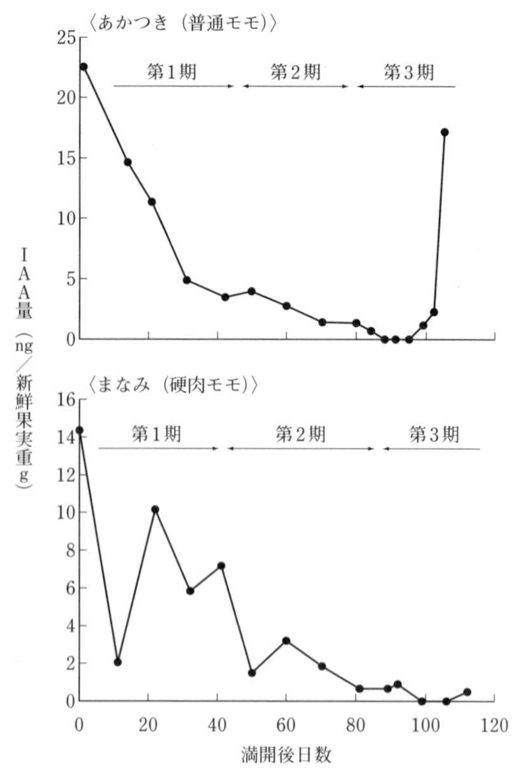

第2図　果肉におけるIAA量の変化

第1期：結実後細胞分裂と細胞肥大が著しい時期
第2期：細胞分裂，肥大が緩やかな時期（硬核期）
第3期：硬核期終了後～成熟期，細胞肥大が著しい時期

内生オーキシンであるインドール酢酸（IAA）の果肉（中果皮）における濃度は，果実が生長する間に大きく変動する（第2図）。受粉直後の果実においてインドール酢酸は多いが，その後果実の生長に伴い徐々に減少する。第3期に入り収穫適期の2週間ほど前になると，インドール酢酸は検出限界以下にまで減少する。そのような状態が数日続いたのち，普通モモである‘あかつき’ではインドール酢酸が増加し始め，収穫適期直前には急激に上昇する。一方，硬肉モモである‘まなみ’において，インドール酢酸は‘あかつき’と同様に検出限界以下まで減少するが，その後増加しない。この

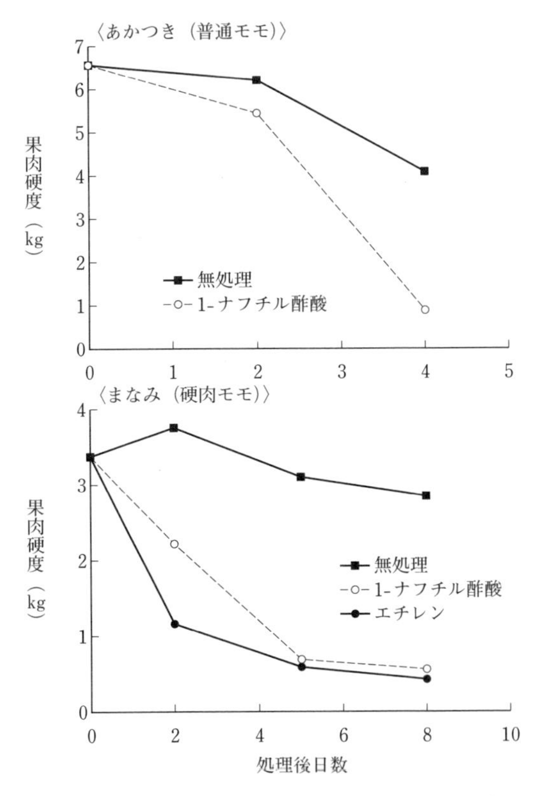

第3図 合成オーキシン，エチレン処理が果肉硬度に与える影響

上：未熟あかつき（普通モモ）

下：完熟まなみ（硬肉モモ）

ように，インドール酢酸が普通モモでは成熟期に増加するのに対し，硬肉モモでは増加しないことから，硬肉モモの軟化抑制にはオーキシンが関与している可能性が高いと考えられた。

モモ果実成熟におけるオーキシンの影響を明確にするために，果実にオーキシン剤を塗布する試験を行なった（第3図）。‘あかつき’を収穫適期の前（エチレン生成量が上昇する前）に収穫し，合成オーキシン剤である1-ナフチル酢酸をスプレー処理したあとに貯蔵すると，無処理に対してエチレン生成量は増加し，速く軟化する。また，‘まなみ’の成熟果実に1-ナフチル酢酸を処理すると，‘あかつき’と同様にエチレン生成がおこり軟化する。このように，成熟期のモモ果実では，増加したオーキシン（インドール酢酸）によってエチレン生成が誘導され，それに伴い果肉が軟化することがあきらかとなった。

また，収穫前の普通モモ果実にオーキシン作用阻害剤を処理すると，無処理の果実に比べエチレン生成量は少なく，果肉硬度は高い傾向を示す。以上の結果から，普通モモにおける成熟に伴うエチレン生成および軟化はインドール酢酸によって制御されていると考えられる。

(4) モモの軟化機構

モモ果実は第3期に入ると急激に果実重が増加するとともに，緩やかに軟化する（第4図）。これは普通モモ，硬肉モモともに共通しておこり，果肉硬度は3～4kg程度まで低下する（果実硬度計FT011；Italtest社製；直径8mmのプランジャー使用の場合）。この時期は普通モモ

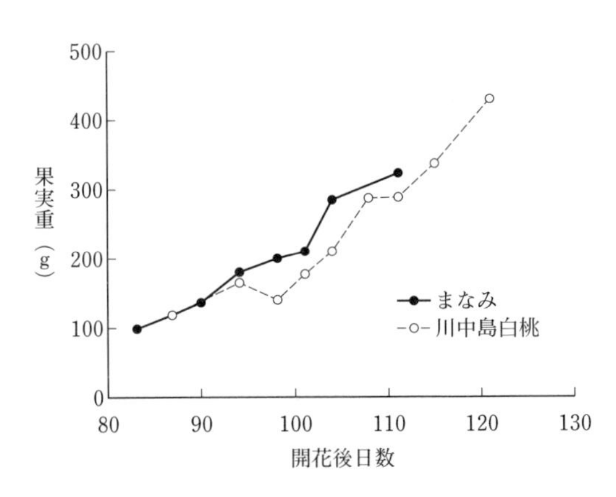

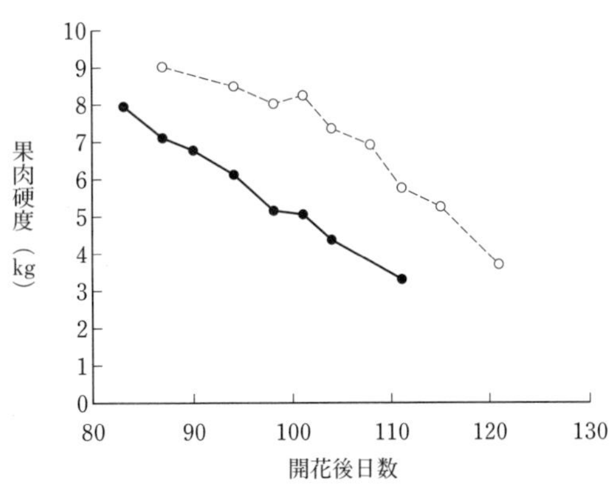

第4図 第3期から成熟期におけるまなみ（硬肉モモ），川中島白桃（普通モモ）の果実重と果肉硬度の変化

においてもエチレン生成量，インドール酢酸量ともにきわめて低く，この時期に発現する細胞壁分解・代謝酵素遺伝子の発現誘導にエチレンはかかわらないと報告されている。したがって，このような緩やかな軟化は，エチレンもオーキシンも関与しないものと思われる。

一方，普通モモの収穫後に見られる急激な軟化や肉質の変化は，エチレンなどによって誘導されるポリガラクツロナーゼなどの軟化にかかわる酵素の働きによって引きおこされるが，ここまでに述べてきたように，エチレン生成はオーキシンによって制御されていると考えられる。

以上のことから，第3期以降におけるモモ果実の軟化は二段階に制御されており，成熟初期の緩やかな軟化にはエチレンやオーキシンは関与せず，成熟後期の急激な軟化にエチレン，オーキシンが影響を及ぼすと考えられる。硬肉モモでは，成熟後期に達してもオーキシンが増加しないためにエチレン生成が誘導されず，軟化がおこらないものと考えられる。

(5) 普通モモの軟化を抑制する

普通モモの成熟後半における急激な軟化を抑制するために，オーキシンやエチレンの作用を抑制させる手法が考えられる。しかし，エチレン作用阻害剤としてリンゴなどにおいて高い鮮度保持効果を示す1-メチルシクロプロペン（1-MCP）のモモにおける軟化抑制の効果はさほど高くない。また，オーキシン作用・生合成阻害剤は，モモの軟化を抑制する効果があることがあきらかとなったが，安定した効果を得られる処理方法など，さらなる検討が必要である。また，これらの剤の実用化のためには，農薬登録のための試験研究が必要となる。このように，エチレンやオーキシンの作用を阻害することによる普通モモの軟化制御技術の開発には，いくつかの課題が残されている。

(6) 硬肉モモを軟化させる

硬肉モモは成熟期に内生オーキシンは増加しないが，外から与えたオーキシンやエチレンに対する反応性は正常であるため，これらの剤を人為的に処理して軟化させることが可能である。硬肉モモにエチレン処理をすると果肉硬度は低下するが，粉質化するため，普通モモのような肉質にはならない。わが国では普通モモの軟らかな肉質を好む傾向にあるため，硬肉モモを好ましい肉質に軟化させ得る技術の開発が必要である。

現在，わが国における硬肉モモの生産量は少ないが，流通過程における取り扱いが容易で輸送中の果実の廃棄率も低いという大きなメリットがある。また，硬肉モモは品種によって，最終的な硬さや肉質が異なるため，今後，現在の品種よりも軟らかい硬肉モモが育成される可能性も高い。安定して軟化させる技術が確立されれば，硬肉モモは輸出など長距離輸送を必要とする遠隔地での販売，需要に合わせた機動的な販売などを視野に入れた新たな付加価値の高い商材になり得るものと思われる。

執筆　立木美保（農研機構果樹茶業研究部門）

品種の系統分類

1. 分類方法

世界で栽培されているモモの品種数はきわめて多い。20世紀初めにヘドリックは，ニューヨーク州のモモ品種2,000あまりについて記載している。その後ブルックスらによって追加されただけでも700あまりの品種があり，これにわが国や中国，地中海沿岸諸国の品種を加えると，モモの品種数は世界的にはおそらく5,000を超えるだろう。これらの品種を明確に分類することは重要であるが，大変に困難な仕事である。

モモの分類のしかたには，大きくいって2つの方法がある。ひとつは，品種の生態的特徴や近縁関係などによる方法である。いまひとつは果肉色や毛茸の有無などの果実の形質に注目して分類する方法である。

前者は本来の意味の自然分類に近いが，数千年の歴史を経ているモモでは，由来の不明な品種がきわめて多く，推測にたよることが多くなってしまう。また近年，異なる品種群間での交雑が活発に行なわれており，明確な分類がむずかしくなっている。

後者では，モモとネクタリンというように，果実の商品性を考えるうえでは重要だが，植物として考えると，単なる1対の遺伝子の違いにすぎない，というように，品種間の近縁関係を表わすものではない点に注意したい。

2. 生態的分類

モモの原産地は，中国西北部の陝西省および甘粛省の高原地帯であると考えられている。ここを起点にして，南へ，あるいは西へとモモは伝播し，栽培が普及するのと並行していくつかの品種群が形成されていった。菊池秋雄は，これを次の3つの品種群に分類している。

(1) 華北系品種群

夏の乾燥条件に適応した品種群である。肥城桃，青州蜜桃，深州蜜桃などのほか，多くの地方品種があった。全体に著しく晩熟のものが多く，大果で果肉が不溶質に近く，貯蔵に耐え，年を越して出荷することも行なわれていたという。わが国の気象条件では花芽，葉芽とも非常に少なく，生産力ははなはだ低い。

(2) 華中系品種群

菊池は，この品種群に上海系と蟠桃系の2つの系統をあげている。

上海系　上海市近郊には，白芒水蜜桃，玉露水蜜桃など，浙江省杭州および寧波地方には仁圃水蜜桃，普通玉露桃など多くのモモ品種がみられた。これらの品種はいずれも肉質が柔軟で多汁，剥皮性容易で果実軟化が速く貯蔵に耐えにくいという性質を備えていたという。上海市周辺は夏に雨が多い地域であり，これらの品種は温暖湿潤気候に適応したグループであるといってよいだろう。この地域から明治の初期にわが国に導入された上海水蜜桃は，わが国の風土でもよく花芽をつけ，品質の優れた果実を生産した。

蟠桃系　上海市から南側に海岸線に沿って蟠桃と呼ばれる扁平なモモが栽培されていたという。南方のものは，冬の短い地方でも生育が可能であり，亜熱帯気候に適応した品種もみられたようである。

この2つに加えて菊池は，より南部に栽培されるハニーピーチと呼ばれる果頂部の尖った品種を，華中系品種群に含めている。ハニーピーチは，低温要求性の低い，亜熱帯に適応した品種群であり，わが国の条件では開花期がかなり早くなる。これらの南方系品種はのちにメキシコや中南米に持ち込まれ，亜熱帯地方独特の品種群を形成することになる。

(3) ヨーロッパ系品種群

ペルシャ，小アジア，トルキスタンを経由してイタリア，フランスなどに伝播していったグループであり，乾燥条件に適応した品種群である。白肉種，黄肉種，軟肉から不溶質，ネクタリンに至るまで幅広い変異をもっている。スペインでは黄肉で肉の硬い品種が発達した。この品種群に属するものとしては，アムスデンジュン，ブリッグスメイ，アレキサンダー，トライアンフ，アーリーリバース，アーリークローフォードなどがあり，明治以降わが国にも導入されている。

これらの品種は，わが国の条件下では全体に花芽が少なく，炭疽病に弱く，生産力が非常に低いという特徴をもっていた。明治時代に導入されたヨーロッパ系品種の多くは，そうした理由からわが国には定着できなかった。地中海沿岸以外では，気象条件の似たアメリカ合衆国のカリフォルニア州に本品種群は定着している。

このように，世界のモモ栽培の中心は長い間，ペルシャや地中海沿岸など乾燥しやすい地域にあり，これらの地方では乾燥条件に適した多様な品種が形成されていったのである。

その後，モモ栽培が世界に広がるにつれ，モモ品種が急速に発展した地域が2つある。ひとつはアメリカ合衆国東部，いまひとつは日本である。この2つの地域は夏に雨が多いという点で共通しており，新しい品種が求められていた。

(4) アメリカ合衆国東部系品種群

アメリカ東部にもヨーロッパからモモが持ち込まれたが，湿潤条件に適応せず定着しなかった。19世紀末にイギリス経由で，中国からチャイニーズクリングという品種が導入され，ここから多くの優れた品種が育成された。チャイニーズクリングは，花芽が多く，病気に強く，湿潤条件に適応した品種であり，上海系であるといわれている。しかしこの品種は花粉がないため，すでに持ち込まれていたヨーロッパ系品種群が花粉親となり，多くの偶発実生品種が育成された。初期にはエルバータ，ベル，J.H.ヘイルなど，のちにはさらにこれらの後代からレッドヘブンなどの主要品種が見出されている。これらの品種は，軟肉で多汁であること，黄肉で酸が比較的強いことなどの共通した特徴を示している。

(5) 日本的品種群

日本には明治以前にもモモが存在したが，これらは小果であったことから明治以降姿を消していった。明治初期にモモ品種の導入が始まり，中国から上海水蜜桃，天津水蜜桃の2品種，フランス，イギリスなどからアムスデンジュン，アーリーリバースなどが導入された。この上海水蜜桃をもとに，ヨーロッパ品種との交雑により，わが国の初期のモモ品種が形成されていった。伝十郎，土用，離核，岡山早生，橘早生などは上海水蜜桃の血を引いていると考えられる。近年，DNA鑑定により白桃が上海水蜜桃の実生であることが確認された。

初期のモモ品種は日持ちが不良であること，酸が比較的強いなどの欠点をもっていたが，いずれも高い生産力を示していた。白桃を中心とした交雑の結果，白鳳，大久保，清水白桃，愛知白桃，布目早生などの1980年代の主要品種ができあがった。その後さらに交雑が進み，現在の主要品種が育成された。その結果，多くの主要品種は上海水蜜桃および白桃の後代である（第1図）。現在の品種は白肉種が多く，肉が軟らかく多汁で，酸がきわめて少ないという点で世界に類をみない日本的品種群というべきものである。花芽，葉芽ともよく着生し，湿潤条件でも高い生産力を保っている。

現在の品種を「白桃系」と「白鳳系」と区分しているのを見かけることがある。しかし，白鳳は白桃の子でありその他の主要品種の多くも白桃の後代であることから，このような区分は不正確である。

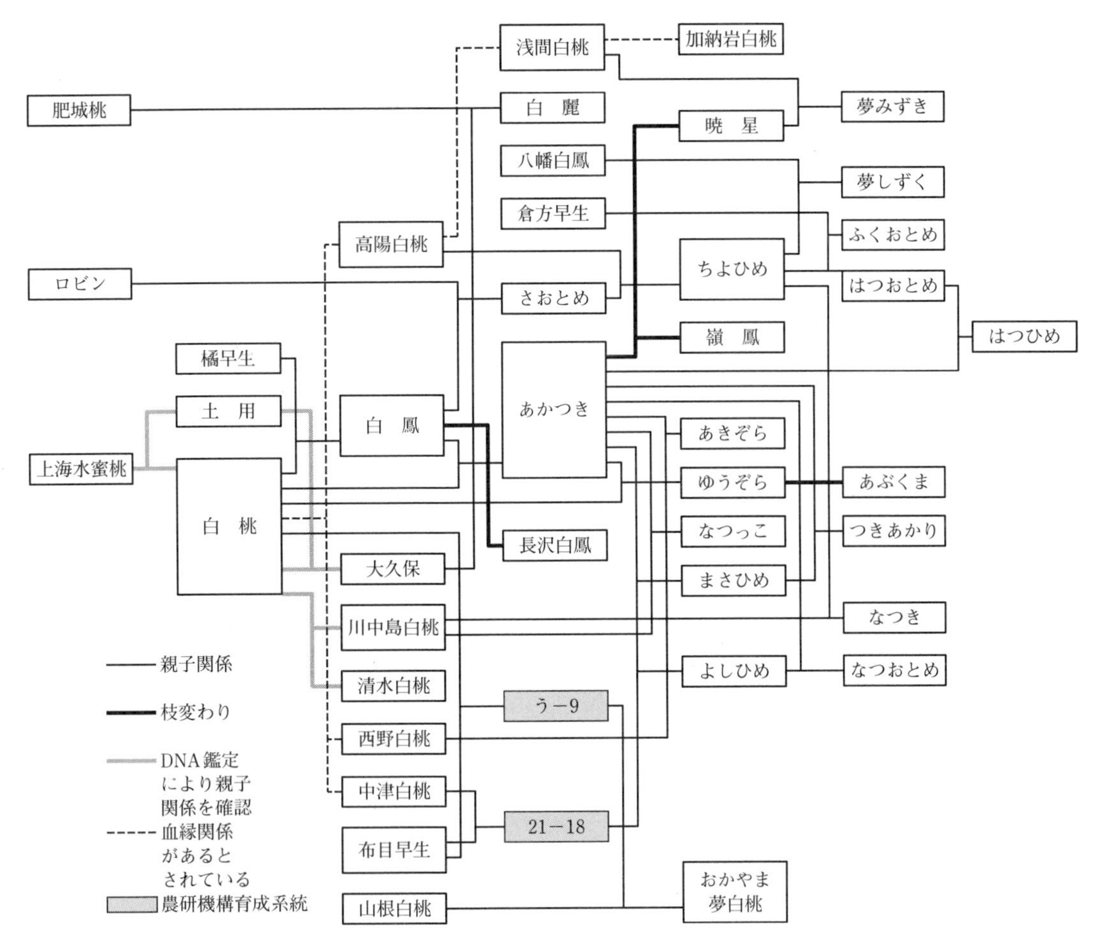

第1図　日本のモモ品種の血縁関係

(6) 亜熱帯適応品種群

モモの栽培は近年，メキシコ，ブラジル，台湾など亜熱帯地域にまで拡大している。これらの地域では休眠覚醒に必要な低温期間がきわめて短く，温帯地域のモモ品種では正常な開花，結実にいたらない。ここ十数年の間に，こうした地域に適したモモおよびネクタリン品種がアメリカのフロリダ大学やテキサス大学などから数多く公表されている。品種の特徴は，休眠打破に必要な低温要求時間がきわめて短いことである。通常1,000時間前後必要な低温時間が，これらの品種群では150 ～ 300時間程度と短いことが特徴である。こうした品種群の育成にはハニーピーチなどの中国南部のモモが素材として用いられたと思われるが，現在では後代間の交雑により白肉のみならず，黄肉種やネクタリンまで育成されている。

これらの品種は，一般に成熟期間が100日未満と短い。また，果実重は100gに満たないものが多く，そのまま日本で用いることはできないが，この間の育種の大きな成果としてあげられよう。近年，中南米の亜熱帯地方の品種が日本に導入され，主要品種と交雑されて低温要求性の低いKU-PP1，KU-PP2，さくひめが育成された。

3. 果実の形質による分類

モモの果実は，果実表面の毛茸の有無，果肉

第1表　果実の形質によるモモの分類

毛茸の有無	果肉色	肉　質	核の粘離	品　種
有　毛（モモ）	白肉	溶質	粘核	あかつき，白鳳，川中島白桃，日川白鳳，清水白桃，浅間白桃，なつっこ，みさか白鳳，加納岩白桃，一宮白桃，ゆうぞら，暁星，ちよひめ，はなよめ，おかやま夢白桃，白桃
			離核	大久保，天津水蜜桃，伝十郎，土用
		不溶質	粘核	もちづき，缶桃8号
		硬肉	粘核	おどろき，まなみ，阿部白桃
	黄肉	溶質	粘核	黄貴妃，黄美娘，つきあかり，ひめこなつ
			離核	黄金桃，つきかがみ，レッドヘブン
		不溶質	粘核	缶桃5号，錦，フレーバーゴールド
		硬肉	粘核	西尾ゴールド
無　毛（ネクタリン）	白肉	溶質	粘核	サマークリスタル，ミス・りか
			離核	反田ネクタリン
	黄肉	溶質	粘核	秀峰
			離核	フレーバートップ，ファンタジア，早生ネクタリン，スイートネクタリン黎明

と果皮の色，果肉の肉質，核の粘離などで区別することができる（第1表）。わが国では，とくに果実表面の毛茸の有無と果肉色とに大きな関心が払われてきた。

(1) 果実表面の毛茸の有無

毛のあるものをモモ，毛のないものをネクタリンとして区別している。モモの野生型は有毛であり，無毛タイプは突然変異によって現われたと考えられている。遺伝的には有毛が無毛に対して優性である。わが国で育成された品種はほとんどが有毛種である。無毛のタイプはヨーロッパで品種が発達し，アメリカで改良がすすめられたため，現在のネクタリン品種は黄肉で酸の強いものが多い。

(2) 果肉色

完熟した果肉の色には，白肉，黄肉，紅肉がある。紅肉は，天津水蜜桃，西瓜早生など特定の品種にだけみられるもので，白肉種のなかのとくに紅色素の多い系統として白肉種に分類している。白肉は黄肉に対して優性である。わが国では白肉種が好まれ品種の割合も高いが，アメリカ，イタリアなどでは黄肉種の比率が高い。白肉種でも上海水蜜桃，白桃，あかつき，川中島白桃など，黄肉の遺伝子をもつ品種も多い。

(3) 果肉の肉質

モモの肉質は長い間，溶質と不溶質の2つのタイプに分類されてきた。溶質とは熟した場合に果肉が著しく軟化するタイプをさす。あかつき，白鳳，川中島白桃，日川白鳳など，わが国の大部分がこのタイプである。また，ネクタリンも多くが溶質である。不溶質とは，熟しても果肉の軟化が少なく，一般にゴム質と呼ばれる肉質である。不溶質のモモは完熟しても弾力があり，押し傷の発生がきわめて少ないという特性がある。このタイプは加熱しても崩れにくいことから，主として缶詰用に改良されてきたため比較的酸が強く，黄肉のものが多い。

近年，これらとは異なる肉質をもつ品種が多数現われている。これは成熟にともなうエチレンの生成が起こらないため，樹上および収穫後も果肉軟化がほとんどみられないタイプで硬肉と呼ばれている。

溶質は不溶質に対して遺伝的に優性である。また，軟化する肉質は硬肉に対して優性である。溶質と不溶質および軟化する肉質と硬肉はそれぞれ独立して遺伝する形質である。そのため本来であれば，遺伝子型的には軟化しない不溶質の肉質が存在可能であるが，表現型としては軟化しない溶質つまり硬肉と区別することは困難である。よって，モモの肉質は溶質，不溶質，硬肉の3つのタイプに分けられる。

(4) 核の粘離

「核の粘離」とは，いわゆる肉離れの難易をさす言葉である。菊池によれば，野生型のモモはすべて離核であるという。遺伝的には離核が優性である。したがって，粘核の両親からは粘核の子しか出現しない。わが国のモモは粘核のものが多く，離核の品種は大久保，布目早生，黄金桃などごくわずかである。一方，欧米の生食用品種やネクタリンの多くは離核である。ネクタリンの秀峰は，めずらしく粘核である。一方，缶詰用モモ品種は，除核のさいに切り口が美しくみえるように粘核種が選抜されている。

4. 樹の性質による分類

モモの栽培品種のほとんどは喬木性であるが，わが国や中国などに残っている観賞用モモのなかには，わい性，しだれ性，ほうき性など異なる性質をもつ品種がみられる（第2表）。これらの品種の果実は小果で品質不良だが，育種素材としては検討する価値があると思われる。アメリカでは，ボナンザなどわい性で果実の大きくなる品種も育成されている。

第2表　樹の性質による分類

樹の性質	品　種
喬木性	ほとんどの栽培品種，野生種
わい性	寿星桃，レッドドワーフ，ゴールデンプロリフィック，シルバープロリフィック，ゴールデングローリイ，ボナンザ，スワトウ
しだれ性	白しだれ，赤しだれ，源平しだれ，さがみしだれ，照手水蜜，ひなのたき
ほうき性	ほうきもも，照手桃，照手紅，照手白，舞飛天，白楽天

第2図　わい性の樹

第3図　しだれ性の樹

(1) 喬木性

通常の栽培品種，野生桃のタイプである。新梢は太く，その大部分が上方に向かって伸び，節間は長い。数年で骨格となる枝が形成できる。喬木性は，わい性，しだれ性，ほうき性に対して優性である。

(2) わい性

節間がつまり，葉が叢生するもので，成木でも，せいぜい大人の背丈ほどにしかならない。代表的なものに寿星桃がある。アメリカでは，寿星桃と栽培種との交雑により，シルバープロリフィック，ゴールデングローリイなどの品種が育成されている。

(3) しだれ性

観賞用モモ品種のなかには，枝がまっすぐに伸びず，途中から下垂してしまうタイプがみられる。新梢は，前年枝の基部から中央付近に多く発生し，伸長するにつれて先端が下がる。観賞用として改良されてきたもので，花の色により，白しだれ，赤しだれ，源平しだれなどの品

第4図　ほうき性の樹

種が知られている。これらの品種は果実が小さく食用には不適であったが，生食用品種との交雑により生食可能なしだれ性品種として照手水蜜とひなのたきが育成されている。

(4) ほうき性

新梢が細く密生し，しかも分岐角度が狭いので，全体に竹ぼうきを逆さにしたような姿になる。ほうきももと呼ばれる観賞用モモの一品種である。花は，白に赤い斑の入るものや，赤と白の咲き分けなど，いわゆる源平型を示すものもある。果実は小さく，食用には不適である。

5. その他

モモの花には，一重咲き，八重咲き，白花から赤花と，大きな変異がみられる。栽培種ではほとんどがピンク色だが，色の濃淡には品種による差がみられる。花弁が長軸にそって湾曲して菊のようになる菊咲きと呼ばれる花弁のタイプが存在し，菊桃などの品種がある。また，しべ咲きと呼ばれる花弁の小さなタイプがヨーロッパ系品種のなかにはかなりみられる。ネクタリンのネクタレッド1号，5号，黄肉桃のエルバータ，レッドヘブン，不溶質のタスカン，フォーチュナなどは，しべ咲き品種である。わが国のモモでは，黄肉桃の清見がしべ咲きである。遺伝的には，普通咲きがしべ咲きに対して優性である。

執筆　山口正己（農林水産省果樹試験場）
改訂　八重垣英明（農研機構果樹茶業研究部門）

参考文献

Books, R. M. and H. P. Olmo. 1972. Register of new fruit and nut varieties. 2nd ed. Berkley : Univ. of Calif. Press.
Hedric, U. P. 1916. The peach of New York. Rpt. N. Y. Agr. Exp. Sta.
Hesse, C. O. 1975. Peaches. Advances in Fruit Breeding. Ed. J. Janick and J. N. Moore. 285—335. Purdue Univ. Press.
菊池秋雄．1948．果樹園芸学上巻．養賢堂．

栽培特性からみた分類

1. 花芽，葉芽の着生のしかた

モモの花芽と葉芽とは，1年生枝の葉腋に形成され，その密度や，花芽と葉芽の割合などは着果数や結果枝数などに大きく影響する重要な形質である。これは，大別して次の3つのタイプに分類できるだろう。

(1) 複芽が多く，花芽，葉芽とも良好に着生するタイプ

複芽とは，1つの節に2つ以上の花芽または葉芽が着生しているものを示すことばである。葉芽は節ごとに多くて1芽，花芽は最大で3芽着生する。複芽の多い品種は，ふつう葉芽も多いことが知られている。このような品種は結果枝の基部から先端に至るまで，びっしりと着果し，しかも新梢数も多くなる。

したがってこのタイプは，適正な栽培管理によりきわめて高い生産力を示す能力をもつといえよう。しかし，一方では結果過多や枝の込みすぎなどに陥る危険性もあわせもっている。上海水蜜桃などの華中系モモ品種の多くはこのタイプである。あかつき，白鳳，川中島白桃，日川白鳳，清水白桃など，わが国で栽培されている主要品種は，このタイプに属するものが多い。

(2) 単芽が多く，花芽，葉芽とも少ないタイプ

単芽とは，1つの節に花芽または葉芽が1つだけ着生するものをさす。全体として花芽，葉芽ともごく少なく，生産力は低い。このタイプでは，通常結果枝の基部に数個の葉芽が着生し，中ほどに数個から10個足らずの花芽，そしてその先に数個の葉芽がつく。芽のない節も

第1図 花芽の着生状況（複芽タイプ）
（写真提供：富田晃）
わが国で栽培されている主要品種は多くが複芽タイプだが，その着生は樹勢などに左右される
中庸な樹勢では花芽と葉芽が混在する（上左）が，弱勢樹では花芽のみに（同中），強樹勢では葉芽のみになる（同右）
下2枝は2芽のもので左は葉芽＋花芽，右は花芽＋花芽

多い。

花数を確保するために枝数を多く残さなければならず，しかも結果枝の切返しも困難なことなど，栽培管理はむずかしく，夏は湿潤なわが国では栽培に適さない。華北系品種群およびヨーロッパ系品種群には，このタイプが多い。肥城桃，アーリークロフォード，タスカンなどの導入品種に多くみられ，わが国の主要品種にはみられない。

(3) 単芽と複芽とが混在するタイプ

(1) と (2) の中間のタイプである。複芽の多い品種に比べて花芽，葉芽とも少ない。通常の生育では問題にならないが，樹勢が弱ったり，樹が暴れたりした場合，花数がとくに減少し，減収をまねくことがある。ヒラツカレッド，ファンタジアなど，ネクタリン品種の多くはこのタイプに属している。ファーストゴールド，フレーバーゴールドなどの缶詰用モモの育成品種も単一複型である。白肉桃では，布目早生，倉方早生がこのタイプである。

2. 花粉の有無

モモは落葉果樹のなかでは珍しく自家結実性を示すが，花粉をもたない品種が相当数ある。これらの品種では授粉樹を混植するか人工授粉を行なう必要がある。わが国の現在の品種のもとになったと考えられている上海水蜜桃に花粉がなく，その形質が白桃をはじめとする子孫に現われたものと考えられる。現在の主要品種では川中島白桃，浅間白桃，一宮白桃などは花粉をもたない。

3. 生理的落果の多少

生理的落果は，一般的に硬核期前後から虫や病気以外の原因で幼果が次々に落下してしまうもので，樹内の養分バランスがくずれることによって起こると考えられている。強剪定や日照不足，著しい樹勢の低下などによって，いずれの品種にも多かれ少なかれ生理的落果はみられる。とくに多い品種として，上海水蜜桃，白桃，西野白桃，缶桃5号が知られている。また，ネクタリンの秀峰，普通モモの清水白桃なども条件によっては生理的落果が問題となる。

4. 果面の荒れ，裂果の多少

モモではごく一部の品種で問題になるにすぎないが，ネクタリンでは大きな問題となることが多い。とくに降雨が多い場合に裂果は増える傾向がみられる。発生の多い品種は有袋栽培が必須となる。

裂果の著しいものには興津，早生ネクタリン，反田ネクタリンなどがある。中程度のものには，秀峰，リーグランドなどのネクタリン品種と，浅間白桃，みさか白鳳，加納岩白桃などの普通モモがある。

ヒラツカレッド，愛知白桃，さおとめなどはときにより果面に果点（サビ）を生ずる。

ネクタリンのなかでも，フレーバートップ，ファンタジアなどは裂果，果点が非常に少ない。

5. 樹勢の強弱と樹の開張性

樹勢は栽培条件によって大きく変化するが，品種によっても強いものと弱いものとがみられる。また，樹が直立しやすい品種と開張しがちな品種とがある。これらの性質は整枝・剪定を行なうさいに十分考慮にいれておかないと，樹が暴れたり，骨組みが立ちすぎたりといった失敗をまねくことになりかねない。

白鳳，大久保は樹勢が比較的弱く，枝が開きやすい。このような品種は，主枝，亜主枝など骨格となる枝の切返しを強めに行なう必要がある。布目早生，倉方早生，砂子早生などは樹勢は強いが開張性である。ネクタリン，缶桃などは樹勢強く直立性のものが多い。この場合，骨組みとなる枝はある程度開かせ，切返しも弱くしたほうがよい。

執筆　山口正己（農林水産省果樹試験場）
改訂　八重垣英明（農研機構果樹茶業研究部門）

有望品種の栽培上の特性

(1) さくひめ

来歴　農研機構果樹茶業研究部門が2003年に，296-16に332-16を交雑して育成した品種である。296-16および332-16ともにブラジルから導入した低温要求量の少ない品種Coralの後代実生である。モモ筑波127号の系統番号で系統適応性検定試験が行なわれ，2018年に品種登録された。

樹性　樹勢は強く，樹姿は中程度である。花芽の着生は多く，枝の発生も多い。花粉を有し，自家結実性で結実は良好である。生理的落果の発生は少ない。

あかつき，日川白鳳，川中島白桃などの主要品種の休眠打破に必要な低温要求量は7.2℃以下で1,000～1,200時間であるが，さくひめは555時間前後の半分程度である。開花期は育成地では日川白鳳より9日程度早い。収穫期は育成地では日川白鳳より5日程度早い6月下旬である。

果実特性　果形は円形から短楕円形，果実重は250～300gとなり早生品種としては大きい。果皮の着色はやや多いが，年により裂果や果点が発生することから有袋栽培が望ましい。核割れの発生は早生品種としては少ない。果肉は乳白色，溶質で，粘核である。甘味は屈折計で12～13％程度となり酸味は少なく，早生品種としては食味が優れる。みつ症（水浸状果肉褐変症）の発生は少ない。

（八重垣英明）

(2) 夢みずき

来歴　山梨県果樹試験場が2000年に浅間白桃に暁星を交雑して得られた実生から選抜した。2013年6月に品種登録された。

樹性　樹姿は斜上で，樹勢は中である。新梢の発生は多く，節間長は中である。花は普通咲きで，花冠の表面の色は淡桃，花弁の形は狭楕円形，花弁の大きさは中である。花芽の着生は多い。また，花粉を有し人工受粉の必要はない。成熟期は育成地で7月中下旬となり，満開から収穫始めまでの成熟日数は97日で夢しずくの1週間程度後，白鳳の3日程度前に収穫される。

果実特性　果形は扁円形で，果頂部は広く浅く凹む。果形の特徴として縫合線と反対側の果頂部がやや盛り上がる，果梗部がやや四角くなる，といったいびつな形状となりやすい。果実重は360g以上となり，この時期のモモとしては大玉となる。着色はやや多で，果皮の大部分が鮮赤色に着色する。無袋では樹冠上部や日当たりのよい部位の果実表面に微細な肌荒れや裂果が生じることがある。そのため，産地では有袋栽培を前提としている。果皮の地色は乳白，果肉色は白である。果皮直下のアントシアニン着色が強く，収穫期後半になると果皮から果肉に紅がやや多くさすようになる。肉質は溶質で，粗密は中である。果肉繊維が少なく，多汁で肉質は良好である。糖度は13～15％程度となり，酸は低く，食味はよい。

（新谷勝広）

(3) 幸茜（さちあかね）

来歴　山梨県東八代郡一宮町（現・笛吹市）の飯島典雄氏が自園において山一白桃の枝変わりとして発見した品種である。2002年12月16日に品種登録された。

樹性　樹勢は中程度，樹姿は開張性である。枝梢の太さおよび節間長は中，枝梢の色は赤褐である。花粉の有無は有であり，自家結実する。収穫期は満開後から141～150日で，山梨県では8月下旬から9月上旬に成熟する。

果実特性　果形は円形で，果実重は平均で450gを超える大玉となる。着色は容易で，果皮全面に着色し，果皮の地色は乳白，果肉色は白である。糖度は15％程度，酸はpHで4.5程度である。適熟となった果実は，晩生種としては果汁も多く糖度も高いため，食味はよい。晩生種であるため山梨県では有袋栽培となっている。

成熟期直前に小玉で着色の悪い果実を中心に生理落果が発生するが，ゆうぞらよりは少ない。果実が大玉で成熟期間も長いため，枝が下垂しやすい。そのため，側枝は長大化しないように早めの切返しを行なうとともに，予備枝を養成して更新に備える。

（新谷勝広）

(4) さくら

来歴　山梨県北巨摩郡須玉町（現・北杜市須玉町）の桜井昭八氏が育成した品種であり，種子親は川中島白桃である。種苗法による品種登録は行なわれていない。

樹性　樹勢，樹姿ともに中程度である。花粉を有し自家結実する。花芽の着生はよいが，樹勢が良好な枝であっても葉芽の着生がやや悪い。そのため，主枝先端や側枝の切返しには葉芽の着生を確認して，葉芽のある部位で行なうように注意する。収穫期は満開後から141～150日で，山梨県では8月下旬から9月上旬に成熟する晩生種である。幸茜よりややおそく成熟する。

果実特性　果形は円形で果実重は400g程度で大果となる。果皮の着色は良好で濃赤色に全面着色する。果肉色は乳白，肉質は中程度である。果汁はやや少ないが，糖度は15％程度と高く食味はよい。日持ち性も良好である。果皮に微裂果がやや発生しやすいことと，晩生種であることから山梨県では有袋栽培となっている。生理落果の発生は少ないが，樹勢が強い徒長的な新梢では玉張りが悪い果実が発生することがある。

（新谷勝広）

(5) つきかがみ

来歴　農研機構果樹研究所（現・果樹茶業研究部門）が1991年に，モモ筑波115号にモモ筑波105号を交雑して育成した品種である。モモ筑波115号は黄肉の普通モモの選抜系統，モモ筑波105号は黄肉のネクタリンの選抜系統である。モモ筑波123号の系統番号で系統適応性検定試験が行なわれ，2011年に品種登録された。

樹性　樹勢は強く，樹姿はやや直立性である。花芽の着生は多く，枝の発生も多い。花粉を有し，自家結実性で結実は良好である。生理的落果の発生は少ない。収穫期は育成地では8月中下旬で黄金桃より7日程度おそい。せん孔細菌病には罹病性であるが，黄金桃より発生は少ない。

果実特性　果形は扁円形から円形，果実重は300～350g程度である。果皮は毛茸があり，着色はやや少から中程度で，地色の黄色が目立つ外観である。裂果の発生は少なく果面も滑らかであるので，無袋栽培が可能である。果肉は黄色，溶質で，離核である。甘味は屈折計で13～14％程度となり酸味は少なく，食味が優れる。みつ症（水浸状果肉褐変症）の発生は少ない。

（八重垣英明）

八重垣英明（農研機構果樹茶業研究部門）
新谷勝広（山梨県果樹試験場）

摘蕾・摘花

(1) 摘蕾・摘花で労力分散

開花や結実，展葉は，その多くが前年の貯蔵養分によってまかなわれている。摘蕾・摘花は，蕾や花の数を調節することで養分の競合を減らし，新梢の初期生育，新根の伸長，果実肥大を良好にする。果実数の調節が不十分であると，小玉で糖度が低い果実が多くなり，樹勢の低下を招く。

ただ，蕾や幼果を減らす着果調節の作業には，多くの労力が必要であるため，段階的に行なって作業を分散させることが大切である。

作業に追われて，摘果のみで急激な着果調節を行なうと，核割れの発生を助長することになる。摘果が強くなりすぎないよう摘蕾・摘花による調節を確実に行ない，摘蕾・摘花終了後は，段階的な摘果の着果調節を適期に行なうようにする。

(2) 摘蕾適期

摘蕾の作業は，2月中旬～3月下旬までなら効果に差はなくいつでもよいが，蕾が小さすぎると摘蕾で落としにくく，効率が劣る。さらに作業によって葉芽を欠くおそれもあることから，やや膨らみかけて丸く赤みを帯びてきたころ（3月中旬）が適期となる。開花直前になって蕾が膨らんでくると，ふたたび摘蕾の作業はしにくくなる。また貯蔵養分の浪費防止の観点からすると，作業は早いほどその効果は高い。余裕があれば，より早い時期から実施するのがよい。とくに開花から収穫までが短く，必要な養分をほとんど貯蔵養分でまかなっている早生種ほど，その効果は高いと考えられる。

(3) 摘蕾・摘花の調節程度

摘蕾の程度は樹勢によって調節する。樹が成木から老木に移行すると短果枝の割合が増えてくるが，このような樹ではやや強めに摘蕾して樹勢の回復をはかる。逆に強めの剪定を行なったときや，徒長枝が多い樹勢の強い樹では，摘蕾の程度を弱くする。

また，花粉の有無によって摘蕾の程度を調節する必要がある。花粉のない‘浅間白桃’‘一宮白桃’‘川中島白桃’などでは摘蕾を行なわないか，上向きの花を中心にごく弱い程度にとどめて受精が確認できる幼果の段階になってから行ない，着果量を調節する。

(4) 蕾の残し方

結果枝の長さ（種類）によって残す蕾の数と位置はそれぞれ変わってくる。長果枝（30cm以上）は枝の中央付近に4～6個残す。中果枝（20～30cm）の場合は枝の中央部に2～3個残す。また短果枝（10cm前後）は枝の先端に1～2個残す。摘蕾時には花芽のみを落とし，葉芽を落とさないように注意する（第1図）。

残す蕾の向きは，凍霜害の影響や袋かけ作業を考慮して，横向きまたは下向きの蕾を残す。また1本の樹において樹冠上部と樹冠下部とでは着色をはじめとして，糖度，果実重などの果実品質に差がある。その差をなるべく小さく抑えて均一化するには，摘蕾，摘花の作業によって各部位における着果量を調節する必要がある。樹冠中間付近における相対的な着果量を100とした場合，玉張りの悪い下部は70～80程度と少なめに調節する。逆に玉張りのよい樹冠上部は110程度と多めに残す（第2図）。

摘蕾・摘花の作業は生育（開花）ステージによって作業効率が異なる。開花直前の風船状に膨らんだ蕾や開花したあとでは作業効率が劣るので，花弁の赤い色が少し見え始めた蕾の状態（第3図）から風船状になるまでに行なうと効率よく作業できる。

また早期着果調節は果実肥大を促進するのに有効であるが，その後の予備摘果から仕上げ摘果までの着果調節の作業を適期に実施することが重要である。

(5) 早期着果調節

慣行の摘蕾・摘花の作業では，まず利用し

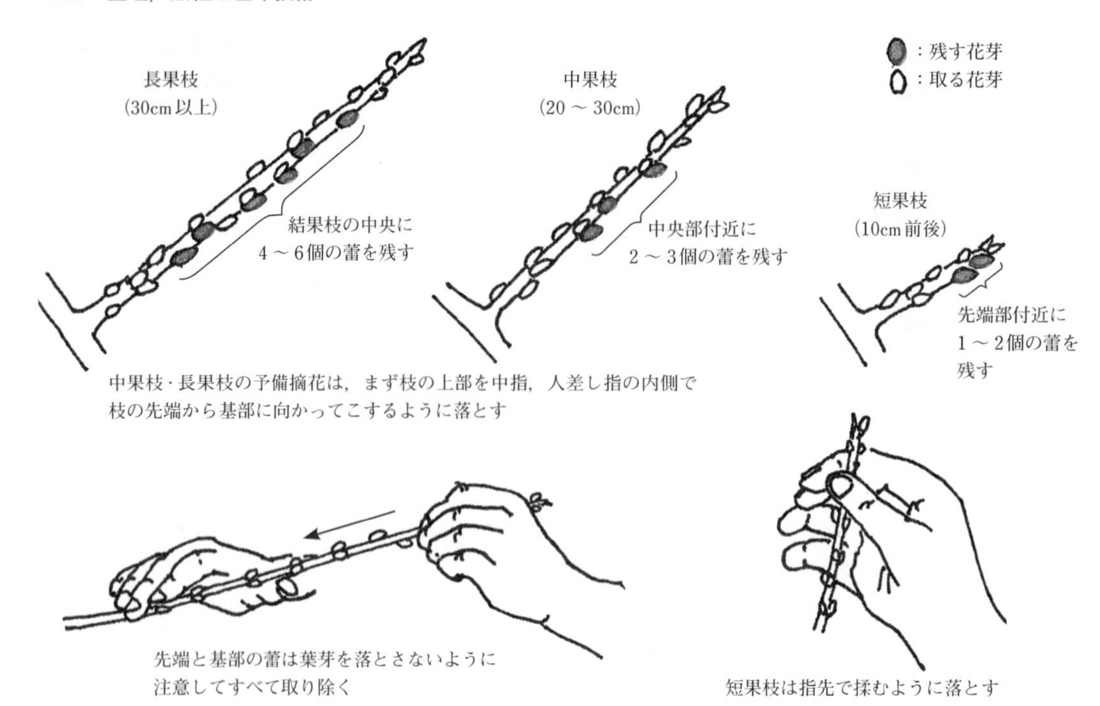

第1図　摘蕾の方法

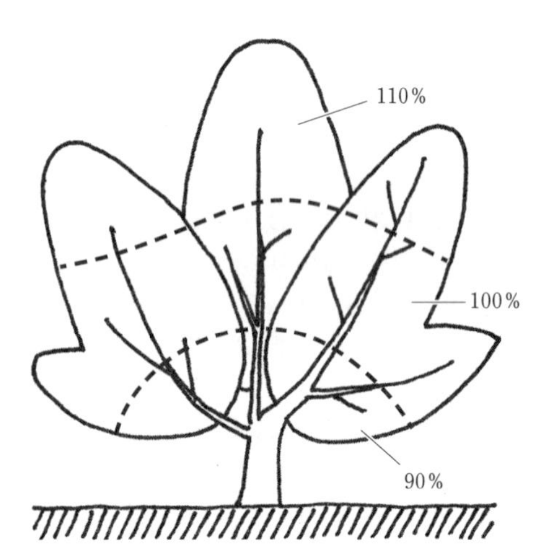

第2図　結実部位による着果量の調節
樹冠中間部の着果量を100とした場合，玉張りの劣る下部は少なめに90，上部は110と多めに果実を着ける。部位によって着果量を調節して玉揃いをよくする

第3図　摘蕾作業が効率よくできる生育ステージ
花弁の赤い色が少し見え始めた蕾から風船状になるまでに行なう

ない上向きの蕾や花を中心に落とす（第4図）。しかし，より積極的な早期着果調節では，最終的に収穫まで残す果実の位置を中心に，蕾や花を最終着果量の2～3倍の量に調節する（第5図）。果実品質への影響をみるために玉張りと核割れの発生が問題となる早生種（‘ちよひめ’‘暁星’‘日川白鳳’）と中生種の‘白鳳’で比較したところ，いずれの品種も早期に着果調節を行なうことによって，果実重が20gほど向上

第4図　慣行の着果調節の程度

第5図　大玉生産を目的とした早期着果調節
摘蕾・摘花までは強い調節を行なっても核割れへの影響はほとんどなく，大玉生産ができる

第1表　早期着果調節が早生種の果実品質に及ぼす影響
（山梨県果樹試験場，2009～2011）

品　種	着果調節	果実重(g)	硬　度(kg)	糖　度(Brix)	酸　度(pH)	着　色(指数)	核割れ果(%)
ちよひめ	早期	192.9	2.3	11.8	4.6	4.8	14.2(1.5)
	慣行	176.4	2.3	11.8	4.6	4.8	14.5(0.7)
暁　星	早期	261.8	2.2	13.6	4.5	4.6	11.3(0.0)
	慣行	243.9	2.2	13.5	4.6	4.6	11.1(0.0)
日川白鳳	早期	307.7	2.1	11.6	4.4	4.4	76.5(2.8)
	慣行	282.6	2.1	11.7	4.3	4.5	76.6(3.6)
白　鳳	早期	388.2	1.9	13.0	4.7	4.3	12.9(0.2)
	慣行	368.1	1.8	13.0	4.7	4.3	10.7(0.0)

注　果実品質は2009～2011年，核割れ率は2010～2011年の平均で示した
着色は1（劣る）～5（優れる）の5段階で評価した
核割れ率の（　）の数値は，果梗部に穴があかない商品性のない核割れ果の発生率を示す

した。糖度や酸度，着色については処理による影響はなく，核割れ果や変形果発生についても処理による影響はほとんどない（第1表）。

(6) 早期着果調節の適期（萼割れするまで）

モモは花芽の着生が非常に多く，果実の生産に利用される花芽は，剪定後に残された花芽の5％程度である。初期の新梢伸長を促し，その後の果実肥大を良好にするとと

第6図　萼割れ前（左）と萼割れ後（右）
花弁が落ちても萼割れ前は，着果調節の程度が核割れの発生に影響しないが，萼割れして幼果が肥大してくると核割れの発生に影響する

もに，摘果作業の労力軽減のために短期間に摘蕾・摘花の作業を進める必要がある。

しかし，栽培面積が多くなると適期に作業することが困難となる。摘果に入るまでにはひと通りの摘蕾・摘花による調節を実施する。比較的余裕のある開花前に作業を進めることができ，摘果労力の軽減につながる。結実後の強摘果は，核割れへの影響が大きいので，核割れを減らすうえでも摘蕾・摘花が大切となる。幼果が肥大してくる段階になると核割れへの影響が現われ始めるので，落花後萼割れ（第6図）するまで着果調節がやや急激であっても影響は少ない。

執筆　富田　晃（山梨県果樹試験場）

人 工 授 粉

(1) 人工授粉の必要性と方法

モモは自家受粉によって受精する自家和合性であるため，花粉を有する品種であれば通常は問題なく結実を確保することができる。

しかし，正常な花粉が形成されなかったり，花粉の量が極端に少ない不稔性品種があり，これらの品種ではほかの品種の花粉を授粉して結実を確保する必要がある。第1表に示すように，不稔性品種のなかには，'浅間白桃''一宮白桃''川中島白桃'など栽培面積が多い品種も含まれる。

以前は不稔性品種と花粉がある品種を混植することで，訪花昆虫の媒介により必要な結実が得られていたが，環境変化や農薬散布により訪花昆虫の生息密度は低下しており，自然交配のみでは安定した果実生産は困難である。このため，人工授粉による結実確保が必要不可欠な作業となっている。

人工授粉の方法は，交互授粉と，採取した花粉を用いる授粉に分けられる。交互授粉は，花粉がある品種と花粉がない品種の花を毛バタキなどで交互にこすって授粉する方法である。授粉作業は簡便であるが，作業効率が悪く作業に長時間を要する。また，開花が重なる時期しか授粉できないため，授粉期間が極端に短くなる場合もある。

このため，花粉がある品種の花蕾からあらかじめ花粉を採集し，その花粉を用いて人工授粉を行なう方法が一般的となっている。

(2) 花粉の採集

①花蕾の採取

花粉が多い品種で，健全な樹勢の樹から花蕾を採取する。摘蕾・摘花を兼ねて，果実生産に用いない上向きの花蕾や結果枝基部や先端の花蕾を中心に採取する。

第1表　モモの主要品種における花粉の有無

花粉がないか，少ない品種	花粉がある品種
夢しずく，浅間白桃，西野白桃，一宮白桃，一宮水蜜，川中島白桃，紅錦香，白桃，西王母，ゆめかおり	はなよめ，ちよひめ，日川白鳳，八幡白鳳，加納岩白桃，みさか白鳳，白鳳，あかつき，嶺鳳，なつっこ，清水白桃，ゆうぞら，幸茜，さくら

採取する花蕾は，花弁が風船状に膨らんだ開花直前の蕾や，開花直後でまだ開葯していない花とする（第1図）。花弁が小さい未熟な蕾は開葯しない葯も多く，花粉の発芽率も低い。一方，開花してから時間が経過した花は，すでに開葯して葯から花粉が飛散している。開花の進行に合わせて2～3回に分けて採取すると，状態のよい花蕾を採集することができる。

採取した花蕾は日陰で風通しのよい場所に置く。また，花が露などで濡れて水分が多いとその後の作業に支障がでるため，コンテナなどに広げてかるく乾燥させてから採葯を行なうとよい。

②採　葯

採葯には採葯機（葯採取機）を用いる。分離した花弁や枝を排出口から手動で排出する卓上の小型採葯機や，排出が自動で連続作業が可能な中・大型の採葯機（第2図）などが市販されている。

採葯した葯は2mm目の篩に2～3回かけて，花糸や花弁をできるだけ取り除く。花糸などの混入が多いと開葯に時間を要するとともに，花粉の貯蔵性が低下する。

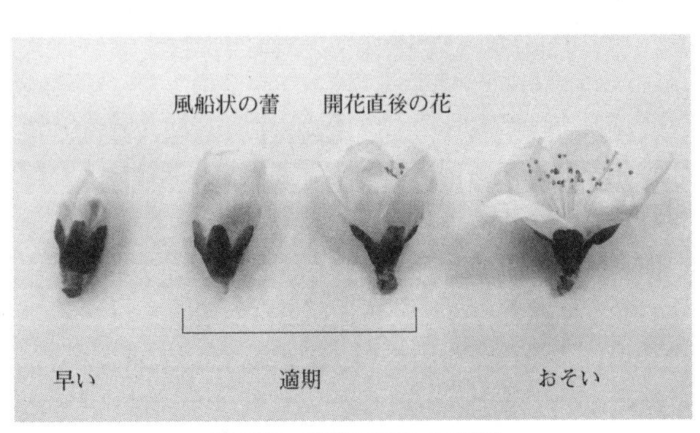

第1図　採取に適した花蕾

第2図　採葯機（中型タイプ）

第3図　開葯器による開葯

③開　葯

集めた葯をパレットに薄く広げて，開葯器に入れて開葯させる（第3図）。25℃以上の高温で開葯すると発芽率が低下する原因となるため，開葯は20～23℃，12～24時間を目安とする。

自然開葯させる場合は，直射日光が当たらず，20℃前後の温度を確保できる場所で1～2日静置して開葯させる。

開葯後の花粉は室温で放置すると徐々に発芽率が低下するため，速やかに授粉に使用するか冷蔵保存する。花粉の乾燥を防止して4～5℃で冷蔵保存すると，一週間程度は発芽率を維持することができる。

④花粉の採集量

採集可能な花粉の量は，花蕾の状態や作業方法によって異なり厳密な決定はむずかしいが，採葯機を用いて採葯した場合で花蕾1kgに対して通常20～25g程度の粗花粉（開葯させた葯殻込みの花粉）を収集することができる。成園10a当たりに必要な粗花粉量を約200gとすると，8～10kgの花蕾を採取する必要がある。

⑤花粉発芽率の検定

花粉の発芽率を調べるには，ショ糖10％を加えた1％寒天の発芽培地に花粉を落とし，20～25℃で2～3時間培養したあと，100倍率の顕微鏡で発芽を観察する。授粉には発芽率40％以上の花粉を使用し，増量剤で希釈する花粉は60％以上の発芽率があることが望ましい。

(3) 花粉の貯蔵と順化方法

花粉の採集期間は短期間に限られ，降雨により作業ができなかったり，開花が急激に進んで必要量を集められない場合もある。前年採集した貯蔵花粉を用意しておけば，このような場合の危険回避に有効である。また，ハウス栽培の授粉では貯蔵花粉を用いるのが一般的である。

翌年使用するために長期貯蔵する花粉は，茶封筒などに花粉を小分けにし，花粉と同量以上の乾燥剤（シリカゲルなど）とともに密封容器（フリーザーバッグなど）に入れて，－20℃以下の冷凍庫で貯蔵する。

また，貯蔵した花粉はそのままでは発芽率が低いため，授粉前に順化作業を行なう必要がある。花粉を半日程度室内に置いて自然に吸湿させる方法もあるが，湿度が高い条件で吸湿させると短時間で安定して発芽率を高めることができる（第4図）。

具体的には，クーラーボックスや発泡スチロールなどの密封容器に花粉と濡れタオルを入れ，室温で2時間程度順化させる。このさいは花粉を濡らさないように注意する。

(4) 授粉作業

結実は気温に左右されるところが大きいため，風がなく暖かい日（気温15℃以上）を選

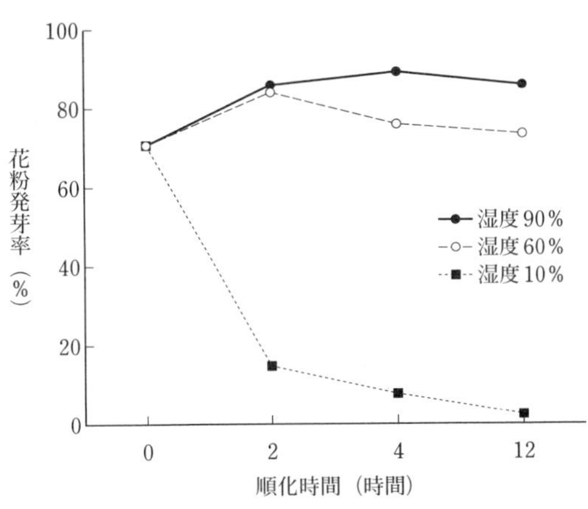

第4図　順化時の湿度がモモ花粉の発芽率に及ぼす影響　（山梨果試，2010）
温度は22℃，白鳳の貯蔵花粉を使用

第5図　毛バタキによる授粉作業

第6図　動力散布機による授粉

んで授粉する。また，1日のなかでは気温が高い日中の授粉がよい。

モモの雌しべが受精する能力がある期間は開花から4日程度なので，開花五分咲きのときと満開（八分咲き）を中心に2～3回授粉する。

開花期に高温が続くと急激に開花が進み，授粉可能な期間が短くなるため注意する。凍霜害が発生したり，開花期間に低温が続く場合は，授粉する回数を増やして結実確保に努める。

①毛バタキによる授粉

ダチョウの羽毛などを束ねた毛バタキに花粉を付着させ，結実させたい部分の花に軽くこすりつける（第5図）。上向きの花は凍霜害を受けやすく傷果や日焼け果も多くなるので授粉しない。下向きや横向きの花を中心に授粉する。毛バタキは複数本用意しておき，柱頭分泌液が付着して粘り気がでてきたら交換する。

発芽率が60％以上ある状態のよい花粉は，石松子などの増量剤で粗花粉を容積比3～5倍に希釈して使用すると，花粉を有効利用することができる。

②動力散布機による授粉

授粉作業の省力化を目的に，動力散布機などを活用する方法もある（第6図）。動力散布機による授粉では，粗花粉をジャガイモデンプンなどの増量剤で容積比10倍程度に希釈して使用している。動力散布機のエンジン回転数やシャッター開度により花粉の吐出量が大きく変わるため，吐出量を慎重に調整したうえで園全体に均等に散布する。

執筆　萩原栄揮（山梨県果樹試験場）

摘　果

(1) 摘果の目的

受精によって結実した幼果を収穫する数まで減らす摘果の目的は，養水分を浪費する余分な果実を制限し，玉張り，玉揃い，糖度などの品質が優れた果実を安定生産することにある。着果量が多すぎると，果実品質が低下するばかりか樹勢が衰弱し，翌年以降の生育に著しい支障をきたす。摘果の作業が遅れると小玉果となり，糖度など果実品質が低下する。また，逆に摘果が早すぎたり，一時期に集中する強い摘果を行なうと大玉にはなるが，生理落果や変形果，核割れ果の発生を助長する。このため，摘果はおおむね3回ほどに分けて実施する。

とくに核割れ果の発生は，硬核期が短い早生種に多い傾向がある。核割れした果実は変形果になりやすく，概して糖度は低い。'浅間白桃'などの白桃系品種は生理落果しやすいので，生産が不安定となる。

核割れは，おおむね満開50～60日前後の硬核期（果実の核が硬くなる時期）に発生する。核割れは，果実が急激に肥大するさい，核がその肥大についていけないことによって起こる。核割れを完全に防止することは困難であるが，次の点に注意すると，発生を軽減できる。

①十分な結実確保

結実量が少ないと果実が急激に肥大するため，核の肥大が果肉の肥大についていけずに割れてしまう。とくに花粉のない白桃系の品種は人工受粉を徹底し，十分な結実を得ることが重要である。

②一時期に集中した摘果の回避

摘果の作業が一時期に集中すると，残った果実に養水分が集中して供給されるため，急激に肥大して核割れを助長する。摘果は，次のような方法で行なう。花粉のある品種は労力が分散するようにあらかじめ摘蕾・摘花を行なう。摘蕾・摘花のあと，下枝を中心に軽めの予備摘果を行なう。仕上げ摘果は一度に行なわず，硬核期が終わる6月中旬までに最終的に仕上がるよう2～3回に分けて実施する。樹の上部や上向きの長果枝など核割れの発生が多い部位は仕上げ摘果をやや遅らせるとともに，着果量を10～20％ほど増やして，急激な肥大を抑えて核割れ果を軽減する。

③着果数の確認

モモは，袋をかけないで栽培できる品種と袋をかけないと裂果してしまう品種とに分けられる。袋かけは，年間労働時間のなかでもいちばん手間のかかる作業で，袋かけがなければ，非常に手間が省けるが，現状では，外観が重視されるため，着色向上など外観の美しい果実を生産することを目的に，無袋栽培できる品種にも袋をかけることが多い。

しかし，その一方で，袋かけと仕上げ摘果を同時に行なうことにより，目標に応じた収量調節ができ，着果量を袋の枚数によって的確に知ることができる。樹や主枝ごとに袋かけ枚数をあらかじめ決めておくことで，着果過多になることを防止できる。

(2) 摘果前の樹の観察

①樹勢に応じた摘果作業をする

摘蕾や摘花により，段階的に行なう初期の収量調節はすんでいるが，幼果期の果実は日を追うごとに肥大してくるので，幼果がしだいに肥大してくると，まだ相当量着果していることがわかる。したがって摘果も生育や樹勢を見ながら計画的に作業を進めることが大切である。モモの初期生育は，そのほとんどが貯蔵養分によってまかなわれており，なかでも極早生種は開花から収穫までの期間が短い。すなわち70～80日足らずで成熟するため，貯蔵養分に対する依存度は高い傾向にある。着果過多の状態になると，1果当たりに配分される貯蔵養分量が少なくなり，大玉果実の生産を期待することはむずかしくなる。また，樹勢衰弱や養分競合を引き起こし，生理落果を招くおそれもある。

一方，予備摘果をしないで一度に仕上げ摘果をするような急激な調節を行なった場合は，幼果が急激に肥大して先述のとおり核割れになったり（第1図），変形果の発生が多くなる。このように摘果作業の良否は果実品質に大きく影響する。新梢や幼果をよく観察して，樹勢に応じた強度（強さ）の摘果を徐々に行なうことが大切となる。

②結果枝の種類と着果数

結果枝は，その長さによって長果枝（長さ30cm以上），中果枝（10～30cm），短果枝（10cm未満）に分類される。充実のよい結果枝は前年の収穫前には新梢の伸びが停止する。基部から先端まで太く，花芽が大きい。落葉後の枝の色は赤褐色となる。充実の悪い結果枝は，全体的に細く花芽が小ない。登熟不良では落葉しても枝の下側半分に青みが残る（第2図）。

果実1個の生産（生育）をまかなうためには摘果時の葉数が15～20枚必要となる。標準的には30cm以上の長果枝に2果着ける。着果は枝の中央～やや基部寄りとする。ただし，結果枝の強さや方向によっては，それよりやや先端寄りに着果させて伸びの強さを調節する。さらに，枝が長ければ着果数を増やす。中果枝は，枝の中央付近に1果着ける。短果枝では，短果枝5本に対して1果着ける（第3図）。このように調節すると，収穫時には果実1果を50～60枚ほどの葉でまかなうことになる。

③結果枝の状態と着果位置

果実の肥大は，果実の着果位置や方向，結果枝の長さ，あるいは側枝における結果枝の位置，結果枝あるいは側枝の経過年数などによっ

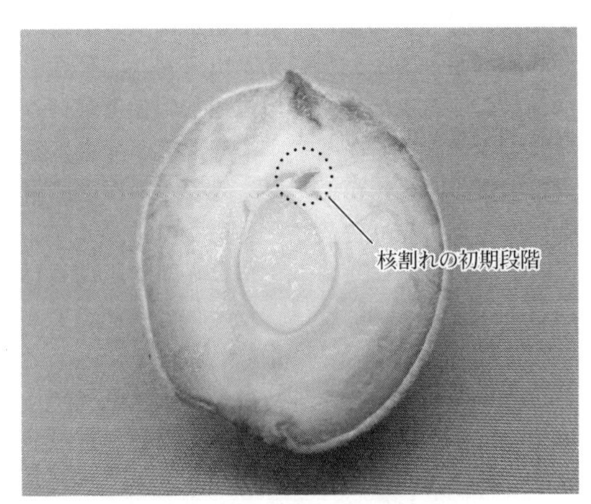

第1図　急激な肥大で裂果した核

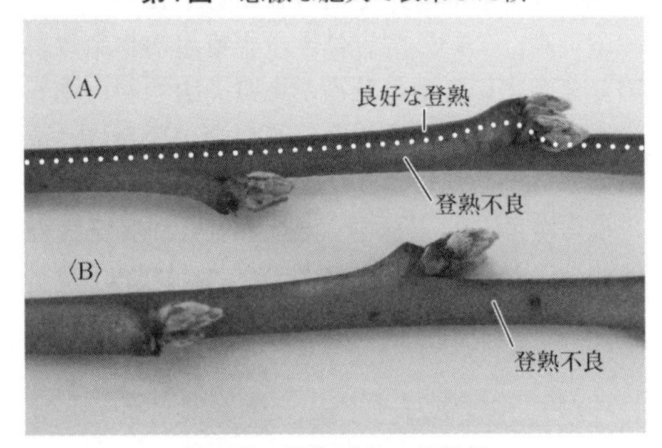

第2図　登熟不良の結果枝

登熟が悪いと落葉しても緑色が濃く残る

Aの上側は，低温に当たって登熟が進んでいるが，下側は登熟が悪く，落葉しても緑色が濃く残る。Bは登熟不良の枝

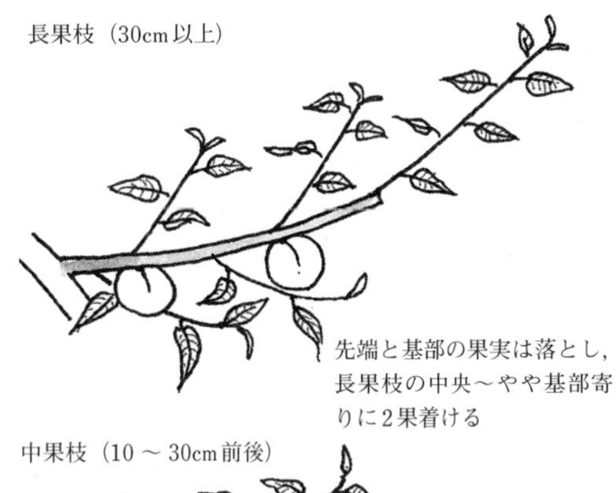

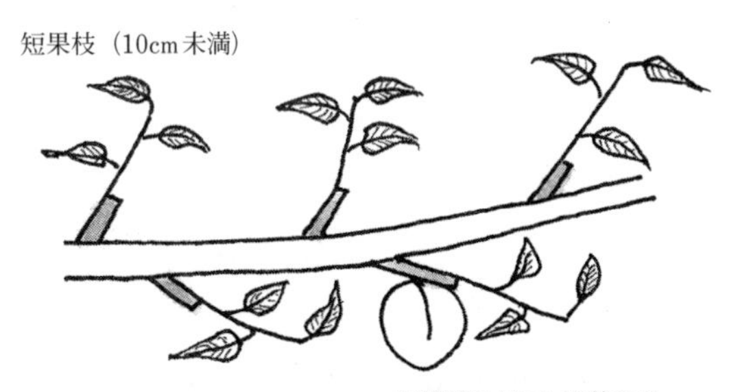

第3図　結果枝の種類と着果数，着果位置

て異なる。一般的に，樹冠の下側や内側に着果した果実は，周囲の葉の受光条件が悪いため発育が悪い。またその傾向は品種によっても異なる。

結果枝の種類別では，仕上げ摘果をしたあと，長果枝には2果，中果枝には1果，短果枝は5本に1果の割合で果実を着ける。

結果枝が側枝に対してどの方向に着いているか考慮する必要がある。すなわち，側枝の断面に対して真横（水平）に発生した結果枝で2果着けられる樹勢がある場合，同程度の結果枝が側枝の断面に対して上向きに発生していれば1.5倍の3果着果させる。下向きに発生した伸びの悪く樹勢の弱い結果枝では，1果着ける。

結果枝に対する着果の調節は，着果数だけでなく，着果位置でもすることができる。2果着けられる樹勢の結果枝において，3果着けさせるほど強くはないが，2果では負荷が少ない場合，果実を結果枝の先端寄りに着果させることで下垂ぎみとなり，結果枝は弱くなる。逆に新梢の勢力を維持したい場合は基部寄りに着果させる。

④結実数の記録

1樹当たりの着果量は品種や樹勢などにより異なるが，樹の幹周によっておおむねその量を決めることができる。

開心自然形の樹で，幹周20cmの樹には1樹当たり100果，40cmでは400果，70cmの幹周なら1,000果を着果させることが目安となる。幹周は，地面から30cmの位置で測定する。若木（4～5年生）の場合は，20～25％程度着果量を少なくする。実際には前年の実績や生育状況なども考慮して着果量を決める。そこで役立つのが，樹ごと，あるいは主枝ごとに着果させた果実の数を記録として残しておくことである。着果量の記録は，経営の改善や管理方法の見直しや確認をするうえで重要なデータとなる。

(3) 樹勢に応じた摘果

①樹勢が中庸な場合

予備摘果後の着果量は，最終着果量の50％増とし，仕上げ摘果は，最終着果量の5～10％増とする。見直し摘果では発育不良果，変形果，病害虫被害果を除去する。

②樹勢が強い場合

樹勢が強いと，徒長枝や副梢の発生が多く，硬核期の生理落果や核割れの発生が多くなる。このような樹は，摘果の時期を遅らせ，弱めの摘果とする。予備摘果では最終着果量の2倍程度残し，仕上げ摘果後の着果量は最終着果量の20％増とする。見直し摘果では発育不良果，変形果，病害虫被害果を除去し，樹勢が中庸な場合より10％程度着果量を多くする。

③樹勢が弱い場合

樹勢が弱いと，新梢伸長が悪く短果枝が多くなり，葉色は淡黄色で果実は小さくなる。また，硬核期の生理落果が多くなり，果実肥大も悪くなる。摘果を早めに行ない，新梢伸長を促進させる必要がある。予備摘果は，最終着果量の20％増の量に調節する。仕上げ摘果では最終着果量の5％増とする。見直し摘果で，発育不良果，変形果，病害虫被害果を除去し，樹勢が中庸な場合より20％程度着果量を少なくする。

(4) 摘果の時期と程度

①予備摘果

満開後20日をすぎる（4月下旬）と，受精した幼果と不受精の幼果との区別が判断できるようになるので，満開後3週間前後から予備摘果を開始する。なお，事前に摘蕾・摘花の処理を十分行なっている場合は，予備摘果の作業は省略してもよい。逆に花粉があり，よく結実する品種で摘蕾・摘花を行なっていない場合は，予備摘果を早めに行なう。予備摘果の調節程度は目標とする最終着果量の1.5～2倍程度を目安とする。結果枝の種類別には，長果枝は5～6果，中果枝は3～4果，短果枝は1果の割合で果実を残す。

受精した果実は，子房が肥大してくると萼（がく）が果梗から離れて萼割れを示す。不受精果は萼片がそのまま残り，肥大してこないので，受精果と不受精果の区別は，幼果の大きさと萼割れの有無から判断することができる。

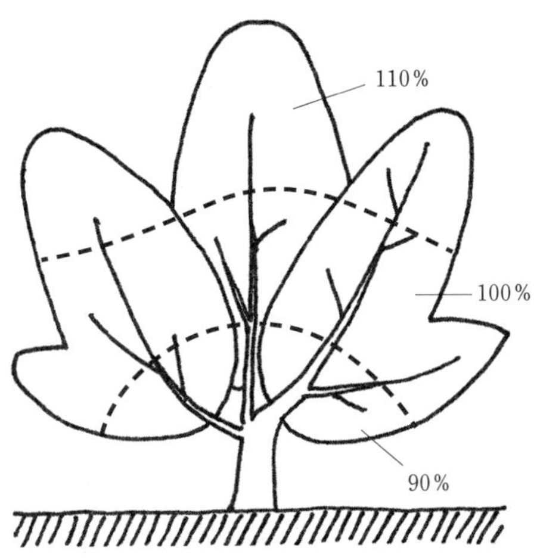

第4図　結実部位による着果量の調節
樹冠中間部の着果量を100とした場合，玉張りの劣る下部は少なめに90，上部は110と多めに果実を着ける。部位によって着果量を調節して玉揃いをよくする

予備摘果によって果実の大きさを揃えるとともに，萼割れしたあとの花カス落としを行なう。摘果の方法としては葉芽がある位置の受精果を優先的に残すが，直射光による微裂果を防ぎ，袋かけが効率的に行なえるよう下向きの果実を優先的に残す。下向きの果実がなければ横向きの果実を残して利用する。

②仕上げ摘果

仕上げ摘果は満開後40～50日ころ（5月下旬～6月上旬）から始める。予備摘果は果実の位置や方向に配慮して行なうが，仕上げ摘果では第4図に示すように樹冠部位別や側枝ごと（とくに早生種）の着果量配分を考慮する。

品種別の仕上げ摘果の順序は，花粉があり結実が良好で核割れ（変形果），生理落果の少ない品種（‘白鳳’‘あかつき’など）から始める。次に小玉になりやすい早生品種の摘果を行なう。ただし，核割れ（変形果）の多い品種（‘日川白鳳’など）は，仕上げ摘果の時期をやや遅らせる。最後に‘浅間白桃’‘川中島白桃’‘一宮白桃’など，不受精果の判断がつきにくい花粉のない品種を摘果する。そのさい，花カスをそのままにすると，降雨が多い場合，花カスが湿気をもち灰星病（花腐れ）感染の原因となる。

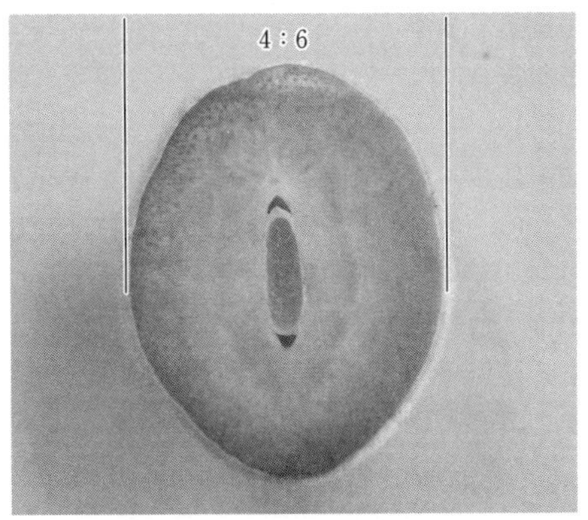

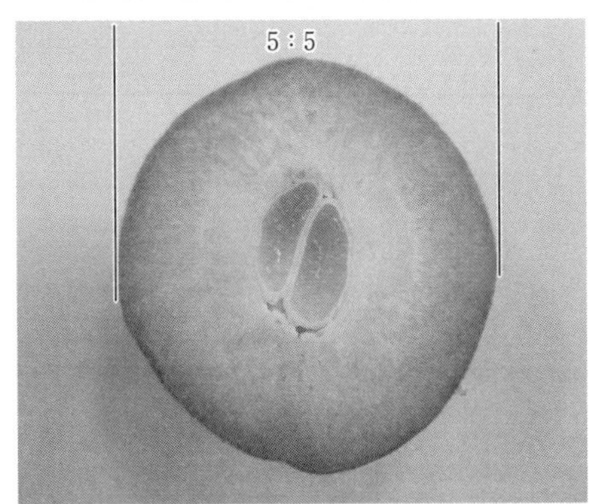

第5図　正常果（上）と双胚果（下）
正常果は縫合線に対して果肉の比率が4：6でやや扁平である。一方，双胚果は，果肉の比率が5：5でずんぐりしている

摘果のさい，残す幼果の花カスはきれいに落とすよう努める。

次に結果枝別の着果量の目安について示す。この時期は成葉25枚に対して1果程度を残すが，長果枝には2～3果，中果枝には1～2個とし，短果枝は，短果枝3本につき1個の果実を着ける。この調節ののち，新梢はさらに伸びて収穫時に1果当たりの葉枚数が50～60枚となり，大玉で高品質な果実を生産することができる。

また，仕上げ摘果の時期には正常果と双胚果を区別することが可能となるので，双胚果を優先的に摘果する。双胚果とは核の中に胚が2つある果実で生理落果しやすい。果実横断面を見ると，正常果は左右の比が4：6ほどの偏りがあるのに対して，双胚果は5：5で，円形のずんぐりした形状を示す（第5図）。

③見直し摘果

満開後60日ころ（6月中旬）から見直し摘果を始める。これまでの摘果で見落とした果実，発育不良果，変形果，病害虫被害果を優先的に摘果する。無袋栽培では，これが最終的な着果調節となるので，見落とす果実がないように注意する。樹勢と果実の肥大を観察し，新梢生育の劣る結果枝の果実を間引く。

執筆　富田　晃（山梨県果樹試験場）

除　袋

(1) 除袋の時期

除袋のタイミングは，使用する袋の種類によってそれぞれ異なる。袋の種類ごとの除袋適期は第1図に示すとおりである。除袋適期の果実の外観は，全体的に葉緑素が抜け白色がかり，果梗部と縫合線付近に葉緑素（緑色）が残っている状態が目安となる（第2図）。遮光の程度がやや弱い電話帳紙内部黒色袋での除袋の目安は，葉緑素が果実全体に残る程度で，果頂部がわずかに着色した時期が適期となる。

除袋時期が近づいたら樹上部や枝先の果実を試しに除袋して，果実の状態を確かめる。除袋作業は，袋に湿り気がある早朝から始めれば簡単に袋が破れるので能率がよい。

(2) 除袋後の注意点

除袋後に曇雨天が続くと光が不足し果実の着色が進まないため，十分に着色しないうちに熟期を迎えてしまう。連続した曇雨天が予想される場合は，通常より2～3日ほど早めに除袋する。逆に晴天が続く場合は，高温で成熟が進むので，地色の抜けをしっかり確認し，適期に除袋する。天候の推移をみながら，必要に応じて樹上部を中心に早めに除袋することが必要である。

第2図　除袋適期の果実

執筆　富田　晃（山梨県果樹試験場）

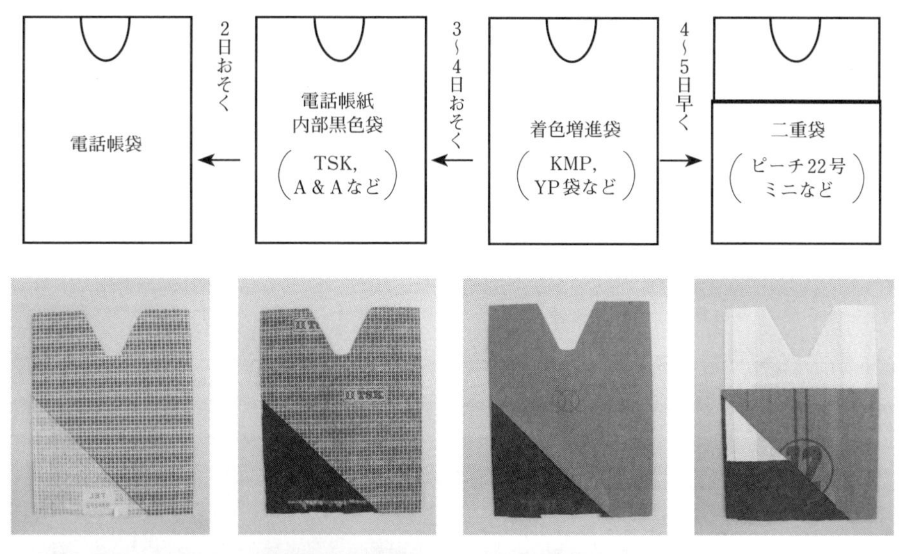

第1図　袋の種類による除袋適期の目安

右から2つめの着色増進袋（KMP）を標準とすると，二重袋は4～5日早く除袋し，電話帳紙内部黒色袋は3～4日おそく，電話帳袋はさらに2日おそく除袋する

（写真は素材と内部の着色，形状がわかりやすいように左下を斜めにカットしている）

収穫適期の判断と収穫

(1) 収穫適期

モモは収穫期になると，果実肥大が急速に進み，果皮の着色や糖度の上昇，果肉の軟化が始まる。

現在栽培されている主力品種の多くは，糖度が高く，果汁が多く適度に果肉の軟らかい品種が主である。しかし，このような特徴をもつ多くの品種は収穫適期が短いため，栽培者にとって収穫適期を把握することが必要不可欠である。

収穫が早く未熟な果実は，果汁が少なく，果肉が硬いため食感が悪く，追熟をさせても食味が向上しない。また，収穫が遅れた果実は，果肉の軟化が急速に進み，収穫時や出荷時に荷いたみ（押せ傷，腐敗など）が発生し，食用に適さなくなる。

収穫適期の判断には，以下の指標を参考に行なうとよい。

①成熟日数

満開から収穫までの日数は成熟日数とよばれ，品種によってほぼ一定である（第1表）。満開の判定は，おおむね70～80％の花が開花した日を満開日とし，満開日に各品種の成熟日数を加えるとおおよその収穫始めが予想できる。

ただし，モモの成熟日数には満開後から幼果期の気温の影響が大きく，この時期の気温が低温で経過すると成熟日数が長くなり，逆に高温で経過すると成熟日数は短くなる。また，収穫期に35℃以上の高温が続くと成熟が遅延する。

このため，成熟日数を参考に収穫始めを推定するためには，生育期の気温傾向や，直前に収穫したほかの品種の収穫状況を参考にする。

②地色の抜け具合

果皮の地色は果肉の成熟と関係が深く，果肉の軟化が進むと地色から緑色が消失して黄色に変わっていく。

袋かけの有無などの栽培様式によりやや異なるが，果梗部付近の地色が緑白色となった時期が収穫適期であり，完全に黄色となると過熟である。

しかし，モモは結果枝と果実が密着していることや，有袋栽培で二重袋を使用していると内袋があるため樹上では確認しづらいのが難点である。

③果肉硬度

収穫適期のモモの果肉硬度は，出荷形態や果実の利用方法によって異なるが，系統出荷や宅配などでは，硬度計（ユニバーサル硬度計，第1図。円錐状で果皮つきのままで計測）示度で，2.5kg前後である。

果肉硬度が2.0kgを下回り軟化の進んだ果実は，押せ傷がつきやすくなり，輸送に適さなくなる。また収穫時に，果梗が周囲の果肉や果皮とともに離脱して枝に残り，商品性が低下する（第2図）。

果肉硬度を非破壊で確認する方法はないので，試しどりした果実の硬度計による実測値と，果実を手全体で軽く握って感じる弾力とを併せて確認し，収穫適期判断の目安とするとよい。

第1表　おもな品種の満開からの成熟日数

品種名	成熟日数
はなよめ，ちよひめ，日川白鳳	81～ 90
加納岩白桃，みさか白鳳	91～100
白鳳，あかつき	101～110
浅間白桃，なつっこ，一宮白桃，長沢白鳳	111～120
黄金桃，川中島白桃，ゆうぞら	121～130
あぶくま，幸茜，さくら	141～150

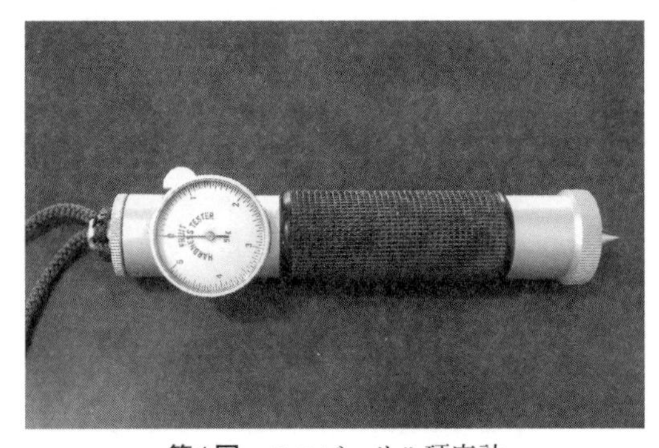

第1図　ユニバーサル硬度計

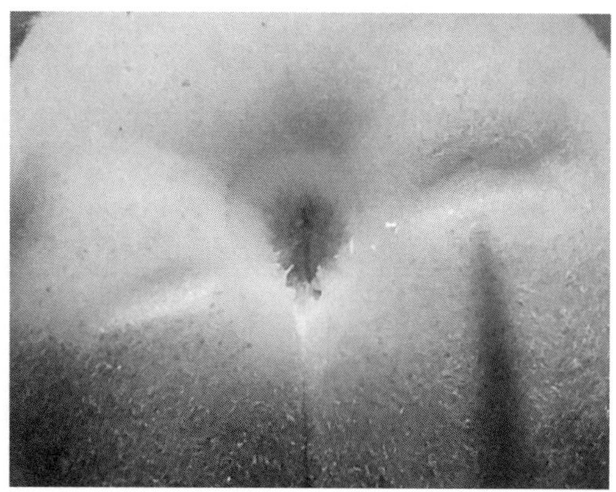

第2図　過熟のため果梗が果皮や果肉とともに離脱した果実

④着　色

ほとんどの品種では，果実の着色は地色の抜けと同時に進行するので，収穫適期を判断する目安となる。

収穫適期の着色程度は，品種や着色管理（反射マルチの有無）などによって異なるので，品種や管理の違いによる成熟時の特徴を把握しておく必要がある。

しかし，果実の着色は，収穫期の天候に大きく左右される。収穫期に曇雨天が続き日照不足となると，着色が進まず果肉の成熟が進む。また，‘なつっこ’や‘長沢白鳳’などの着色良好な品種では，果実の成熟より着色が先行するので，着色だけで収穫適期を判断するのではなく，果肉硬度などその他の指標と併せて判断する。

収穫適期は一つの指標だけで判断するのではなく，複数の指標を参考にするとともに，品種の特性や栽培方法の違い（有袋・無袋）を勘案して総合的に判断する。また，収穫始めには糖度や食感などの果実品質を確認して，食味優先で収穫期を判断することが重要である。

(2) 収穫の方法

モモは収穫適期が短いので，収穫期直前から園内を見回り，果実の成熟状況を確認する。

樹上での果実の成熟は，仕立て方によっても若干異なるが，おおむね樹冠上部から下部，外周部から内側に向かって進んでいく（第3図）。このため，適熟果を収穫するためには，1～2日おきに数回に分けて行なう。

収穫にあたっての注意事項は以下のとおりである。

・収穫は気温が低い早朝から10時ごろまでに行なう。日中になると外気温や果実温度が上昇し，軟化が急速に進むので収穫は避ける。やむを得ず朝に収穫できない場合は，気温が下がり始める夕方に収穫し，併せて予冷を行ない，果実温度を下げる。

・収穫にさいしては，指先に力を入れず，手全体で包むように果実をつかみ，結果枝に対して垂直方向に引き抜くようにする。果実を強く握ったり指先でつかむと，力がかかった部分に押せ傷がつきやすい。また，モモの果実は結果枝に密着しているので，果実を上下や左右にひねると，枝に果実が押しつけられ，押せ傷がついてしまう。

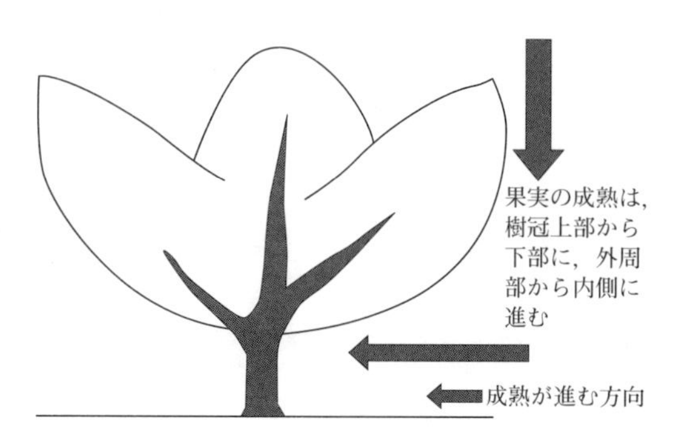

第3図　樹上での果実の成熟の進み具合

・収穫かごやコンテナにはウレタンなどの緩衝材を敷き，果実を衝撃から保護するとともに，果実はていねいに扱い，収穫かごやコンテナに山積みにしたり，ころがしたりしない。

・傷果や病虫害果，極端な過熟果は，収穫果実の汚染の原因となるので，収穫時に一次選果を行なって健全果に混入しないようにする（第4図）。

・収穫した果実は，呼吸や蒸散作用で消耗するので，直射日光を避け風通しのよい涼しい場所で保管する。

第4図　圃場での一次選果

(3) 気象状況に応じた収穫管理

モモの収穫は，6月下旬から始まり9月中旬まで続くが，この時期は梅雨期から盛夏期，初秋期にあたり，気象変動が大きい。このため，モモの成熟も気象の影響を大きく受けることとなるため，次の点に注意して収穫を行なう。

・収穫期が曇雨天で経過する場合は着色が遅れやすく，着色を待つと果肉の軟化が進むため，果実硬度を優先した収穫を行なう。

・収穫期が高温で経過する場合は成熟期が前進し収穫適期が短くなるので，収穫が遅れないようにする。

・夜温が高く経過する場合は，とくに着色が遅れやすく，果肉の成熟が先行するので，果肉硬度に注意しながら収穫する。

執筆　池田博彦（山梨県果樹試験場）

雪害対策

雪害は，ふだん少雪の地帯に予期しない大雪が降ったときに発生が多くなることがある。雪の降る地帯ではどこでも程度の差こそあれ，雪害の危険にさらされているといってよく，その被害を食い止めるため雪害に対応した備えが必要である。

(1) 雪害の機構と被害

その年の最深積雪は1月末～2月初めに現われることが多いが，年により雪の降り方はまちまちであり連続降雪量，積雪深，雪質，根雪の期間などによっても被害の原因，様相は異なり，第1表のように区分される。

①冠雪による被害

降雪中または降雪直後に，枝に積もった雪そのものの荷重で樹が倒れたり，枝が折れたり，裂けたりする被害で降雪初期に多い。湿った雪ほど重く，付着しやすく，枝が密生していると冠雪量は多くなり，雪害を受けやすい。

②積雪沈降力による被害

降雪後，積もった雪は時とともに自然に，新雪からしまり雪に，さらにざらめ雪に雪質が変化し，雪層は圧密収縮され沈降する（第1図）。このとき，雪の中に埋没している枝が一緒に引っぱられて折損，裂開する現象が起きる。この力を雪の沈降力と呼んでおり，きわめて大きい。2mの積雪に埋まった水平の枝にかかる最大沈降荷重は，枝の長さ1m当たり700～800kg，3mの積雪では1.5tに達する。このように雪の沈降力は驚異的な現象であり，この力に物理的に抵抗しようとすることは不可能なことが多い。

沈降荷重の最大出現日は，最深積雪の起日より7～10日遅れる。また沈降力は地面からの高さによって異なり，最大沈降荷重の発現位置は地上から最深積雪の5分の1～3分の1の高さのところでみられることが多い（第2図）。

第1表　雪害の区分

項　目	被害の原因	被害様相
力学的雪害	積雪の重さ	枝の裂開，折損脱落，ひび割れ
	積雪の沈降	主幹，主枝の折損，裂開
生理的雪害	融雪水の湛水，融雪遅延	根の活性低下，樹体の生育遅延
動物食害	ネズミ，ノウサギ，鳥などによる被害	樹体の食害，芽数の減少，枯死

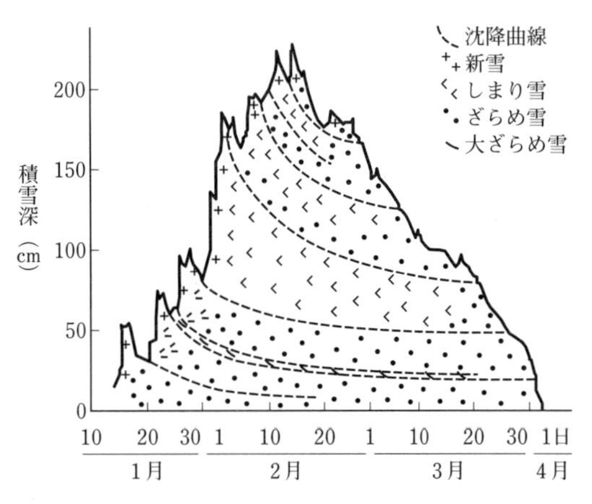

第1図　積雪経過と沈降曲線

（大沼，1972）

第2図　積雪深と沈降力の推移

（大沼，1972）

沈降力：8cm角の桁を地上30cm，60cm，120cmの高さに水平に設置し，水平桁にかかった値を示す

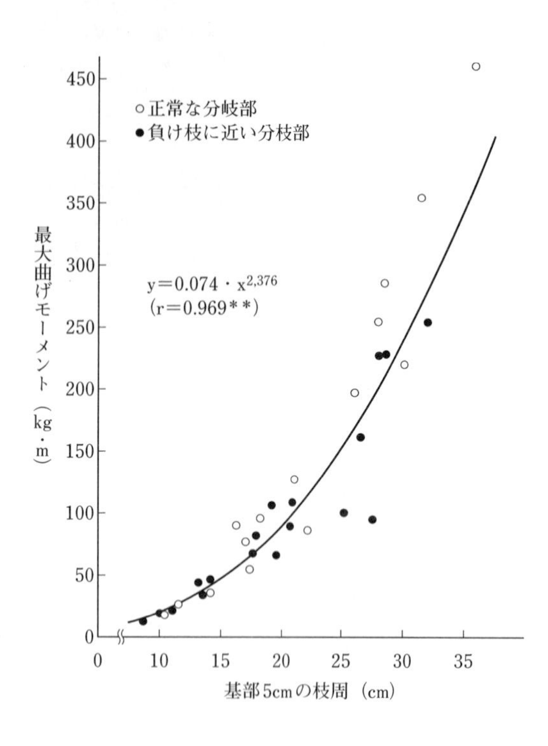

第3図　モモの枝周と最大曲げモーメント
（新潟園試，1993）

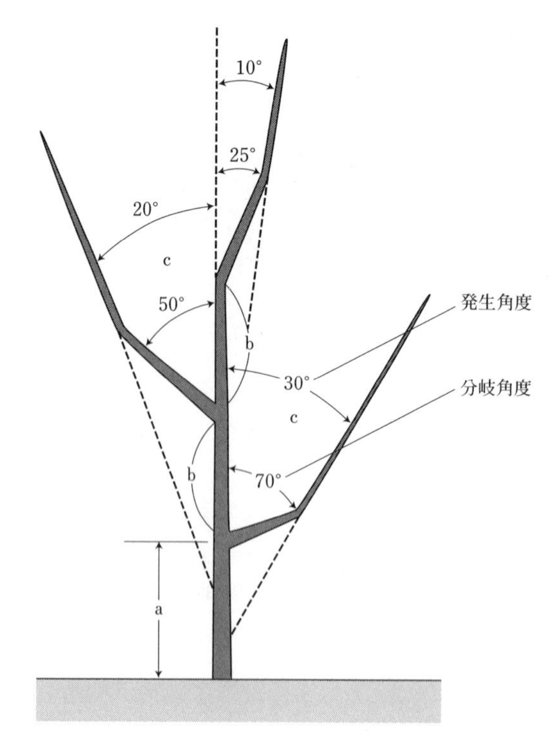

第4図　主枝の分岐の仕方

a：積雪深に応じて決める
b：分岐間隔は十分にとる
c：分岐角度は広めに，発生角度は狭くして枝先を立てる

沈降力の影響圏は，受圧面の直上ばかりでなく，左右50～80cm幅の範囲に及び，枝にいく枚もの布団をかけたような状態で負荷される。

また，同じ荷重がかかっても，枝の太いものと細いもの，正常な分岐部と負け枝に近い分岐部では限界荷重の差がみられる（第3図）。

(2) 雪害防止対策

大雪のときの雪の力はきわめて大きい。基本的には，雪に強い仕立て方，整枝法，越冬法やできるだけ早く除雪するやり方など，いろいろな面で雪害を軽減するようつとめなければならない。なお積雪が多くしばしば雪害を受けるところでは，果樹の栽培は避けるべきである。

①仕立て方の改善

樹冠はあまり大きくせず，10a当たりの栽植本数を多めにする。主枝，亜主枝の分岐位置は積雪深に応じて高くする。主枝，亜主枝を分岐

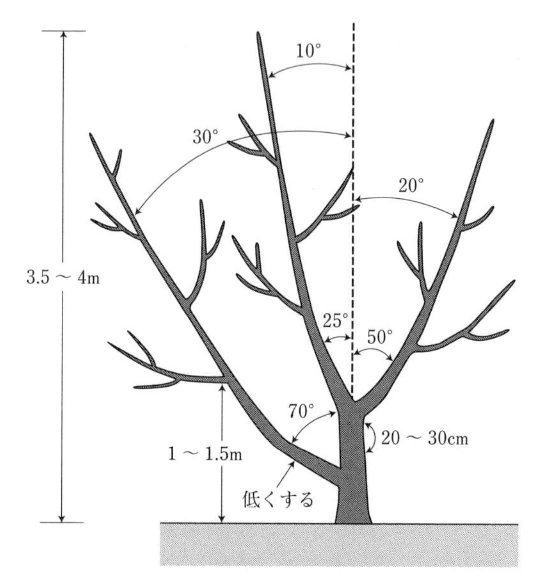

第5図　雪害に強い整枝法

するさい，二叉枝や車枝にならないよう，分岐間隔を十分とる。

主枝，亜主枝の分岐角度は広めにするが，発生角度は狭く，枝の先端はなるべく垂直近くに立て開張しないようにする（第4, 5図）。亜主枝間隔は広くとり，側枝や結果母枝などの着生密度はやや粗めにする。

②降雪前の対策

粗剪定は必ず雪の降る前にすませる。樹冠に雪の積もるのをできるだけ少なくするため，徒長枝はもちろん込みすぎる側枝の間引きを行なう。このさい，切り口が大きい箇所は枯込みが入るおそれがあるため，必ず余分を残して切り，越冬後の早春に所定のところで切り直し接ぎろうを塗る。

幼木や若木は厳重に雪囲いをしておく。幼若時代は主枝，亜主枝などの候補枝を主幹にまとめて中心の支柱に結束する。さらにかやなどで覆って雪の滑りをよくしてやるとよい（第6図）。

若木～成木では幹に添えて長大な頑丈な支柱を立て，主枝，亜主枝を誘引，結束する。まず結果枝は側枝に束ね，側枝は亜主枝に，亜主枝は主枝にと順序よく結束し，最後に主枝をなるべく垂直に立てるよう支柱にしっかり誘引する。なお，2本仕立てのものでは，主枝が裂開することのないよう針金かロープでしっかり結束しておくとよい。

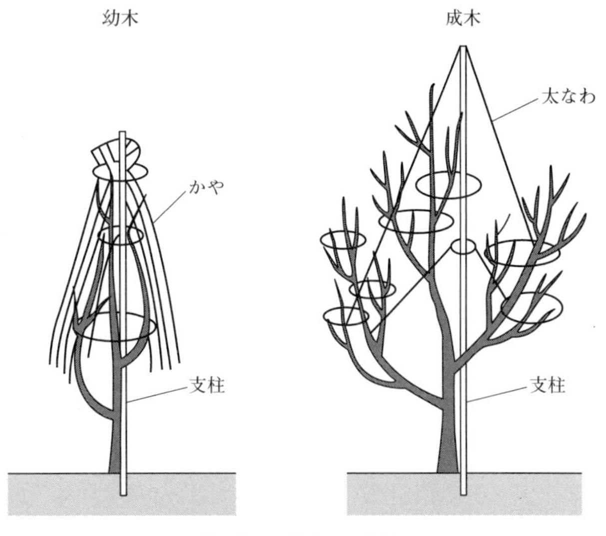

第6図　雪囲いの方法

大雪時にはえさ不足から，ネズミやノウサギによる樹体の被害が多くなるので，降雪前に野鼠駆除を行なうほか，幹や主枝にプロテクター，金網，割竹や凍害対策を兼ねてアルミ蒸着フィルム気泡緩衝資材などを巻きつけて保護しておくとよい。

融雪期の多量の融雪水による土壌の過湿を避けるため，事前に排水溝を掘り園内に滞水することのないようにする。

③降雪期の対策

雪の踏込み　降雪初期のべた雪は，水分を含んで枝に付着しやすく重いため冠雪被害を生じやすい。ことに粗剪定を行なっていない園は注意を要する。

第7図　雪に埋まった枝は雪が収縮沈降する前に掘り出す

降雪中はこまめに園地を見回り，樹冠上に積もった雪を払い落とし，雪の中に埋まっている枝先は雪面上に引き上げる（第7図）。払い落とした雪は十分に踏み固めておく。積雪初期の樹冠下の雪踏みは，積雪量を減らすほか，その後の沈降作用の軽減に役立つ。

除雪作業　降雪がつづき大雪で樹冠が埋没し踏込みだけでは間にあわないときは，おそくとも積もった雪が収縮沈降するまでの1週間以内に掘り出すと，被害は比較的少なくてすむ。労力不足のときは，枝をいためないよう，枝の両側の雪にスコップで切れ目を入れ，枝の上の雪と周囲の雪とを切断して沈降力の軽減をはかる。

散水消雪　地下水が豊富で灌水施設の整備されている園では，これを冬の消雪に活用すればきわめて効果的である。水温15.6℃の地下水，毎分270～280lの散水で1時間当たり約15m^{3}の新雪を融かすことができる。

人力除雪では1時間9～10m^{3}掘り上げるのがせいいっぱいで，さらに園外に搬出する労力を要するのに比べて，きわめて能率的であるうえ，スコップで除雪するさいに生じる枝や花芽の損傷もほとんどない。

水温および雪質と消雪量との関係は第2表にみられるように，水温が高いほど，雪の比重が小さいほど消雪は効果的である。

第2表　水温および雪質と消雪との関係（単位：m^3）

雪の比重と雪質／放水口の水温(℃)	0.1	0.2	0.3	0.4
	軽　雪	べた雪	しまり雪，ざらめ雪など	堅いざらめ雪，水分の多いべた雪など
16	48	24	16	12.0
14	42	21	14	10.5
12	36	18	12	9.0
10	30	15	10	7.5
8	24	21	8	6.0
6	18	9	6	4.5
4	12	6	4	3.0
2	6	3	2	1.5

注　毎分400l吐水するポンプでは1時間当たりの消雪量
毎分100l揚水するポンプでは4分の1の消雪量となる

散水方法としては，原始的ではあるがサニホース（50mm）に塩ビパイプのノズル（38mm）をつけ，幹から主枝の直上に沿って散水し消雪してゆくのがもっとも手軽でやりやすく，水量も少なくてすむ。既製の散水器具では，レインガンが有効であるが，大量の水量を要するので豊富な水源がないと使えない。スプリンクラーは空中飛散中に水温が低下し消雪効果は著しく劣り，また厳寒時には結氷するなど実用的でない。

散水消雪を行なうさいは，あらかじめ地表にビニールマルチをしておくといっそう消雪効果を高めることができる。散水消雪は大量の水を流すので，園内に滞水しないよう排水対策を立てておく必要がある。

④融雪期の対策

大雪の年は，雪消えの遅れのため初期生育や発芽前の管理作業などに支障をきたすことが多いから，融雪促進をはかる。

雪面に黒色の吸熱物を散布し，日射による放射熱を利用して融雪を促進する。融雪促進剤は，降雪のおそれのない時期をみはからって散布する。または適当な間隔に雪掘り，うね立てを行ない雪面をでこぼこにし，空気，水蒸気からの熱によって融雪を促進する方法もある。なお，両方法を併用すればさらに効果が高い。

なお，積雪の接地面が地温の影響で早くとけ，空洞ができて落盤現象を起こしやすいから，樹冠の下の雪はたえずスコップで砕いて空洞の発生を防ぐようにする。

⑤雪消え後の対策

被害樹の手入れ　雪による傷害の程度によって，回復をはかるか，あるいは切り落とし更新をはかるかを決める。

枝の折損したものは切り直す。裂開，欠損したものは，癒合させるため傷口を鋭利な小刀で削りなおし，癒合促進剤（トップジンＭペースト，ビニろう）を塗布し，さらにビニールを巻いて乾燥を防止する。

主幹や主枝が裂開したものは，ドリルで穿孔し裂開部をボルトで締め，さらに支柱を立て，結束するなど，裂開箇所が樹冠の揺れで離れないようしっかり固定し癒着をはかる。

裂開がはなはだしく付着部が3分の1以下の場合は思いきって切り落とし，下部から出た勢力の強い徒長枝，発育枝で更新する。切り口には癒合剤を塗り病害侵入を防止する。

被害樹の剪定　被害が甚だしく大枝2～3本以上欠損した樹では，残った枝の剪定はできるだけ軽くする。傾斜地など樹が倒れて太根が切断されているものは，地上部と地下部のバランスを保つよう剪定を強めにする。

主枝，亜主枝の折損した樹は，新しく発生する発育枝を利用して再整枝を行なうが，発生位置，角度など見さだめてていねいに誘引する。

大枝の欠損など被害の大きい樹では施肥量を減らす。なお被害樹は花芽の数が不足ぎみであるから，残された花芽の結実の確保をはかる。また，病害虫防除を徹底して樹体の保護につとめる。

執筆　渡辺信吾（新潟県園芸試験場）
改訂　松本辰也（新潟県農業総合研究所園芸研究センター）

参考文献

片岡寛・塩原孝一・田村忠夫・渡辺信吾・渡辺勝栄・押見義孝．1969．果樹園における散水消雪に関する研究（第1報）．新潟園試研報．**4**，32．

大沼匡之．1972．果樹雪害の原因と対策．農業気象学会編．農業気象の実用技術．224—234．養賢堂．東京．

塩原孝一・田村忠夫・渡辺勝栄・熊木茂・遠山義孝．1993．豪雪地における果樹の雪害防止に関する研究（第2報）．新潟園試研報．**15**，128．

樹体凍害対策

モモ樹の樹体凍害（以下，凍害）はおもに主幹部で発生し，植物体の細胞や組織が耐えられる限界温度を超えて冷却され，凍結することでおこる。とくに樹体温度の日較差が大きい南西側に多い（第1図）。岐阜県飛騨地方における発生実態調査では，3～4年生樹で発生が多く，また主幹の南西側の地上10～30cmの部位に見られた亀裂から，これを凍害によるものと報告している（宮本，1999）。

近年，各地域で凍害による被害が増えている背景には，地球温暖化の影響で，暖冬年が多く，低温に対する強度を示す耐凍性の獲得の遅れや不足，春先の耐凍性の低下の早まりなど，耐凍性の攪乱により以前よりも低温の影響を受ける機会が増加しているためと思われる。とくに若木で被害発生が多いことから，改植や新植，品種更新などを行なううえで，農家の意欲の減退につながっている。

(1) 耐凍性の季節変動と凍害

低温に遭遇しても凍りにくくなる性質を「耐凍性」という。凍害は，それぞれの時期の耐凍性を超えた低温にあったときに発生する。秋から初冬季にかけて低温に伴って徐々に耐凍性が高まる（これをハードニングという）。1月から2月上旬の厳寒期に耐凍性は最大を示すが，自発休眠覚醒後は気温の上昇につれて耐凍性は急激に低下してくる（これをデハードニングという）。初冬から暖冬傾向で推移することで，ハードニングの遅れや不足を招き，デハードニングが早まることになる。これにより想定される凍害は，1）初冬季まで比較的高温で経過したあと，急激な温度低下によっておこる場合（耐凍性向上前の低温遭遇），2）厳寒期の極低温によっておこる場合，3）自発休眠が完了した以降，暖かい日が続きデハードニングされたあとの低温によっておこる場合（耐凍性低下後の低温遭遇）の3パターンが考えられる（第2図）。

第1図　モモ樹の南西側の地ぎわ部に発生した樹体凍害の状況
（長野果樹試，2014）
品種：白鳳10年生，斜立主幹形仕立て

(2) 凍害発生と冬季間の気象との関係

①長野県のデータ

長野県では1979～2013年までの34年間でモモの凍害が発生し，問題となった年は16年あり，直近10年間では，2012年，2011年，2010年，2008年，2006年，2005年の6年で問題となっている。最近10年間と過去34年間との日平均気温を比べると，11月上旬～12月中旬までは気温高め，12月下旬～1月中旬までは低め，1月下旬～3月中旬までは高めで推移している。11月～3月の期間では，最低気温は約1.4℃上昇し，最高気温は約1.1℃低下しているが，2月下旬～3月上旬の最高気温は，逆に上昇している（第3図）。また，降水量は多めである。

②凍害発生年の気象データ解析

1979～2013年までの凍害発生年と未発生年の気象データ解析を行なった。その結果，12月下旬から2月上旬の平均気温が低く，また12月から3月までの降水量が多い年，とくに12月～1月の降水量の多い年に凍害が発生する傾向であった（第1表）。2013年春は，モモでは凍

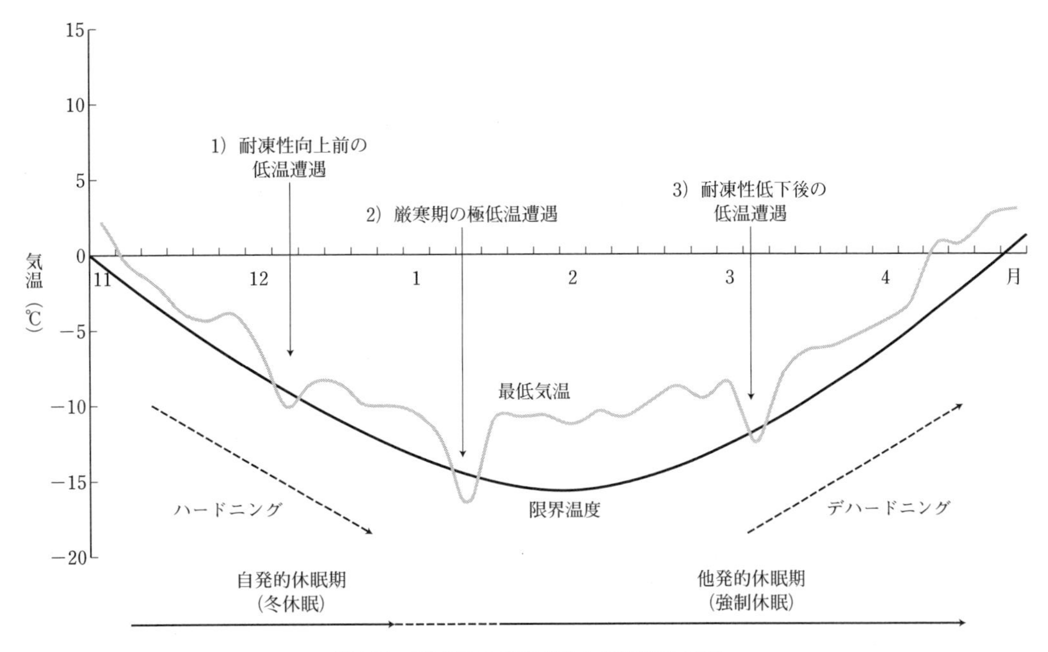

第2図　耐凍性の季節変動と凍害発生時期

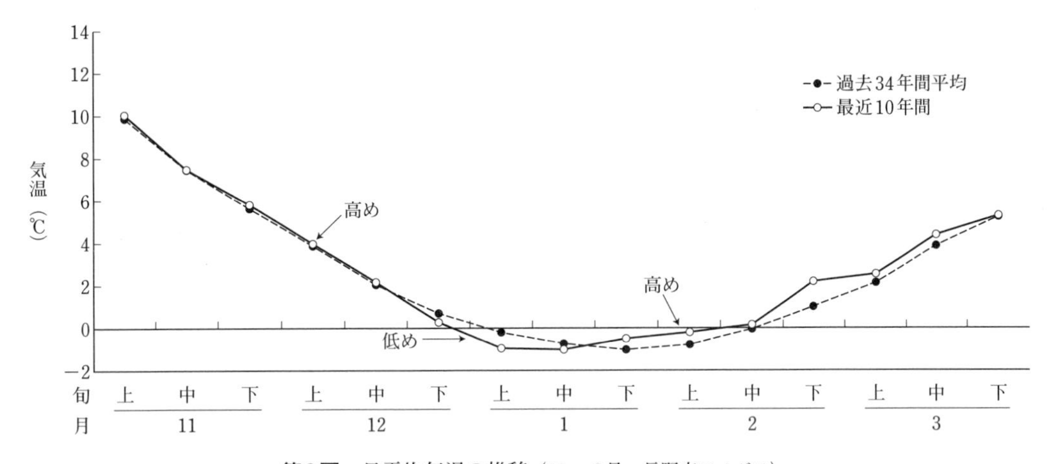

第3図　日平均気温の推移（11～3月，長野市アメダス）
過去34年間（1979～2013年）と直近10年間の比較

害の発生は見られなかったが，リンゴでは問題となった年であり，品目によって凍害発生年が異なった。これらの解析から，長野県においては，モモの凍害は耐凍性向上前の低温と厳寒期での極低温によって発生するものと考えている。しかし，積雪量の多い地帯では，雪融けの時期，春先の耐凍性低下後の低温が影響している事例も見られる。

(3) 凍害発生と耐凍性評価との関係

① EC 測定による耐凍性評価法

モモにおける耐凍性の季節変化をあきらかにするために，時期別（11月～4月）に1年枝を採取，プログラムフリーザーを用い，所定の温度（－18℃，－10℃，＋5℃（対照））に12時間遭遇させた。低温処理した枝の中間部約

10cmを切り刻み，50mlの遠沈管を用いて30mlの蒸留水に入れ，室温で24時間静置後，電導度計を用いて，EC（μS/cm）を測定した。測定後は，煮沸処理を10分間行ない，24時間静置後，ふたたびECを測定して，電解質漏出率（%）（＝煮沸前EC（μS/cm）/煮沸後EC（μS/cm））から耐凍性評価を行なった。そして，－18℃，－10℃および＋5℃の処理温度間で電解質漏出率に有意差が認められた間を「凍害発生限界温度」とした。

②凍害発生年の耐凍性評価での比較

‘なつっこ’のおはつもも台木樹を供試して，その凍害発生限界温度の推移による耐凍性の季節的変化で，耐凍性の獲得の遅れた年，および耐凍性低下が早まった年を区別した（第2表）。

その結果，2010～2011年，2013～2014年は，11月および12月は，－18℃と－10℃の間に限界温度があり，耐凍性獲得が遅れた年と考えられた。2011～2012年は，2月中旬が－18℃と－10℃の間，3月上旬が－10℃と5℃の間に限界温度があり，また2012～2013年は，3月上旬以降，－18℃と－10℃の間に限界温度があると推定され，耐凍性低下が早まった年と考えられた。

以上のことから，モモでは，耐凍性の獲得が遅れた年と耐凍性の低下が早まった年の両方で凍害が発生した。

③冬季間の高温が耐凍性に影響

冬季間，簡易無加温ビニールハウスを用いてモモ‘紅晩夏’/筑波系実生5年生各区4樹に対し，ビニール被覆による高温処理を行ない，耐凍性に対する樹体の影響を検討した。被覆期間は，秋～冬高温区は11月上旬から1月下旬の間，冬～春高温区は1月下旬から3月上旬の間とした。露地区との期間の平均温度の差は，秋～冬高温区が＋1.8℃，冬～春高温区が＋3.5℃であった。日没～夜間は，試験区と露地区での温度差はほとんどなかった。

秋～冬高温区では，12月調査で露地区と比較し，凍害発生限界温度が上昇し，耐凍性の獲得の遅れが認められた。1月から4月調査では，露地区と差は認められなかったが，開花時期が露地区に比べ遅れる傾向であった。冬～春高温

第1表　モモにおける樹体凍害発生年と未発生年の気象相関　（長野果樹試，2013）

	樹体凍害		有意差[1]
	発生年	未発生年	
12月下旬～2月上旬の平均気温（℃）	－0.9	0.0	*
12月～1月の降水量（mm）	119.2	76.2	**
12月下旬～2月上旬の降水量（mm）	99.1	65.3	**
1月の降水量（mm）	63.1	38.3	**

注　1）**1%水準で有意，*5%水準で有意
1979～2013年（34年間）でモモの凍害発生年が16年あり，未発生年が18年であった。気象データは，長野アメダスを使用

第2表　モモ（品種：なつっこ）における年次別の耐凍性の変化　（長野果樹試，2010～2014年）

採取時期	処理温度	2010～2011年[1]（%）	2011～2012年[1]（%）	2012～2013年[1]（%）	2013～2014年[1]（%）
11月中旬	－18℃	36.0b*	33.0n.s	27.1n.s	42.7b**
	－10℃	19.4a	21.5	16.5	23.1a
	5℃	22.5a	18.4	19.7	19.7a
12月中旬	－18℃	18.5b**	16.4n.s	17.4n.s	17.3n.s
	－10℃	10.8a	12.8	16.3	11.0
	5℃	11.5a	12.3	12.6	10.1
1月下旬	－18℃	16.9n.s	16.9n.s	11.9n.s	13.4n.s
	－10℃	16.9	15.7	11.0	11.2
	5℃	13.9	16.0	11.2	12.1
2月中旬	－18℃	12.9n.s	25.7b**	13.2n.s	16.2n.s
	－10℃	11.6	12.7a	12.2	15.5
	5℃	10.6	23.7b	11.8	14.3
3月上旬	－18℃	20.3n.s	17.3ab**	17.2b**	17.0n.s
	－10℃	18.7	20.2b	11.5a	15.5
	5℃	17.6	15.0a	12.7a	14.8
3月下旬	－18℃			27.7b**	41.8b**
	－10℃			15.0a	19.0a
	5℃			12.3a	15.2a

注　1）異符号はTukeyの多重比較により有意差あり。**；1%，*；5%，n.s；有意差なし，空欄；未調査

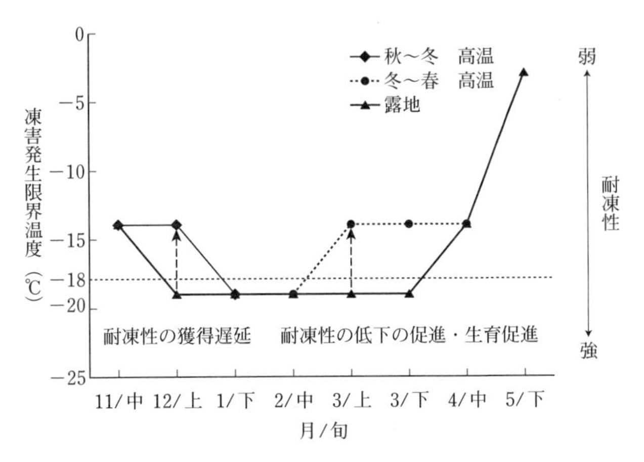

第4図　モモの冬季間の高温処理の違いによる電解質漏出率の時期別変化　（長野果樹試，2010）

第3表　モモにおける冬季間の高温処理が樹体凍害に及ぼす影響

（長野果樹試，2010〜2012）

試験区	供試樹	枯死樹（累積）		
		2010年	2011年	2012年
前期高温	4	0	0	2
後期高温	4	0	1	4
無処理（露地）	4	0	0	1

注　供試樹：各区4樹
　　品種：モモ‘紅晩夏’/筑波系実生　3〜5年生時

区は露地区および秋〜冬高温区と比較して3月上旬調査で，凍害発生限界温度が上昇し，耐凍性低下が早まることが認められた（第4図）。また開花期が露地に比べ，早くなった。

以上の結果から，秋〜冬高温区では，耐凍性の獲得の遅れや春先の生育遅延が示唆された。冬〜春高温区は，生育が前進し，耐凍性の低下が早まると考えられた。また，各区同一処理を2年間継続した結果から，冬〜春高温区では，4樹中4樹，秋〜冬高温区は4樹中2樹，露地区は4樹中1樹に凍害が発生し，枯死した。このことから，冬季間の高温が耐凍性を低下させ，主幹部に凍害の発生を助長することが示唆された（第3表，岡沢ら，2011b）。

（4）凍害の防止対策

①主幹部への稲わら被覆

モモの凍害対策として主幹部への稲わら被覆が用いられている。稲わら被覆は樹体温度の昇温防止効果と防寒効果を併せ持つのが特徴で，樹体温度の日較差を小さくすることで被害を軽減できると考えられる。なお，主幹部への白塗剤塗布は日中の樹体温度の上昇を抑制するが，防寒効果はないため，モモ樹においては凍害の回避には不十分である。

②アルミ蒸着気泡緩衝材の利用

現在，稲わらが入手困難な地域があるほか，被覆に労力を要するなどの問題がある。そこで，稲わらに代わる数種の資材による被覆が樹体温度に及ぼす影響を検討した。長野県においては遮光性と遮熱性に優れたアルミ蒸着フィルムに気泡緩衝材（いわゆるプチプチなど）を貼り合わせた，または組み合わせたものを代替資材として選定した（第4表，第5図，岡沢ら，2012）。

③作業性とコスト試算

供試したアルミ蒸着気泡緩衝材は，アルミ蒸着フィルムに粒径10mm，粒高3.5mmの気泡緩衝材を貼り合わせた製品である（第6図）。製品の大きさは，120cm×42mロールを業者が幅60cmで2等分に裁断したものを購入。使用のさいは，1mまたは50cmなどの長さにカットしたシートを用いた。

作業性と資材費などのコスト試算を，‘あかつき’の7年生の斜立主幹形樹を用いて行なった。稲わらの被覆作業には，2人で行なうと効率的であるのに対して，アルミ蒸着気泡緩衝材は，1人で被覆作業が可能である。被覆方法は，樹体温度には大差ないので1重巻きで十分と考えられた。1樹当たりの作業時間は，稲わら被覆が2人でのべ4分46秒，アルミ蒸着気泡緩衝材被覆は1人で1分37秒であり，稲わら被覆の29.2％の作業時間であった。アルミ蒸着気泡緩衝材の資材費は，稲わらの2.2倍だが，作業時間の人件費を加えると1.4倍程度，さらに，アルミ蒸着気泡緩衝材は冬場だけの使用ならば，劣化が最小限に抑えられ，2～3年の利用が可能なため，稲わら被覆に比べさらにコスト低減が期待できる。

また，凍害回避では，被覆期間は，最低気温が0℃以下の間とし，被覆開始時期は，11月中下旬～12月初旬，被覆除去時期は3月のデハードニング時の低温の影響も考え，4月中下旬の晩霜終日時期を目安とする。

第4表　主幹部被覆の資材の違いが樹皮温度に及ぼす影響

（長野果樹試，2012）

	1日当たり温度（℃）		
	最　高[1)]	最　低[1)]	日較差[1)]
アルミ蒸着フィルム＋気泡緩衝材	7.2cd	－6.5	13.7bc
稲わら	6.0d	－6.3	12.3c
アルミ蒸着フィルム	9.5bc	－7.0	16.5bc
アルミ蒸着フィルム＋緩衝材	11.6b	－6.7	18.3b
無被覆	17.8a	－8.4	26.2a
有意差	**	n.s	**

注　測定期間：2012年1月4日～2月10日

1日当たり温度：日最高温度と日最低温度，および日較差の測定期間の平均値。市販の直径12cmの焼丸杭を南北列で設置し，市販の緩衝資材，断熱資材を単独または複数資材を組み合わせて被覆し，地上50cm付近の表面温度を20分間隔で測定

1）異なるアルファベットは，Tukeyの多重比較により＊＊1％水準で有意差。n.s有意差なし

④稲わらおよびアルミ蒸着気泡緩衝材の効果

2004年および2005年定植の，‘サマークリスタル’‘なつき’‘白鳳’‘あかつき’‘なつっこ’‘川中島白桃’（台木は，おはつもも　筑波4号　その他各種）で冬季間，主幹部の稲わら被覆を行なう樹と白塗剤のみの無被覆の樹で凍害発生状況を比較検討した。稲わら被覆開始は2007年とし（2010年のみ無被覆），2013，2014，2015年は，稲わら被覆する樹の一部に，アルミ蒸着気泡緩衝材を用いた。冬季間，稲わらまたはアルミ蒸着気泡緩衝材を被覆することで，主幹部の裂傷数は少なく，凍害発生が抑えられる傾向であった（第5表）。

おはつもも台木の‘なつっこ’の主幹形仕立て4～5年生に，稲わら被覆区，アルミ蒸着気泡緩衝材被覆区，白塗剤塗布区の各区を設け，

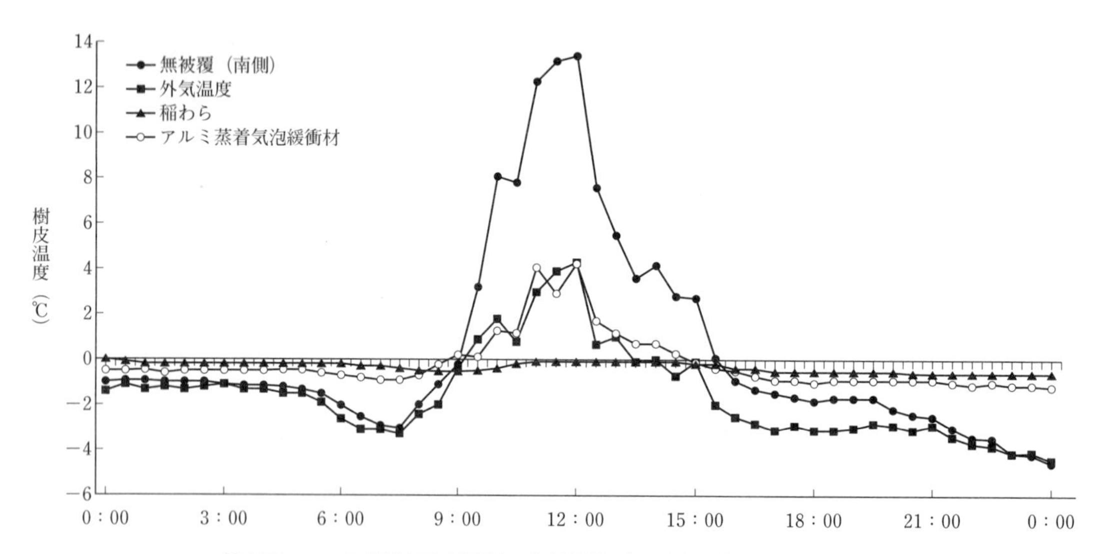

第5図　アルミ蒸着気泡緩衝材の主幹部被覆に対する樹皮温度の日変化（長野果樹試，2012）

無被覆の南側の日較差は，この図では約20℃ほどに達しているのに対し，稲わら被覆は1日を通してほぼ0℃付近で一定し，もっとも安定している。アルミ蒸着気泡緩衝材は，日中若干上昇しているが，外気より日中の温度上昇，夜間の温度低下を抑え，防寒効果を有している

第6図　アルミ蒸着気泡緩衝材の主幹部被覆
主幹部にそのまま巻き付け養生テープなどで留めれば，簡単に被覆できる

第5表　モモ樹における冬季間の主幹部被覆が樹体凍害発生に及ぼす影響
（長野果樹試，2011～2015）

試験区	樹　数	2011年	2012～2013年	2014年	2015年
被覆区[1)]	62	3 4.8	11 17.7	20 32.3	20 32.3
無被覆区[2)]	40	7 17.5	24 60	29 72.5	32 80

注　2005年定植樹，冬季間被覆開始
1）稲わら被覆および2013，2014年は，一部アルミ蒸着気泡緩衝材被覆。しかし，2010年冬のみ被覆未実施
2）樹体凍害対策として主幹部に毎年，白塗剤塗布のみ
各区の上段：累積枯死数（樹），下段：累積枯死率（％）

主幹部の凍害状況を調査した。その結果，白塗剤塗布区は，1樹に枯死が見られたが，稲わら被覆区とアルミ蒸着気泡緩衝材被覆区では，障害は見られたものの程度が軽く，凍害を抑えられる傾向であった。以上の結果から，アルミ蒸着気泡緩衝材をモモの主幹部に被覆すると，凍害回避の効果があると考えられた（第6表）。

⑤秋季剪定・強剪定に注意

長野県においては‘川中島白桃’の収穫後（9月上中旬）の秋季剪定は，新梢切除率が高いと樹体の耐凍性低下が懸念されるため，強度は新梢切除率で3割程度を上限としている。なお，幼木，老木および樹勢が衰弱している樹では秋季剪定は実施しない。

冬季剪定においては，夏季管理や着色管理時に徒長枝や新梢を多量に切除してある場合は，新梢切除量を調節する。また，冬季に傷害を受けると凍害を受けやすくなるため，冬季の強剪定に注意するほか，年内の剪定や厳寒期の剪定を避ける。剪定などによる切り口や傷口へは必ず癒合剤を塗布し保護する。

⑥若木では適正着果を心掛ける

‘あかつき’の6年生までの若木時に着果過多とすると新梢伸長が劣り，また，過少着果とすると新梢伸長の年次変動が大きくなり，いずれも凍害の発生を助長した。樹齢，樹勢に応じて着果過多に注意し，適正着果量とする。また摘果時期が遅れると新梢伸長を抑え，翌年度の貯蔵養分の減少となりやすいので注意する。

⑦品種および台木による発生の違い

すべての品種の凍害に対する強弱はあきらかではない。過去の試験では，‘川中島白鳳’とおはつももの組合わせが凍害に弱い。台木の違いでは，筑波4号台木樹に比べ，おはつもも台木樹のほうが凍害による枯死率が高い傾向であった。

岐阜県において発生しているモモ幼木の枯死障害の発生には，台木の品種間で差があり，おはつももに発生が多いことを報告している。その要因として，おはつもも台木樹は，3月上旬の樹体内の糖濃度が低く，他の台木品種に比べ樹体内のデハードニングが早まり障害を受けやすい可能性があることを示唆している（神尾ら，2006）。また，台木では，岐阜県で在来の観賞用ハナモモの自然交雑実生から選抜されたひだ国府紅しだれを台木として用いた場合に障害が抑制できる（宮本ら，2011）。

長野県果樹試験場内の‘あかつき’を用いた台木比較でも，ひだ国府紅しだれ台木樹のほか払子台木樹が凍害の発生が少ない傾向が見られた。2016年定植のモモ‘なつっこ’の凍害発生状況は，定植2年目の春に，払子台木樹で10樹中2樹，おはつもも台木樹で10樹中1樹が枯死した。定植3年目の春に，おはつもも台木樹では，9樹中7樹，ひだ国府紅しだれ台木樹は，10樹中1樹が枯死した。払子台木樹および，ひだ国府紅しだれ台木樹で枯死に至った樹は，いずれも冬期間，白塗剤塗布のみで稲わら無被覆の樹であった（第7表）。

今後も，樹体生育や果実品質など継続調査の予定であるが，それぞれの台木の特徴を活かした栽植距離や栽培様式の検討が必要と思われる。

執筆　岡沢克彦（長野県果樹試験場）

第6表　モモ（品種：なつっこ）における被覆資材の違いが樹体凍害に及ぼす影響　（長野果樹試，2015）

試験区	樹　数	凍害被害程度[1)]（本数）							被害度[2)]
		0	1	2	3	4	5	6	
稲わら	8	5	1	0	0	1	1	0	20.8
アルミ蒸着気泡緩衝材	9	3	2	1	2	1	0	0	25.9
白塗剤	4	2	0	0	0	0	1	1	45.8

注　1）0：無，1：表皮のみ，2：皮層部亀裂，3：凍害部位（凍害から発生した枝幹病害感染部位含む）の長さ10cm未満，4：同10～30cm，5：同30cm以上，6：皮層部，木質部が褐変し枯死
2）被害度＝Σ（被害程度×樹数）／（該当樹数×6）
品種：なつっこ／おはつもも，主幹形仕立て，2011年秋定植，定植5年目
アルミ蒸着気泡緩衝材区は，2013，2014年冬季間被覆，白塗剤は，主幹部を地ぎわ1m程度塗布

第7表　モモ（品種：なつっこ）における台木の違いが樹体凍害発生に及ぼす影響　（長野果樹試，2017）

供試台木	被 覆	本 数	被害指数別の凍害発生状況							被害度
			0	1	2	3	4	5	6	
ひだ国府紅しだれ	有	5	2	2	1	0	0	0	0	13.3
	無	5	1	3	0	0	0	0	1	30.0
払　子	有	5	2	2	1	0	0	0	0	13.3
	無	5	1	0	2	0	0	0	2	53.3
おはつもも	有	5	1	0	0	0	0	0	4	80.0
	無	5	1	0	0	0	0	0	4	80.0

注　長野県果樹試験場圃場　調査：2017年11月24日，品種：なつっこ，2015年3月定植，前作：モモ，各区10樹，冬期間稲わら被覆および白塗塗布を半数ずつ実施した
被害指数は0：無，1：表皮のみ亀裂，2：皮層部亀裂，3：凍害部位の長さ10cm未満，4：凍害部位の長さ10～30cm，5：凍害部位の長さ30cm以上，6：皮層部，木質部褐変枯死とし，被害度：Σ（被害指数×樹数）／(本数×6)×100

参考文献

神尾真司・宮本善秋・川部満紀・浅野雄二．2005．岐阜県飛騨地方におけるモモ幼木の枯死障害に及ぼす台木品種の影響．園学雑．**74**（別2），128．

神尾真司・杉浦俊彦・浅野雄二・宮本善秋．2006．岐阜県飛騨地方におけるモモ枯死障害の発生要因の解析3．台木品種が‘白鳳’の発芽期ならびに主幹部の糖濃度に及ぼす影響．園学雑．**75**（別1），71．

宮本善秋・梅丸宗男・若井麻里子・福井博一．1999．岐阜県飛騨地方におけるモモの胴枯れ様障害の発生状況．園学雑．**68**（別1），184．

宮本善秋・神尾真司・川部満紀．2011．モモ台木品種ひだ国府紅しだれの育成とその特性．園学研．**10**（1），115—120．

岡沢克彦・船橋徹郎・小松宏光．2011a．モモ樹及びリンゴ樹の冬季間における耐凍性の変化．園学研．**10**（別1），317．

岡沢克彦・船橋徹郎・小松宏光．2011b．モモ樹の冬季間における耐凍性の変化（第2報）冬季間の高温がモモの耐凍性に及ぼす影響．園学研．**10**(別2)，383．

岡沢克彦・船橋徹郎・小松宏光．2012．モモ樹における凍害回避のためのイナわらに替わる被覆資材の選定．園学研．**11**（別2），137．

凍害軽減マニュアル（長野県果樹試験場）．「地球温暖化と農林水産業」．http://ccaff.dc.affrc.go.jp/project2015/manual.html

施 肥 の 基 礎

1. 土壌と施肥

モモの生育は，土壌の物理性，化学性，肥沃度に大きく影響され，土壌の種類によってその特性は異なる。したがって，モモの栽培にあたっては土壌の種類別の特性を理解し，施肥管理をすることが重要である。土壌は大きく砂質土，粘質土，火山灰土，砂礫土に分類される。

砂質土は，河川により土砂が運ばれた地域に多くみられ，粒径の粗い砂～砂壌土である。土壌が粗くなると，地力が低下する。また，土壌自体に養分を引き付けておく力が弱いため，養分が流亡しやすく，施肥の効果は持続しない。その反面，物理性は良好であるが，乾燥しやすく，肥効も低くなりやすいため土壌水分の管理が重要となる。砂質土は，地力を増強するために，有機物の施用や追肥などを行ない，生育期間を通して肥効を持続させることが必要になる。

粘質土は，やや粘土分が高い真土と呼ばれる洪積土（壌土～埴壌土），粘土分が高い暗赤色土などがある。土壌自体は地力が高く，生産性の高い土壌である。しかし，粘質分の高い土壌は，土が硬くなりやすく物理性に劣る点がある。土壌硬度計の測定値が20mm以上になると，根の生育が抑制され，樹勢が弱くなり果実の肥大や収量に影響を及ぼす。硬い土壌は，完熟堆肥など有機物を深耕施用し土壌改良をはかる。

火山灰土は，火山灰が堆積し，厚い土層になった土壌で，物理性が良好で，水はけがよく土が軟らかい。土層は深く，根は深部まで伸長する。モモの根は酸素要求量が多いので火山灰土を好む。しかし，火山灰土壌は腐植を多く含み，夏季に地温が高まると窒素分が分解されて，盛んに養分として発現する。新梢伸長は旺盛で，樹冠面積は拡がりやすい。果実肥大は良好で収量も多くなる。しかし，樹勢が強すぎると，果実糖度の低下など品質に影響するため，窒素の施肥量に注意が必要である。また，火山灰土は酸性が強く，リン酸の固定力が強い特性があるが，石灰質資材やリン酸の施肥により調整できる。

砂礫土は，河川の近くに分布し，礫を多く含んだ砂の土壌である。土壌は水はけ，化学性は良好であるが，礫が多く含まれているため生育低下や作業性の低下の原因となっている。有機物の施用を中心に土つくりを行ない，地力の維持，増強をはかる。

施肥にあたっては，自園の土壌の種類を確認し，その特性を理解するとともに，土壌診断を実施し土壌養分の状況を把握することが重要となる。土壌診断を実施するにあたり，代表的な土壌における土壌別診断基準を第1表に示し

第1表　モモの土壌別診断基準　（山梨県農作物施肥指導基準，2011年）

土　壌	pH	塩基飽和度（%）	交換性塩基（mg/100g）			苦土/カリ	石灰/苦土	有効態リン酸（mg/100g）	作土の深さ（cm）	根群域の緻密度（mm）	孔隙率（%）	透水係数（cm/秒）	地下水位（cm）
			石　灰	苦　土	カ　リ								
砂質土	5.5 ～ 6.0	50～70	100～200	10～30	15～30	0.8～2	5～10	15～60	60以上	18以下	18以上	10^{-3}以上	100以下
壌～埴質土		50～60	180～300	20～50	20～50			15～60					
火山灰土		50～60	200～350	25～60	25～60			15～40					

た。土壌の各成分において分析値が適正範囲より高い場合や低い場合は，それぞれの成分の資材を使用し，施肥量を加減する。また，根群の分布範囲や窒素の肥効も土壌によって相違するため，地上部の生育を観察しながら施肥の計画をたてることが重要である。

2. 樹相診断による施肥

現在，モモ産地の共選所では，光センサー選別機により糖度や大きさ・熟度などが測定され，等階級別に選果されている。これらのことから，栽培では高糖度で大玉な果実の生産が求められている。高品質生産をするためには，適正な樹勢を維持するように生育をコントロールする必要がある。そのためには，施肥を行なう前にまず樹相診断を実施し，樹体生育のようすを把握することが重要である。樹相診断は発芽期から落葉期までの生育期間中の生育を観察し，診断する。樹相の診断は各生育ステージで次の項目があげられる。

発芽期から開花期では，発芽期の早晩，発芽の揃い，花の大きさ，開花の早晩，開花期の長短，開花・落花の揃い，結実の状態である。

新梢伸長および果実肥大期では，新梢の発生本数と勢力，結果枝別新梢の発生状況，徒長枝の多少，新梢の太さと節間の長短，葉の大きさや厚さ，光沢，葉色，早期落葉の有無，生理的落果の多少，果実の肥大状況，硬核期の早晩，園内の明るさである。

収穫期では，二次伸長の多少，新梢の停止状況，新梢長の揃い，葉色，核割れ果および変形果の多少，着色の良否，果実の大きさ・硬さ，果実の品質，収穫期の早晩である。

落葉期では，結果枝の発生状況，新梢の色，落葉の状態，樹肌，骨格の太りなどである。とくに樹勢の強弱は，落葉後に短果枝や中・長果枝の割合を観察することで判断できる（第1図）。成木における結果枝の割合は，樹勢が強い樹は，短果枝が70％以下，中・長果枝は30％以上である。適正な樹勢は，短果枝が70～90％，中・長果枝は10～30％である。樹勢が弱い樹は，短果枝が90％以上，中・長果枝は10％以下である。生産性の高い樹体にするためには，これらの生育状況を観察し，施用資材の選択や，施肥量，施肥時期の調整が必要となる。

第1図　短果枝や中・長果枝の割合で樹勢の強弱は判断できる

上：強樹相，中：弱樹相，下：適正樹相

3. 栽培技術と施肥

適正な樹体生育は，施肥管理のみでは不可能であり，地上部の栽培管理を考慮して施肥設計をたてることが重要である。栽培管理のなかで，樹勢調節に強く関係しているものは，おもに摘蕾から摘果など一連の結果調整と整枝・剪定である。結果調節や剪定はその過程で枝や果実を選択的に除去し，残された枝や果実に養水分を集中させる作業で，樹体生育への影響は大きい。

結果調節は摘蕾，摘花作業から始まるが，品種による花粉の有無により作業時期が異なり，花粉を有する品種は，蕾の時期から摘蕾により花芽数を制限するが，花粉のない品種は，開花時に受粉し，結実を確認してから着果調整を始める。開花は前年の貯蔵養分を利用し，樹体当たりの花芽数が多いほど消耗する養分が多く，初期の果実肥大や新梢伸長に影響する。花粉を有する品種は，摘蕾や摘花により1芽当たりの養分配分を多くする。また，花粉のない品種は結実確認後，早期に摘果し果実肥大を促す。摘果作業が遅れ，多数の果実を結実させておくと，その後の果実肥大や新梢伸長に影響を及ぼす。これらのことから，摘蕾，摘花，摘果を適正に実施し，施肥の効果を反映させることが重要となる。また，最終着果量を結果過多にすると葉面積とのバランスが悪くなり，樹勢の低下に大きく影響を及ぼす。樹齢や品種に適した着果量を厳守し，樹体に負担をかけないように樹勢管理をすることが，効果的な施肥をするために必要となる。

一方，モモは冬季の剪定によって前年度発生した芽を60～80％切除しており，40～20％の芽が残されている。残された芽に集中する養水分は，無剪定樹に比べて2.5～5.0倍に達し，さらに剪定が強くなるほど，1芽に集中する養水分の倍率はますます高くなるが，逆に芽数が少なくなるため，樹全体の養水分の消費能力は低下する。そのため，強剪定の場合，土壌から吸収される養水分を消化しきれず過剰となり，樹は徒長枝を発生させて消化器官を拡大し，栄養のバランスをとることになる。この場合，施肥による樹勢コントロールは困難で，窒素などの過剰障害の原因になる。とくに，耕土が深い肥沃な土壌は地力が高く，強剪定による障害が発生しやすい。施肥の効果を高めるためには，地力に見合った剪定量とし，施肥量の加減により生産性の高い樹づくりをすることが重要となる。

4. 草生栽培と施肥

草生栽培は，園内での有機物の生産，供給，傾斜地の土壌流亡防止などのために行なわれてきた地表面管理法である。現在では，乗用草刈機の普及に伴い除草作業の軽減や環境保全面での関心の高まりにより，導入している農家が多い。

草生園では，年間を通して草に養水分が吸収される。とくに土壌中の窒素は，草の種類にもよるが，年間の養分吸収量は10a当たり15～20kgになることもある。しかし，刈り取った草は，土壌中で分解されふたたび樹体や草に吸収される状態になり，緑肥としての肥料的な効果を示す。また，草生栽培を継続すると草が有機物として蓄積し，徐々に地力を高める効果も期待できる。

一方で，草による肥料成分や水分の吸収により，モモ樹との養水分の競合が問題になる。養分競合の影響は，モモの根域がまだ浅い5～6年生までの若木に発生しやすい。とくに土壌窒素の競合が見られ，春先の草の生長に伴い窒素の吸収が増加するため，モモの樹体への吸収量が不足し，葉の黄化，新梢伸長や収量の低下が見られる（第2表）。草生栽培を導入する場合

第2表 モモ（白鳳）3年生樹での養分競合の影響
（山梨県果樹試験場，1998年）

土壌管理	新梢長(cm)	葉色(SPAD値)	果実重(g)	糖度(Brix)	収穫量(kg/樹)
雑草草生	114	39.1	186.7	13.1	3.4
清耕栽培	123	43.1	228.2	12.7	11.1

は，樹体生育を確認し，必要に応じて速効性窒素肥料の追肥などを行なう。また，若木時は樹幹周囲部を清耕して，養分競合を避ける必要がある。

執筆　手塚誉裕（山梨県果樹試験場）

参 考 文 献

山梨県農政部．2011．農作物施肥指導基準．

施肥設計の基礎

1. 施肥の目的

施肥は，大きく分けると二つの目的をもっている。

一つ目は，土壌に不足する養分やモモ生産により土壌から収奪された養分を補い，樹体生育，収量および果実品質を良好に保つために施用される。モモの樹体は，生育初期の栄養生長期には枝梢の繁茂が旺盛になるが，果実肥大期には枝梢の繁茂をある程度抑え，果実の肥大成熟を促進する。収穫後の貯蔵養分蓄積期には低下しつつある葉の活力が回復し，多くの貯蔵養分を蓄積することで，次年度以降の果実生産が良好に行なわれるようになる。このように，1年間健全に生育できるように施肥を行なう。

二つ目は，土壌の特性（物理的，化学的性質）がモモ生産により適した条件となるように，土つくりの効果を期待して施用される。こちらは，土壌の特性を改善するため，牛糞堆肥などの有機物資材を長期的に施用していることが多い。

施肥の効果を十分に発揮させるには，モモの養分吸収特性や土壌条件などを十分に考慮して使用する肥料の種類や施用量および施肥時期などを決定する必要がある。

2. 施肥設計の考え方

(1) 施肥の変遷

第1表は，山梨県における施肥量の変遷である。昭和40年代までは，収量を重視し，多収をねらうため施肥量は増加した。その後は，果実品質を重視する栽培へと変化したため，多肥傾向は見直され，施肥量は減少に転じている。このように，施肥量は圃場の土壌条件以外にも，栽培目的や栽培管理の考え方の変化により増減する。

施肥設計を行なううえで欠かすことのできない栽培管理上の考え方について確認したい。

(2) 草生栽培

草生栽培は，樹園地の地表面を雑草や牧草類などにより被覆した状態で果実生産を行なう地表面管理方法であり，自園内で有機物の生産・供給，傾斜地の土壌流亡防止，作業性向上などのために行なわれ，導入する農家が増えている。

一方で，モモ樹と草の間で養水分競合が問題になる。草による年間の養分吸収量は窒素で10a当たり15～20kgになることもあるが，草に蓄えられた窒素は，刈草が土壌中で分解することで，ふたたび樹体や草に吸収される状態になり，肥料的な効果を示すことになる。

草生栽培において刈草による有機物供給量を牛糞堆肥に換算した場合およそ700～1,200kg/10a/年に相当すると試算されるため，草生栽培を継続すると草が有機物として蓄積し，土壌中に含まれる有機物含有量を増加させる効果も期待できる。この効果は，草生栽培の継続期間が長くなるほど大きくなり，結果として施肥窒素量の削減にも繋がると考えられる。

なお，草生栽培を導入するさいは，モモ樹の

第1表 山梨県下モモ園の施肥量の変遷（kg/10a）

調査年	N	P_2O_5	K_2O
1959年	10.8	8	10
1969年	25.4	25.8	27.6
1978年	16.4	22.1	13.1
1992年*	12	10	12
1999年*	12	8	10
2011年*	12	8	10

注　*早生種の施肥指導基準値
山梨県果樹園芸会「桃の郷から」より一部抜粋

窒素欠乏を避けるため，施肥量を2～3割増加させる。その後は，樹勢を見ながら，徐々に施肥量を加減するとよい。

(3) 有機物資材の施用

土つくりを効率的に進めるためには，有機物資材の施用は欠かせない。これにより，土壌中の腐植が増加し，団粒構造の形成，地力の増強，微生物活性の増大など土壌の物理性・化学性・生物性の向上が期待される。

一方で，堆肥の過剰な投入や土壌診断によらない施肥の結果，土壌中の養分過剰や成分の不均衡といった課題も顕在化している。そのため，有機物資材は，土壌改良資材としての側面のみで施用するのではなく，資材中に含まれている成分量も考慮して施用するべきである。

有機物資材中の有効成分量の求め方は，以下の式のとおりである。

1) 成分が乾物で表示されている場合

有機物中の有効成分量
＝有機物施用量（kg）×成分含有率（乾物）÷100×（100－水分）÷100×肥効率÷100

2) 成分が現物で表示されている場合

有機物中の有効成分量
＝堆肥施用量（kg）×成分含有率（現物）÷100×肥効率÷100

肥効率とは，有機物資材中に含まれる成分が施用した当年に利用できる割合のことである。有機物資材中に含まれる成分は，施用した当年にすべて利用できるわけではない。利用できる窒素量は，有機物資材の全炭素と全窒素の比率であるC/N比により，おおむね推定できる。各有機物資材の窒素肥効率は野口（2001）により報告されている（第1図）。なお，資材により異なるが，リン酸の肥効率は60～90％，カリの肥効率は90％である。

施肥に有機物資材を施用する場合や土つくりを兼ねて堆肥を施用する場合は，決定した施肥量から，有機物資材により投入される成分量を差し引き，過剰な養分を施用しないように注意する。

(4) 環境保全型農業の推進

生産者や消費者の健康志向の高まりから，安全かつ安心な食料生産や環境問題に対する関心

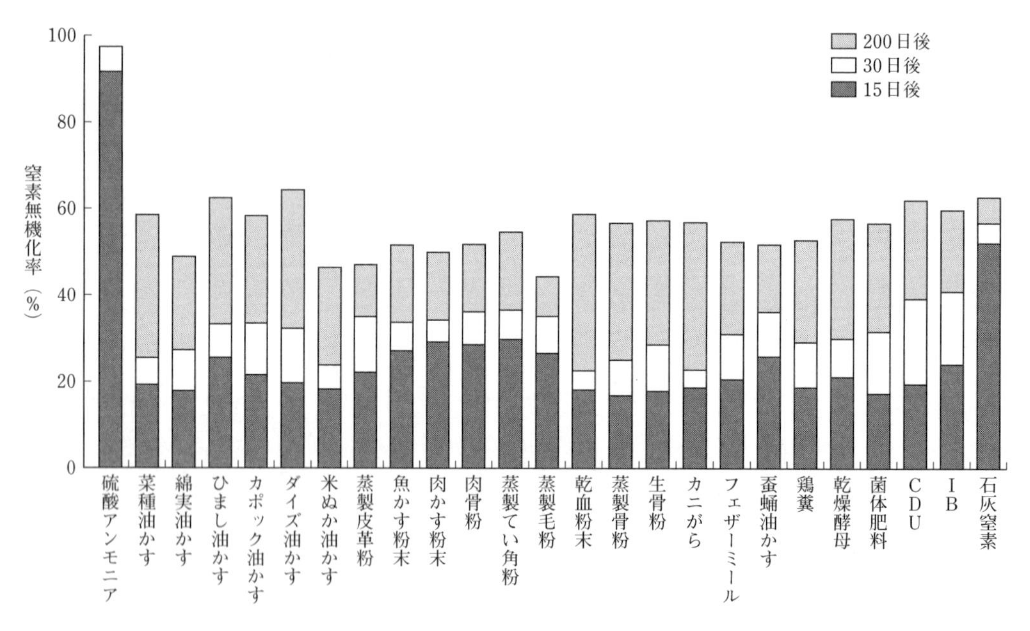

第1図　各種有機物の窒素無機化率（培養温度30℃）　　（野口，2001より作図）

は非常に高くなっている。また，農業がもつ自然循環機能の活用や環境保全を重視した生産方式の取組みもますます注目されている。

環境保全型農業の推進に向けた施肥とは，化学肥料の使用量を低減し，家畜糞堆肥などの有機物資材を積極的に利用することである。モモ生産においても，環境への負担を軽減しつつ，収量や品質を低下させない施肥技術が強く求められている。

そのような施肥技術として，土つくり技術と化学肥料低減技術が取り組まれている。

土つくり技術としては，モモ樹の果実生産に適した土壌環境をつくるために家畜糞尿などの堆肥を利用し，土壌の物理性や化学性の向上を積極的に進める。

化学肥料低減技術としては，施用する有機物資材に含まれる窒素・リン酸・カリの量を的確に把握し，肥料成分として有効活用することが取り組まれている。

3. 施肥量の推定法

年間の施肥量の決定方法には，土壌の種類ごとに肥料試験を行なって決定する方法と，ある程度の基礎データをもとに計算によって導き出す方法がある。

土壌の種類ごとに肥料試験を行なう方法は，普通作物や園芸作物では，ポットや圃場を利用して比較的短時間で肥料試験を行なうことができるが，果樹は永年性作物であり，樹体が大きく根群の分布域も広い点や樹齢により生育に必要な養分量が異なる点などから，そうした土壌の種類ごとの肥料試験を行なうことはむずかしい。

そのため，樹体の養分吸収量や葉中成分を解析し，理論的に施肥量を推定する方法が行なわれてきた。

(1) 養分吸収量

施肥量の決定に重要な基礎的知見となるのは養分吸収量である。

モモ‘白鳳’における樹齢11年生までの各種養分の吸収量は（寿松木ら，1986），樹体の生長量が少ない若木で少なく，樹齢に伴い徐々に増加する。樹体の生長は8～10年生時にほぼ一定値になり，肥料養分の吸収量も頭打ちとなる。成木時の肥料養分の吸収量は，平均すると年間10a当たり窒素10.4kg，リン酸2.5kg，カリ13.1kg程度と算出されている（第2図）。

(2) 葉分析

葉分析の目的は，果樹の栄養状態を把握し，適切な土壌管理や施肥管理を可能にすることである。第2表は，花芽が開花直前や開花後に落下する落蕾症が発生した樹体の葉成分含有量の調査結果である。落蕾症は，土壌中のホウ素が過剰に存在すると発生しやすくなるが，障害が発生した樹体では，葉中のホウ素が増加し，マンガン，窒素，カルシウムは減少する傾向が認められている（古屋ら，1988）。このように，葉成分分析を行ない，樹体の養分含有量を把握することも，土壌の状態を把握し，施肥量を決めるための重要な指標となる。

なお，葉中成分含有量は，土壌の養分含量に対応して単純に決定されるものでなく，他の養分の影響も受ける。葉中の窒素含有量が低下すると，カルシウム，マグネシウム，カリウム含量が増加する傾向が認められるため，圃場の状況を総合的に確認するための一つの手段と考えるべきである。

樹体の養分吸収量や葉中成分含有量は，品種，土壌条件，栽培方法によって異なると考えられるが，施肥基準を作成するための基礎的資料となる。また，このような調査は，急激な環境変動や温暖化などをはじめとする将来的に課題となりうるさまざまな事態に，肥培管理の観点からも幅広く対応するための資料となるため，データの積み重ねを進めておく必要がある。

(3) 施肥量の理論的な算出

施肥量の理論的な算出は，浅見（1951）の提案した方法に準じて行なわれている。

施肥量＝（吸収量－天然供給量）÷肥料の利用率

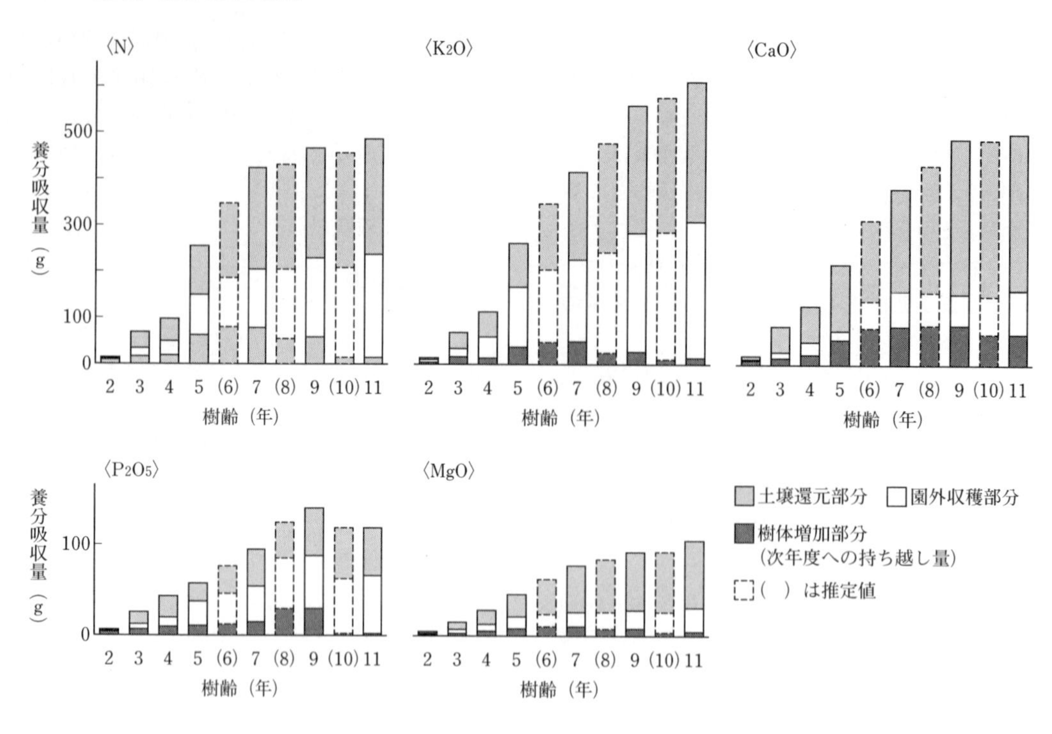

第2図　樹齢別の樹体養分吸収量（供試品種：白鳳）（寿松木ら，1986より作図）

第2表　モモ落蕾症調査樹の障害程度別葉分析値（古屋ら，1988）

品　種		ホウ素 (ppm)	マンガン (ppm)	窒　素 (%)	リ　ン (%)	カ　リ (%)	カルシウム (%)	マグネシウム (%)
浅間白桃	重症樹	53.1	52.4	3.70	0.26	2.89	2.17	0.55
	軽症樹	53.1	63.3	3.75	0.25	3.37	2.26	0.55
	健全樹	45.6	64.5	3.86	0.19	2.98	2.45	0.55
片倉早生	重症樹	47.3	45.9	3.74	0.28	2.91	1.90	0.45
	軽症樹	45.3	54.6	3.83	0.27	3.01	2.21	0.41
	健全樹	42.2	77.7	4.15	0.20	2.86	2.24	0.50
適正範囲		30～50	50～100	3.0～4.0	0.15～0.30	2.0～3.0	1.5～3.0	0.30～0.80

注　適正範囲は，現地事例や参考文献をもとに設定した

これは，樹が圃場で吸収した年間に必要な養分量から，施肥した肥料以外の天然供給量（雨水や土壌中に含まれている可給態成分量）を差し引き，施用した肥料成分の利用率で割った値である。

吸収量，天然供給量，利用率は土壌や栽培条件で異なるため多数の測定事例が必要となるが，前述のとおりモモは永年性作物であるため，これらの項目の測定はむずかしい。

なお天然供給量は，果樹では一般的に30％と概算されることが多い。しかし，土層が深く土壌中に多量の有機物が含まれた肥沃な土壌ではさらに高くなり，有機物量の少ない土壌ではより少なくなる。

肥料の利用率は，施肥した肥料がすべて樹体に吸収されるわけではなく，降雨による流亡や土壌中で植物に吸収されにくいかたちに変わるなどの影響で減少する。各成分の利用率は窒素50%，リン酸20～30%，カリ40%と推定されている。この利用率も，保肥力が高い土壌や有機物や粘土含有量が多い土壌では高くなり，砂質の土壌では低くなると考えられる。すなわち，施肥量の決定には，土壌条件も大きな要因になる。土壌分析などで自園の土壌の特徴を確認することも重要な作業となる。

なお，施肥量の決定には，理論的な算出以外に自身の経験や周囲の園地の状況を参考として導き出す方法もある。その場合は，自園の施肥量や土壌診断の結果，徒長枝の発生具合，葉色，葉に生じた養分の過剰や欠乏症状などを総合的に検討し，施肥量を調節する。

(4) 施肥時期と施肥の割合

果樹では，果実生育後半に窒素過多になると，果実の肥大や成熟が遅れるなど品質に悪影響を及ぼす。これは，新梢伸長の停止が遅れ，果実との間で光合成産物の競合を起こすためである。

このため，前年の秋季に基肥を施用し，根の分布する深さまで施肥成分を浸透させ，春以降の初期生育をよくし，夏場に窒素が切れるような施肥管理が望ましい。

モモの生育初期の開花や新梢伸長を順調に行なえるかどうかは，前年からの貯蔵養分量が非常に重要になる。

基肥は，豪雪地帯でない限り，前年秋の10月中旬～11月上旬に年間の窒素施肥量の6～8割程度を施用する。リンやカリは施肥時期の影響が少ないことから基肥として施用されることが多い。基肥は，貯蔵養分の蓄積など次年度の果実生産に向けて重要である。

礼肥は，収穫の終わった8月中旬以降に，年間施用量の3割程度を速効性肥料や鶏糞などで施用する。収穫後は土壌の窒素成分などが少なくなる。これらの不足が原因で葉の老化が早まり，最終的には貯蔵養分不足を招きやすい。そのため，樹勢回復，花芽の充実，貯蔵養分の蓄積などを目的として施用する。

しかし，樹勢の強い樹に礼肥を施用すると，徒長や秋伸びを助長し，貯蔵養分の浪費や花芽，葉芽の充実不良を起こす。このため樹相診断などを行ない，必要な場合にのみ施用する。また，施用時期がおそくなりすぎると，根からの吸収が不十分になり，本来期待される効果が十分に得られなくなる。なお，礼肥を施す場合は，礼肥の分だけ基肥の施用量を減らす。

新梢が盛んに伸長している時期の追肥は，窒素成分の施用により新梢が徒長しやすくなる。その結果，果実の糖度や着色の低下および生理落果も引き起こしやすくなるため，高品質果実生産の観点からは実施しないほうがよい。ただし，地力の低い園や，あきらかに窒素が欠乏し，樹勢が低下している場合には，必要に応じて尿素などの葉面散布や速効性肥料を施用する。

以上により，施肥は基本的に基肥を中心として，生育期間中の施肥は生育不良時など必要に応じて行なう程度とする。

4. 施肥設計の実践

土壌における施肥成分の過剰な蓄積は，環境負荷，生理障害発生，果実品質低下などの原因となる。施肥量の決定にあたっては，以下の項目を考慮し，過剰施肥にならないように注意する。

(1) 各県の施肥基準

主要なモモ産地の施肥指導基準は第3表のとおりである。これは基本的な調査研究や経験的な事象を含めてつくられている。各県による違いは気象条件や土壌などの地域特性が異なるためであり，施肥設計に対する考え方が異なるわけではない。

この基準をもとに自身が管理する園の樹勢，土壌の肥沃度，収量などを考慮して施肥設計を検討するとよい。なお，基本的に施肥基準に示されている数値は，清耕栽培での基準となっている。

第3表　各県の施肥基準量

県　名	樹　齢	品　種	栽植本数（本/10a）	目標収量（kg/10a）	年間施肥量（kg/10a）			窒素時期（月旬）と窒素の施肥割合（%）
					N	P_2O_5	K_2O	
山　形	成木	川中島白桃		3,200	15	6	12	収穫後（20），9下～10上（80）
福　島		あかつき	20	2,600	14～16	10	12	9（45～50），11～12（35～45），2～3（10～15）
		川中島	20	3,000	16～18	10	12	9（45～50），11～12（35～45），2～3（10～15）
山　梨	成木	早生種	12～20	2,500	12	8	10	8下（25），10中（75）
		中晩生種	12～18	3,000	14	10	12	8下（20），10下（80）
長　野	成木			3,300	14～18	6～7	10～12	9（20），11～3（80）
岐　阜	成木	白鳳			10	10	8.5	10下～11上（70），3中下（10），9中下（20）
和歌山	成木	早生		2,500	12	9	12	8中下（20），10中～11上（80）
		中晩生種		3,000	12	9	12	8中下（20），10中～11上（80）
岡　山	8年以降		10		5.0～8.0	3.0～4.2	4.0～4.7	保肥力の低い園：8下～9中（30），12（70） 保肥力のある園：8下～9中（30），10上中（70）

注　山形県：2007年度農作物の施肥基準，福島県：2006年度福島県施肥基準，山梨県：2011年度農作物施肥基準，長野県：2000年度環境にやさしい農業技術の手引き，岐阜県：2016年度主要園芸作物標準技術体系（野菜・果樹・特産・花き・資料編），和歌山県：2011年度土壌肥料対策指針（改訂版），岡山県：岡山県果樹栽培指針（平成26年3月，岡山県）から抜粋

(2) 土壌診断の活用

土壌診断は，土壌中のカルシウム，マグネシウム，カリ，リン酸などの多量要素と土壌pHを知ることができる。これにより，土壌養分のバランスや土壌pHによる微量要素の欠乏症状の発生しやすさなどをチェックできる。

土壌診断基準値は，モモ樹が1年間生育・果実生産を行ない，養分を吸収し終えたあとに土壌に含まれる適正な成分量を示している。診断結果が基準値の範囲内に収まっており，かつ生育期間中の樹勢や果実品質，収量などが適正であれば，これまでの施肥で問題ないと考えられる。逆に，分析結果が基準値の上限を超える場合や下限を下回る場合には，施肥設計の見直しが必要である。

とくに土壌pH，可給態リン酸含量，交換性カリ含量は高くなりやすいので注意する。窒素は，適切な診断方法がないため樹勢をみながら施肥量を決定する。また，品種に応じて施肥基準が設定されている場合もあるので参考にする。そのためにも，2～3年に一度は土壌診断を実施し，自園の特徴を把握しておくことが大切である。

(3) 山梨県におけるエコ肥料（リン酸・カリ低減型肥料）の開発

山梨県では，資材の高騰による生産コストの上昇や，カリ，リン酸過剰園の増加など養分管理上の問題点を解決すると同時に，環境保全型農業を推進する必要から，新たな配合肥料が求められていた。

家畜糞堆肥は，リン酸，カリを多く含み，連年施用すると養分が土壌に過剰蓄積し，問題となる。そこで家畜糞堆肥を施してもリン酸，カリ過剰害が発生しないリン酸，カリの成分量が少ない肥料が検討され，山梨県果樹試験場ではモモ施肥用のエコ肥料（リン酸・カリ低減型肥料）を開発した。このエコ肥料の特徴は，1）窒素成分に対してリン酸，カリの成分量が少なく，従来の肥料より2分の1～4分の1程度と低い。2）有機物含有量が60～85%と高い。

第4表　エコ肥料施用による果実品質，土壌化学性への影響（日川白鳳，2006〜2008）

（古屋・手塚，2009）

処理区	化学肥料由来窒素比率	調査年	果実品質			夏季剪定量（kg / 樹）	土壌化学性	
			果実重（g）	糖　度（%）	収　量（kg / 樹）		交換性カリ（mg /100g）	可給態リン酸（mg /100g）
処理前		2006	—	—	—	—	45.2	61.2
エコ区	25%	2007	266.3	11.9	108	—	47.9	63.7
		2008	270.0	11.6	130	2.7	43.8	56.5
有機区	8%	2007	268.4	11.7	119	—	61.0	93.4
		2008	274.5	11.4	114	3.1	65.1	80.2
慣行区	60%	2007	264.5	11.7	114	—	35.6	60.0
		2008	277.2	11.6	134	2.9	40.2	65.8

注　エコ区（エコ肥料100kg＋牛糞堆肥1t＋鶏糞80kg），有機区（牛糞堆肥2t＋鶏糞310kg＋配合肥料30kg）
慣行区（配合肥料143kg＋尿素4kg），各処理区の窒素量：12kg /10a

3）施肥作業がしやすいペレット状の成形（第3図），である。

エコ肥料の開発にあたり，モモの主要品種において現地試験を実施したところ，土壌へのリン酸，カリの蓄積を伴わずに従来の施肥と同等の果実品質，収量，樹勢が得られた（古屋・手塚，2009；第4表）。

第3図　モモ用エコ肥料

（4）微量要素の施肥

窒素，リン酸，カリ以外のカルシウム，マグネシウムや微量要素，とくにマンガン，ホウ素は樹体生育や土壌診断結果を確認しながら施用する。近年は，有機物資材や有機配合肥料などが施用され，積極的な土壌改良が実施されているため，土壌中にカルシウム，マグネシウムおよび微量要素が不足している園は少ないと考えられる。

そのような状況であるが，微量要素のマンガンの欠乏症状はしばしばみられる（第4図）。欠乏症状は，必要な成分が不足して発生するだけではなく，ほかの成分とのバランスや土壌のpHの影響などにより，植物に吸収できなくなって発生する場合も多い。マンガンの場合は，土壌pHに大きく影響され，pHが低いと吸われやすく，高くなると吸われにくくなる。pH6.5以上でマンガン欠乏症状の発生が多くなる傾向がある。

第4図　マンガン欠乏症の葉（左）

対策としては，石灰質肥料の過剰な施肥をひかえ，発生園では石灰質肥料の施肥をしない。モモでは硫酸マンガンを1樹当たり1〜2kg程度を目安に施用する。土壌pHがとくに高い土壌では，1～2年おきの施用が必要となる。葉面散布では，硫酸マンガン液肥200倍液を10a当たり200～300*l*，10日間隔で2回葉面散布すると効果が高い。

土壌pHを低下させることは困難なため，土壌pHを上げないような施肥管理を徹底し，pHの高い資材の使用をひかえる。

執筆　加藤　治（山梨県果樹試験場）

参 考 文 献

浅見与七. 1951. 果樹栽培汎論. 第3篇（土壌肥料編）.

古屋栄・窪田友幸・窪川茂. 1988. モモの落蕾症発生とホウ素過剰およびマンガン欠乏との関係. 山梨県果樹試験場研究報告. 7，55―61.

古屋栄・手塚誉裕. 2009. モモ園への家畜ふん堆肥施用におけるリン酸・カリ低減型肥料の利用. 平成20年度山梨県果樹試験場成果情報.

野口勝憲. 2001. 有機質肥料の組成と土壌微生物. 農業技術大系土壌施肥編. 第7-①巻，肥料256の10―256の18. 農文協.

社団法人山梨県果樹園芸会. 2004. 桃の郷から～おいしい桃のできるまで～. 93. 社団法人山梨県果樹園芸会.

寿松木章・佐藤雄大・佐々木生雄. 1986. モモ樹の乾物重と養分吸収量の10年間の増加過程. 園芸学会雑誌. 54，431―437.

整枝・剪定と生育

1. モモ栽培と整枝・剪定の位置づけ

モモは開花から収穫までの期間が短く，果実の糖度は着色が始まるころ（収穫の10～15日前）から急激に高まる。葉の同化養分が果実内にどのくらい送り込まれるかは，新梢の停止状態が大きく関係する。このようなモモの特性をふまえて，高品質な果実の生産と多収を目指すには，葉が展葉したあと，葉面積を確保したら新梢伸長が早期に停止するよう肥培管理し，葉で生産された同化養分の果実への分配率を高めることが重要となる。

着色が始まった時点で85～90％の範囲で新梢が停止するような樹勢を，整枝・剪定の目標とする。新梢停止率がこの範囲に収まっていれば，高糖度の赤いモモを安定して収穫することができる。また適正な樹勢で栽培されたモモは果形もよく日持ちも優れる。

結果枝は，長さによって長果枝，中果枝，短果枝に分けられるが，樹勢の強弱によってその構成比率が変わる。適正樹相への誘導においては，結果枝の構成比率をみて，長果枝の占める割合が高い場合，冬季剪定は間引き剪定を中心にした弱めの剪定を心がける。逆に中果枝や短果枝の占める割合が高い場合は，切返し剪定を主体にして勢力の回復，枝の若返りに努める。

2. 整枝・剪定からみた生育の特徴

(1) 樹体生理と整枝・剪定

果樹を含めて，植物には頂部優勢性という性質がある。頂部優勢性とは，直立状態の枝ほど強勢に伸長し，先端の芽ほど発芽が早く，発芽直後から伸長が強まる。下部の芽ほど生育が抑制され，発生する枝の分岐角度を広げる性質のことをいう（第1図）。

頂部優勢性の強さは，樹種や品種で異なり，モモは頂部優勢の性質が弱く，下部から発生した主枝が上部の主枝に比べて強くなりやすいため頂部優勢が崩れやすい。

誘引などの管理により枝を直立状態から斜立～水平状態に導くと頂部優勢の性質がさらに崩される。これは頂部優勢を制御する植物ホルモンであるオーキシンの移動を減少させるからである。この性質をよく理解しておくと整枝・剪定もしやすい。

(2) 栄養生長と生殖生長の均衡と剪定

果樹の生育には栄養生長（枝葉の生長）と生殖生長（花芽形成・結実）があり，そのバランスが生産の安定に重要な意味をもつ。

第2図に示すように，若木のうちは栄養生長が盛んであるが，樹齢を重ねるとともに低下する。生殖生長は成木期（6～12年生）にピークを迎え，老木になるに従いしだいに低下する。

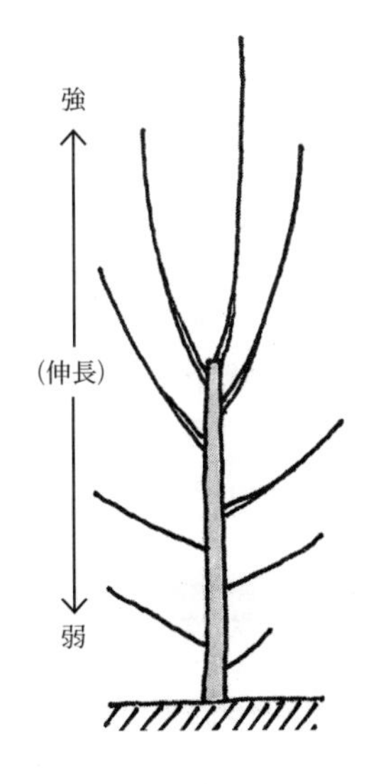

第1図　頂部優勢性
頂部の芽ほど発芽が早く，発芽直後から伸長が強まる。逆に，下部の芽ほど生育は抑制され，発生する枝の分岐角度を広げる

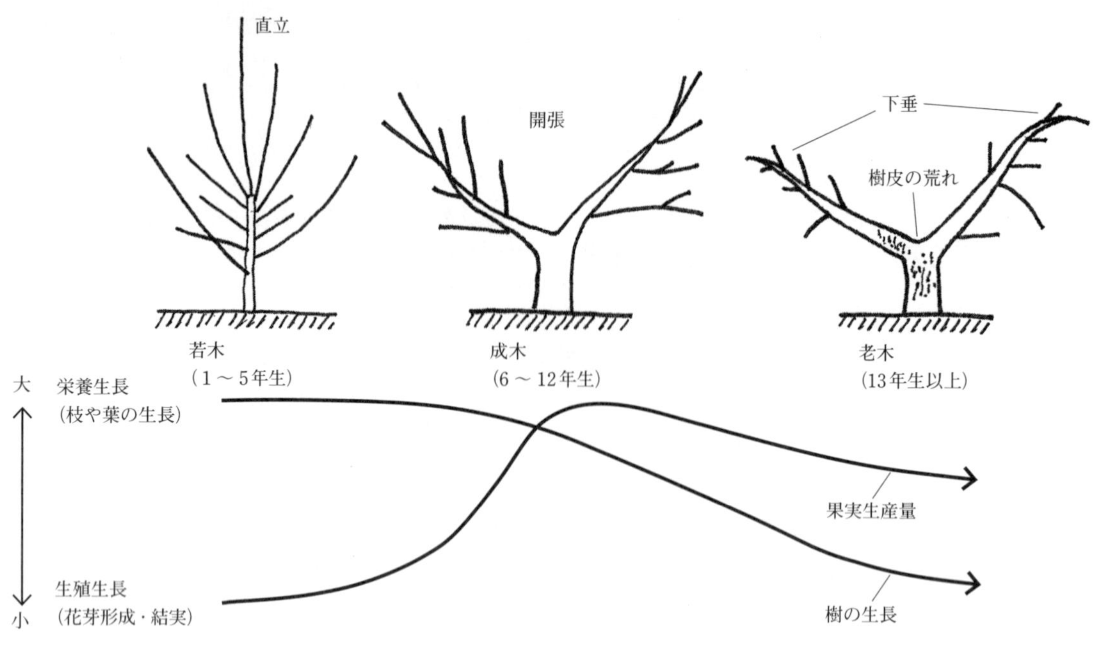

第2図　栄養生長と生殖生長の均衡

樹　勢	強	中	弱
新　梢	徒長枝多	中短果枝多	短果枝多
花　芽	少	多	中
葉　芽	多	多	少
生理落果	多	少	多
核割れ	多（変形果）	少	中
品　質	低	高	低

第3図　樹勢が芽の着生や果実品質に及ぼす影響

栄養生長と生殖生長は，ある程度まで相反する関係があり，樹勢は強すぎても弱すぎてもよくない。樹勢と芽の形成や果実品質との関係を第3図に示すが，樹を長期間維持するには結実に支障がない範囲で，やや旺盛な生育状態を保つ必要がある。

(3) 剪定と生育反応

落葉果樹は一般に冬季剪定によって芽数を減らすと新梢伸長が旺盛となり，枝の勢いは増すが，生長量は減少する。

剪定には，切返し剪定と間引き剪定とがある（第4図）。切った枝の量が同じになる場合，切返し剪定では枝の勢力が強くなり，樹姿は立った形に，逆に間引き剪定では結実が多くなり，骨格となる枝や側枝が開いた樹姿となる。

一方，新梢の勢力は発生する角度によって異なり，枝断面の上側から出た新梢は強く，下側から出た枝は弱い（第5図）。太くてまっすぐな枝は，多くの養水分や植物ホルモンが流動し，太くて勢力の強い枝になる。細い横向きや下向きの枝は弱い枝になる。屈曲した枝は，養水分や植物ホルモンの流れを妨げるので曲がった部分から強い枝が出る（第6図）。

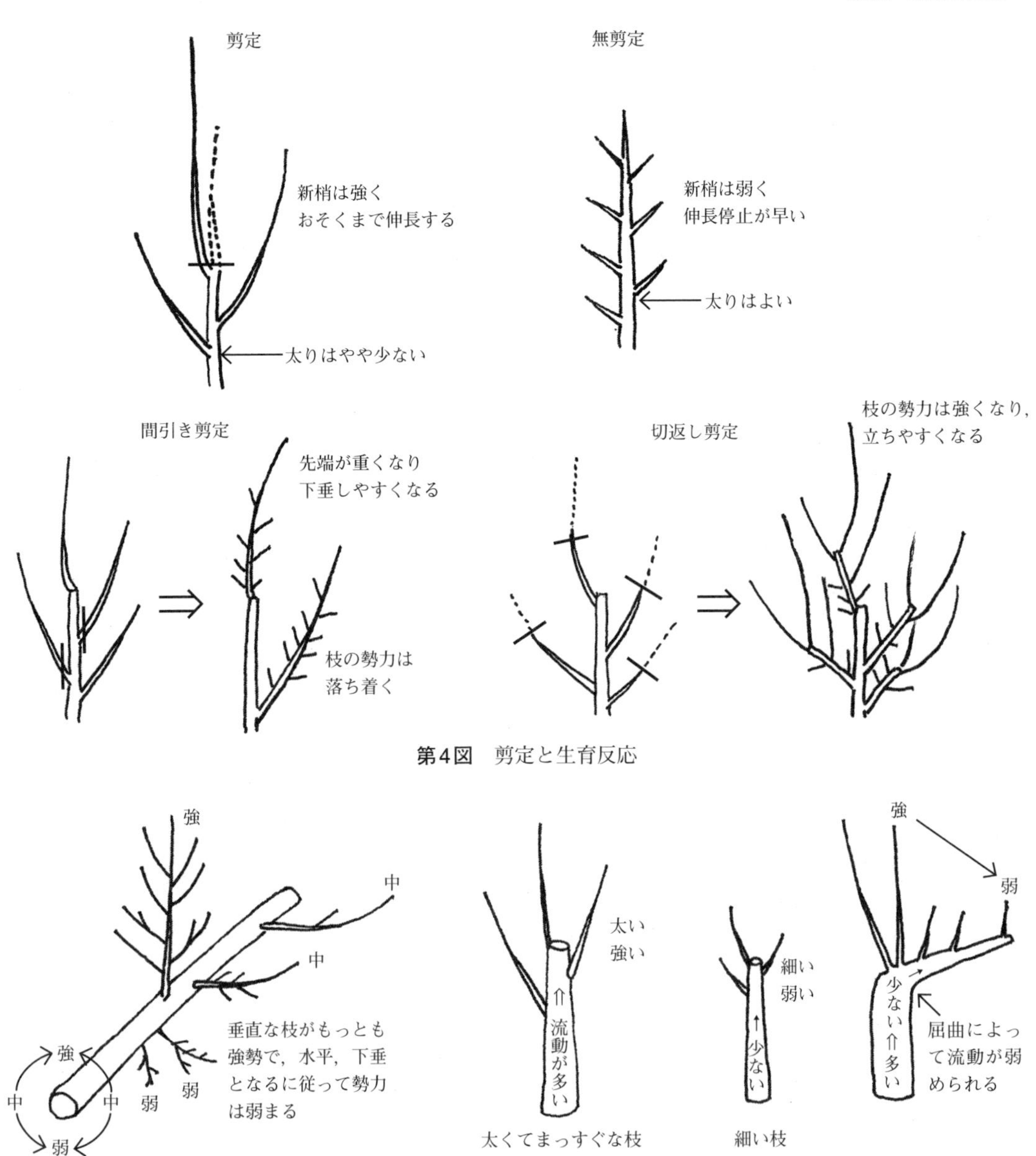

第4図　剪定と生育反応

第5図　新梢の発生角度と勢力
枝断面の上側から発生した新梢は強くなり，下側から発生した新梢は逆に弱くなる

第6図　養水分，植物ホルモンの流動と枝の生長

3. 樹勢と剪定の強弱

剪定の程度（強弱）は樹勢に応じて加減するが，ややもすれば樹姿にとらわれた剪定になりやすいので注意する。また品種，樹齢，土壌条件，樹形，栽培管理によっても変わってくる。

剪定の目的としてまずあげられるのは樹勢を調節することによって結実を安定させること，さらに，枝の剪除によって一定の樹形をつくり，管理しやすくするためである。樹体の栄養生理面と管理の両面から剪定の程度を考えなければならない。

一般に剪定の程度を決める目安としては，樹勢の強いものは剪定程度を弱く，衰弱したものは強めに行なう。若木時のいわゆる骨格形成期は弱めに，成木になるに従い強めに剪定する必要がある。

強剪定は花芽の形成を悪くすると同時に，徒長枝の発生原因となる。一方，極度に弱い剪定は果実品質の低下，結果部位の上昇，樹勢衰弱につながる。これらのことから，実際の剪定作業にあたっては間引き剪定を主体とし，切返し剪定を補助的に行なう。樹齢や樹勢などに応じ間引き剪定と切返し剪定を組み合わせて考えるべきで，若木におけるネクタリンや‘浅間白桃’などにおける若木時の間引き剪定を主体にした剪定は，その代表的なものである。

4. 整枝・剪定の基本

整枝・剪定の作業は，経験が浅いとむずかしい「特殊な技術」のように思いがちであるが，けっしてそのようなことはない。ただ，樹の特性によって自然に伸びる枝を栽培する人が考える形に仕上げるには，それなりの勉強と修練が必要となる。樹体生理や生育反応，結果習性など整枝・剪定に関することを実地で確認しつつよく理解し，あまり構えることなく楽しく剪定ができるようにしたい。

整枝・剪定のねらいは，摘果や袋かけ，収穫など各種の管理作業を効率的に行なえるよう，作業性をよくすること，併せて高品質の果実が安定して多収できるようにすることにある。

若木時代は，主枝・亜主枝の発生位置や発生角度などに注意しながら，目標とする樹形の骨格づくり（整枝）を進める。成木以降は，無理な樹形改善はひかえ，作業性を重視した整枝・剪定を心がける。

(1) 成木の剪定

①この年代の考え方

受光態勢のよい状態を維持する。とくに亜主枝上の側枝などは長くしすぎないように注意する。また，下垂する先端を維持するため，支柱や帆柱で吊り上げを行なう。下垂した枝が多くなるので切返し剪定による更新を行ない，主枝，亜主枝のなるべく近い位置で維持する。

品種間による差についてみると，‘白鳳’などの品種は短果枝が多くなり急激な樹勢低下がおこりやすいので，切返し剪定を主体にして若返りをはかる。‘浅間白桃’などでは，樹勢が強いため，とかく側枝を多く置きすぎるので，間引き剪定を中心に行ない，側枝の間隔を適正に配置する。

②樹勢に応じた剪定

樹の状態をよく観察して，徒長枝の発生が多く，長果枝の占める割合が高い樹は間引き剪定を主体にする。

逆に徒長枝や長果枝の発生が少なく，短果枝・中果枝の占める割合が高い樹では，切返し剪定を中心にした強めの剪定を行なう。

③側枝の配置と剪定

主枝，亜主枝に配置する側枝は，先端側ほど小さく，基部寄りになるほど大きい枝を配置して，三角形となるようにする。主枝や亜主枝の先端に近いもっとも小さい側枝は長さ50～60cmに，亜主枝近くに配置するもっとも大きい側枝は1.5～2.0mとする（第7図）。互いに込み合わないように側枝はできるだけ小さく保ち，果実を成らせては下垂させ，切返しを行なってつねに一定の範囲内に抑える（第8図）。

④結果枝の管理

側枝に配置する結果枝の間隔は，結果枝の種類により調節する。側枝上の同一方向の配置間隔は，長果枝で30～40cm，中果枝20～30cm，短果枝は込み合わない程度とする（第9図）。結果枝のうち，側枝延長枝（長果枝）は，先刈りを行なうと中果枝・短果枝が得られやすい。原則として中果枝・短果枝先端の切詰めは行なわない。また，二次伸長した枝は花芽のある位置まで切り返す。

⑤太枝の剪除

太枝を剪除する場合，基部の部分を残さずに滑らかな切り口になるよう，少しシワのある位置を目安に切る（第10図）。この方法で剪除すれば数年後には切り口が完全に包み込まれた状態となる。基部を少し残して切ると（ほぞ切り），切り口が癒合することなく残り，枯れ込みの原因となったり，樹液流動の妨げ，日焼けの発生を助長する。太枝や側枝を剪除した大きな切り口には癒合剤を塗り，切り口を保護してカルスの形成を促す。

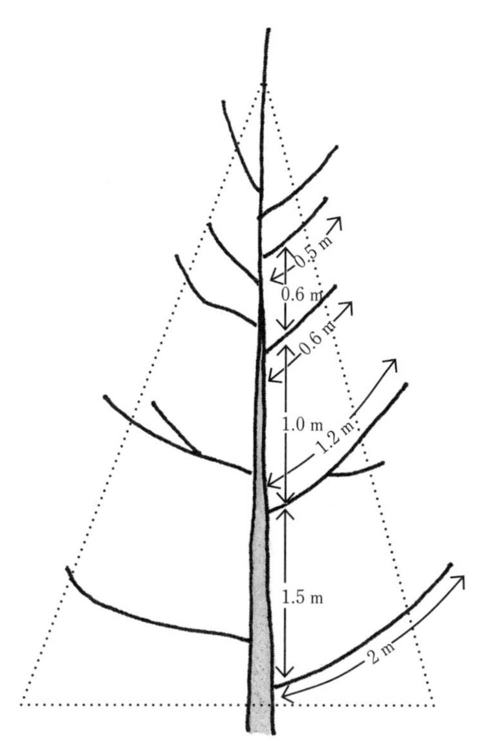

第7図　側枝の大きさと配置バランス

側枝が長大化すると，樹形や樹勢のバランスを乱すとともに作業性や採光を悪くして，品質低下を招く原因となる
部位別に適度な大きさの側枝を養成するとともに，それを維持していく管理が必要となる。主枝や亜主枝ごとに三角形の樹形を構成するには，基部に近いもっとも大きい側枝を最長で2mとする

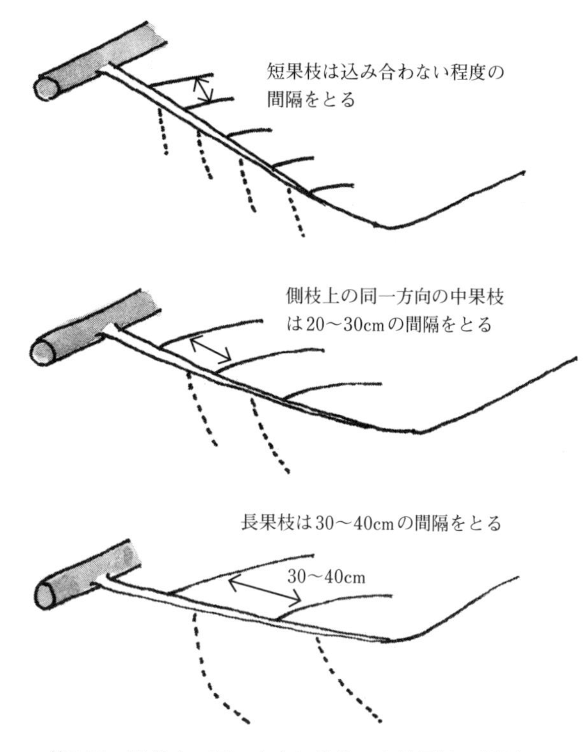

第9図　側枝上の同一方向に発生した結果枝の間隔

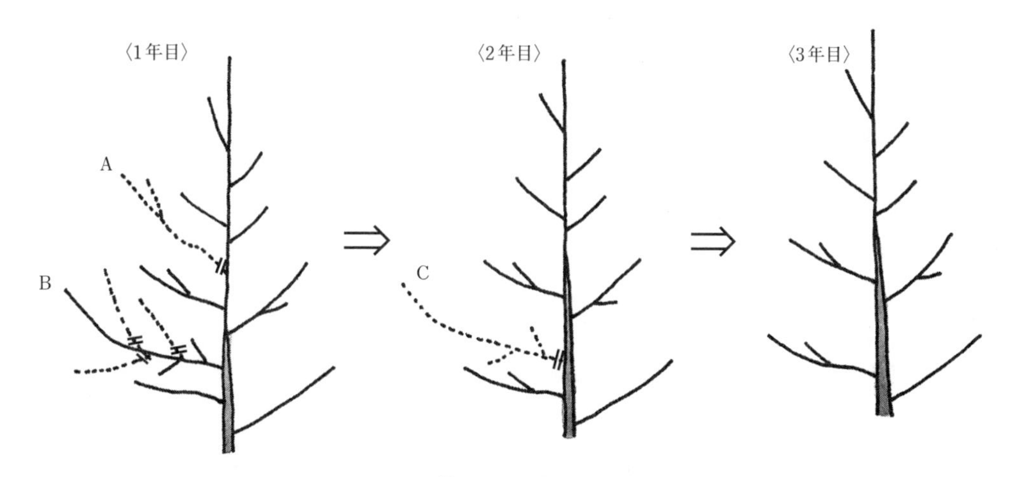

第8図　側枝の更新

長大化した側枝のうち，Aのように直接抜けるものは1年で処理するが，Bのように過度に長大化したものは，1年目に大きめの枝を抜いて勢力を抑える。2年目に基部から剪除する（C）

第10図　太枝のよくない切り口

切り口の癒合を促すには枝基部にある少しシワのある位置で切る。基部を少し残して切ると，切り口が癒合せず，枯れ込みの原因となり，日焼けを助長する

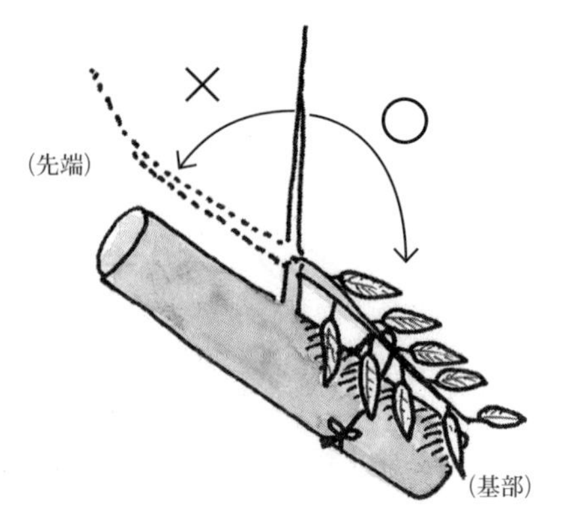

第11図　主枝や亜主枝上に配置する日焼け防止の枝

捻枝をすれば徒長枝の勢力を弱め，日焼け防止の対策として活用できる。捻枝していない枝を活用する場合，基部方向に返して緩めに誘引する。先端方向に誘引すると勢力が抑えられず強く太い枝になる。日焼け防止の枝はできるだけコンパクトに維持し，数年で更新する

(2) 側枝の長大化を回避

側枝を必要以上に長大化させると，三角形を基本とする樹形のバランスを乱すとともに，その側枝より先端側にある枝全体との勢力差（葉面積の差）が小さくなり，骨格枝に負け枝が発生する。また，果実が肥大して下垂すると，下の枝と重なりやすくなり，品質低下を招く原因となる。側枝の大きさは，前述のとおり最大でも2mを限度とし，1.5mを目安に維持する。

すでに長大化してしまった側枝は，早期に矯正する。しかし，休眠期に側枝を強く切り返したり間引いたりすると，切り取った部分から徒長枝が発生する。そこで休眠期に剪定することが予想される側枝は，前もって秋季（9月上中旬）に剪定しておくとよい。秋季剪定なら貯蔵養分を貯える前なので，大きな枝を切る反発が小さく抑えられる。とくに長大化した側枝は，先端部を切り返し，側枝が込み合う場合は冬季剪定で間引いて処理する。

(3) 日焼け防止枝の配置

日焼けは，枝幹に直接光が当たることによっておこる。また太枝を切った場合や樹勢が衰弱した場合，地下水位が高く，根が弱っている場合も日焼けをおこしやすい。植付けから10～15年経過すると日焼けを受けやすくなる。日焼けが発生した枝を数年放任すると，枝切断面の下側の日陰となる面の表皮がわずかに生きている程度で，大部分は枯死する。新梢はほとんど伸長せず，良果を得ることはできない。

温暖化によって夏は気温が40℃近い高温になることも珍しくない。強い日射しによって蒸散量が増えるなど，日焼けをおこしやすい条件に変化してきている。日焼けを防止する対策として，主枝・亜主枝などの骨格枝に直光が当たらないように，弱く細い結果枝を配置する。日陰をつくるための適当な枝がない場合は，中・長果枝を先端から基部に返すかたちで主枝に誘引する（第11図）。この枝も数年放置すると大きくなり，付近が暗くなってはげ上がりの原因となるので，適宜更新する必要がある。

なお，剪定はあくまでも冬季剪定を基本とするが，放任しておくと徒長枝となる新梢は，夏季管理もしくは秋季剪定で処理する。

執筆　富田　晃（山梨県果樹試験場）

樹形構成と仕立て方

1. 樹形と整枝の考え方

モモの樹は，生育が早い反面，寿命は短い。主枝や亜主枝の骨格の枝に直射光が当たると日焼けをおこしやすく，樹の寿命は短くなる。

苗木を定植してから2～3年で結実しはじめ，盛果期は9～10年前後である。それ以降は除々に生産性は低下し，20年も経つと経済的な生産はできなくなる。経済樹齢の長さは，品種，土壌の肥沃度，気象条件，病害虫の発生あるいは剪定や摘果の程度など栽培管理方法の良否によって変わる。なかでも整枝・剪定の良否が大きく影響する。

モモは頂部優勢性が弱いので，枝を切り返さないと，生殖生長（果実の生産）ばかりが盛んになる。また，耐陰性が低いので，日当たりが悪く日射が不足すると樹冠内部の枝は枯れ込みやすい。このため，モモの整枝法は採光性の優れる開心自然形を基本とし，2本主枝で仕立てられることが多い。

山梨県におけるモモの整枝・剪定は，古くはヨーロッパスタイルの盃状形整枝であったが，改良が加えられ現在の主流である開心自然形へと発展した。開心自然形は樹齢が進むにしたがって自然に開張していくモモの性質を利用しており，モモ栽培の整枝・剪定においては，理想に近い整枝法である。空間を無駄なく有効に利用した立体的な樹づくりが可能であり，樹勢，樹齢に応じた剪定の調節が効き，人工型の整枝には見られない良品，多収生産が期待できる。2本主枝の開心自然形樹は，高品質果実の生産性が高く，作業性のよい樹形を長期にわたって維持・管理することができる。また一方，モモ主要産地においては，それぞれの立地条件を活かして独自の整枝・剪定法が開発されている。

整枝は，必要以上に樹形にこだわりすぎると，剪定の強弱が樹にあわず，かえって樹形が乱れ，作業性の低下のもととなる。生産性が高く，作業性のよい樹形をつくるためには，その樹の樹勢や土壌条件，品種特性を念頭において，2本主枝の開心自然形を基本にしながら状況に応じた整枝を行なう。

2. 開心自然形仕立て

(1) 植付け時

苗木は基本的に垂直に植え付けるが，傾斜地ではやや斜めに植え付ける場合もある。

植え付けたあとに苗木の先端は，葉芽のある位置までやや強めに切り返し，翌年の伸長を促す。切返しの程度は苗木の充実程度により決める（第1図）。健全に生育した1.2mほどの苗木

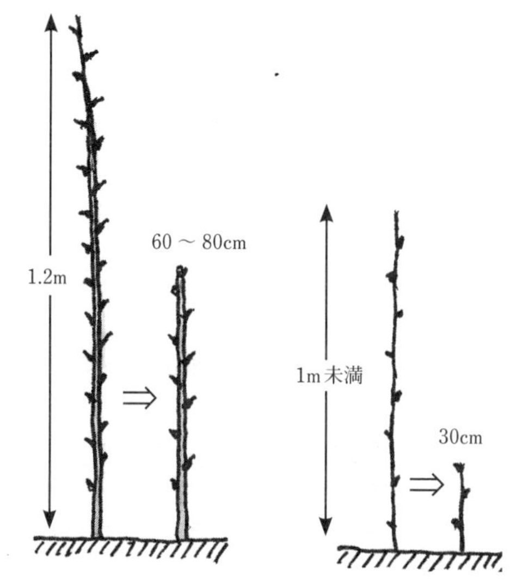

第1図　苗木の切返し程度

1.2mほどに伸びた節間（芽から芽の間隔）が詰まって太く，しっかりした苗木であれば60～80cmまで切り詰める

1mに満たない貧弱な生育の苗木は思いきって30cm程度まで強く切り返す

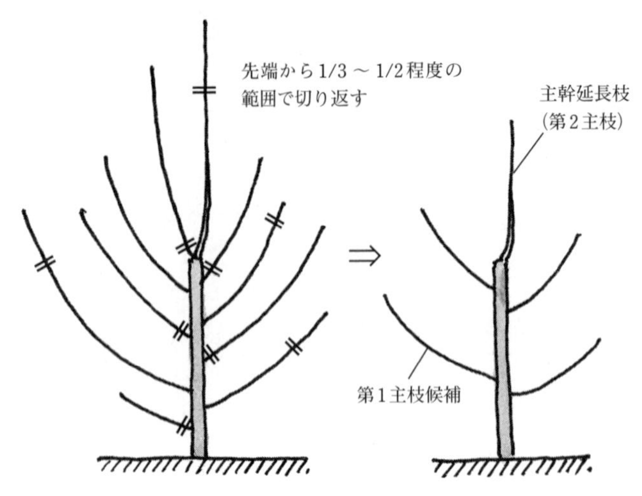

第2図　植付け1～2年目の剪定

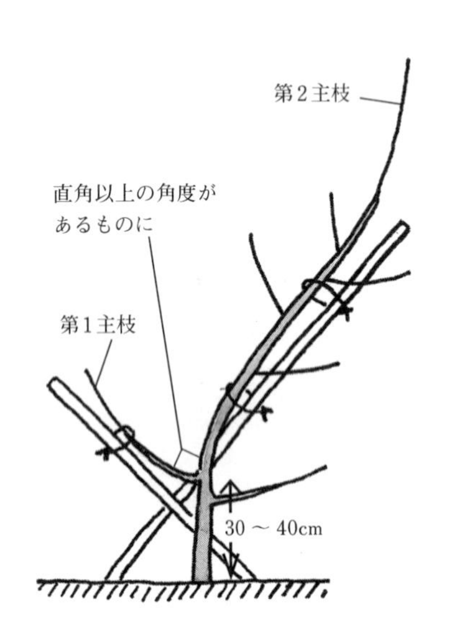

第3図　第1主枝の発生角度と分岐の高さ
第1主枝の発生角度が鋭角になると，強勢になりやすく，裂けやすい
添え木をして第2主枝に対して90度以上の分岐角度をとる。7：3程度の勢力差をつける
第1主枝の候補枝は地上30～40cmの高さとする

であれば60～80cmほどに，1mに満たない充実の悪い苗木は，30cm程度まで強めに切り返す場合もある。切詰めを行なわないと，新梢の生育が劣る。

(2) 1～2年目

主幹の延長枝（第2主枝候補枝）の生育を促す剪定を心がける。切り詰めた苗木の先端からは同程度の強さの枝が3本ほど発生する。そのなかから延長方向にまっすぐ伸び，かつ先端の枝として適当な強さをもつものを延長枝として1本選び，競合する残り2本は捻枝するか剪除する。捻枝してその後は，先端の延長枝より勢力が弱まり，方向がほぼ横であれば結果枝や側枝候補枝として使う。

モモは頂部優勢性が弱いので，基部からも強めの新梢が発生する。これらも延長枝と競合する枝はすべて剪除するが，それ以外の邪魔にならないものは5月中下旬に捻枝を加えて勢力を抑制する。競合しない小枝は樹を太らせるため，できるだけ多く残す。

延長枝は，伸び具合や充実の程度により，冬の剪定でおおむね3分の1から2分の1程度の充実した芽まで切り返す（第2図）。また，延長枝（第2主枝）の伸びがよく新梢発生が多い樹であれば，地上30～40cm付近から発生した新梢を第1主枝候補枝として残しておく。主枝の発生位置は地上に近いほど強勢で，高くなるほど勢力は弱まる。候補枝は第2主枝に対して7：3～8：2程度の生育差がある枝とする。このとき枝の発生角度に注意する。鋭角に発生した枝を選ぶと第1主枝が強くなりやすい。また，添え木や誘引により，できるだけ第2主枝に対して直角からそれ以上の広い角度に整枝する（第3図）。

ただし，このとき無理をして強めの枝で第1主枝候補枝をつくると，第2主枝が負け枝になりやすいので，勢力差が少ない場合は剪除して，翌年に勢力差がある弱い枝でつくり直す。

(3) 3年目

主枝の切返しは，主枝延長枝の生育に応じて行なうが，やや強めとする。各先端部とも先端から三角形になるように枝を配置し，はみ出す

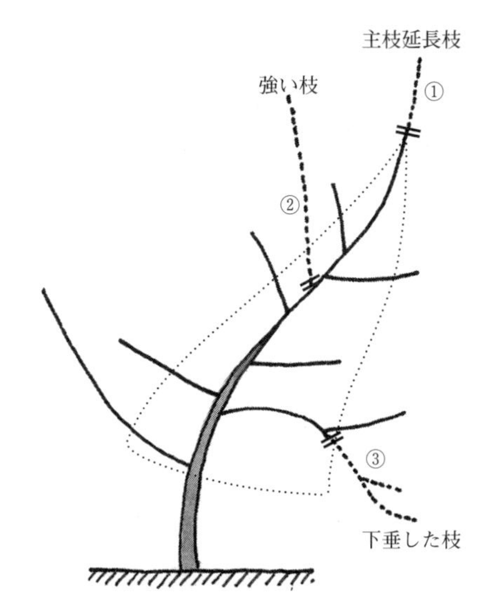

第4図　若木の剪定の基本
①主枝先端の切返しは，枝の充実や伸長量により伸長量の1/3～1/2ぐらいを剪除する。先端の勢力が強ければ，切詰めを弱めて切返しの程度を調節する，②先端から基部にかけて三角形になるように枝を配置する。形を乱す強い枝は間引く，③先端が下垂した枝は，上向きの勢力のある枝の位置で切り返す

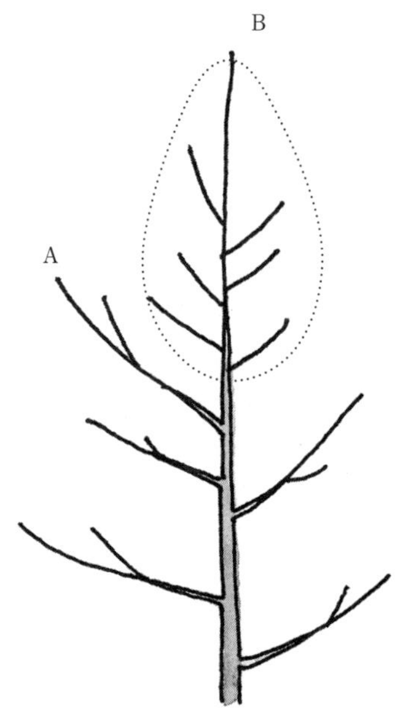

第5図　側枝と主枝延長枝のバランス
大きめの側枝（A）をそのままおくには，Aより先端側の枝全体の総和（B）が大きくなるように枝数を多く配置する

ような強い枝は間引き，下垂した枝は切り返す（第4図）。

生育が旺盛であれば，2年目に第2主枝の地上100cm前後の位置から発生した枝のなかから第1亜主枝候補を選ぶ。最近は管理作業に昇降式作業台を利用するケースも多いため，やや高め（120～150cm）の位置から選んでもよい。枝は主枝先端を頂点とした二等辺三角形となるような勢力バランスで配置する。

(4) 4年目以降

4～5年目になると，おおむね目標の樹高（3.5m）に近づき，骨格が形成される。各主枝とも第2亜主枝を第1亜主枝の反対方向の1mほど離した位置から選ぶ。発生位置の距離が近すぎると主枝を負かす危険性が高まる。

主枝と競合する立ち枝を中心に剪除し，主枝先端部は，先端または切り返して先端候補となる枝が60～80cmの長さになるように，充実程度に応じて切り返す。

また，主枝，亜主枝の延長枝が負けないように結果枝の配置や量を調整する。とくに側枝は旺盛な場合，1年おいただけで主枝を負かすことがあるので，大きめの側枝は基本的に剪除する。大きめの側枝をおく場合は，それよりも先端側におく枝の量を多くする（第5図）。

一方で，結実が増えてくるので，主枝や亜主枝の先端が下垂しないよう支柱をあてがう。各骨格枝とも先端から三角形となるようなバランスで枝を配置する。

3. その他の仕立て

(1) 開心自然形のバリエーション

作業性や管理の容易さがより重視されるようになり，開心自然形の整枝も3本主枝による整枝は少なくなり，ほとんどが2本主枝である。一方で，産地によっては，開心自然形から発展したバリエーションもいくつか見られる。

その一つが，開心自然形から開張形へと発展した整枝で，開心自然形の亜主枝にあたる枝を

第6図　開心自然形から発展した新樹形の取組み事例

主枝基部に配置し，亜主枝が主枝と同等の大きさとなる。一見すると主枝が6本あるように見え，開張形と呼んでいる（第6図）。樹冠内部まで光が入る受光態勢に優れる樹形で，果実品質と作業性の向上をねらいとしている。この整枝は山梨県甲州市の大藤地区で多く見られ，笛吹市の一宮地区でも取り組まれている。

(2) 大藤流仕立て

大藤流仕立ては，昭和40年代後半に塩山市（現：甲州市）大藤地区で開発された肥沃地向きの仕立て方である。骨格となる主枝候補枝を地ぎわの低い位置から車枝の状態で発生させるのが特徴で，成木になっても樹高は約3.5mに収まり低樹高である。

幼木時には多くの主枝候補枝を配置し，その後，樹冠の拡大に伴って順次間引く。樹形完成時には3～4本の多主枝となる。亜主枝はつくらず，骨格以外は，側枝と結果枝だけの構成となる。完成した樹形は開心形または盃状形となる（第7図）。開心自然形では利用しない徒長枝を積極的に利用し，若木のときから果実を成らせながら樹を落ち着かせる。弱剪定により剪定量はきわめて少なく，結果枝の80～90％が短果枝となる。

低樹高に仕立てて経済樹齢を長持ちさせること，若木時代から樹勢を落ち着かせて品質の安定化をはかり，成木並みの収量を確保すること（早期成園化），着果位置による果実品質のバラツキをなくし，高品質生産をねらった仕立てである。

(3) 大草流仕立て

大草流の仕立ては，骨格枝を低い位置から分岐させ，広く八方に地を這うような形で伸ばす樹形となる。樹が開張しやすいので，樹高は約3.5mとなり，開心自然形より樹高は1mほど低く，樹冠の直径も1mほど広い。成木でも5尺の脚立があればすべての管理作業ができる（第8図）。

疎植による植付けで，樹は開張しやすいので受光態勢が優れる。骨格枝はまっすぐでコンパ

第7図　大藤流仕立ての完成樹形

主枝の勢力が均等になるように配置した3～4本の主枝からなる

第8図 大草流仕立て樹の完成樹形

骨格は広げた傘を逆さまにしたようなイメージとなる。主枝・亜主枝から発生した側枝は短めに維持する。側枝は葉の形をイメージして中央付近には大きな側枝を，基部と先端には小さい側枝を配置する

クトな側枝を配置するため作業効率が高い。この仕立てでは樹の骨格を広げて低く抑えるぶん，徒長枝の発生が多くなる。徒長枝は切らずにおけば養分を浪費し，下枝の光条件を悪くしてはげ上がりの原因となりやすい。徒長枝は摘心の管理を行なうことで中・短果枝主体の結果枝へと導ける。6月に3～4芽（5cm程度の長さ）残して摘心する。ただし，着果している枝から立つ新梢は，玉張りや生理落果の問題があるので，着果位置から20cmを目安に切る。摘心は，一律に切るのではなく，樹全体の30％を目安に切る。ふたたび新梢が伸びて込んできたら，30％程度切る。一か月に1回，この処理をして，吹き出す新梢の勢いを摘心と剪定によって弱めれば，結果枝へと置き換わっていく。

大草流仕立ては，新梢管理が重要な作業となる。この管理が中途半端になると，低樹高化と作業性の効率化が実現できない。良品生産も望めない。これらの管理が行なえる体制づくりを進めながら導入する必要がある。

(4) 棚仕立て

熊本県では，ハウス栽培における立ち木仕立ての問題点を平棚仕立ての開発で解決した。実証の結果，開心自然形よりも成園化が早く，品質も優れる。また，脚立を用いることがないので，摘蕾，摘果，袋かけ，収穫などの作業が20％効率化されるなど，多くの利点が認められている。棚仕立ての整枝法としては，一文字整枝，3本主枝整枝，H字形整枝，改良H字形整枝などがあるが，多くの点で改良H字形整枝が有利とされている（第9図）。

導入にあたっては，棚面の高さが作業者の身長にあっていないと作業効率が著しく低下する。成木になると樹の重みで棚面が下がるので，高さは支柱の本数により調節する。果実に傷がつきやすいので，支線は合成樹脂線，あるいは被覆線を用いる。小張線の間隔は，誘引作業を考慮して30cm程度がよい。棚面から旺盛な新梢が発生するので，新梢管理や秋季あるい

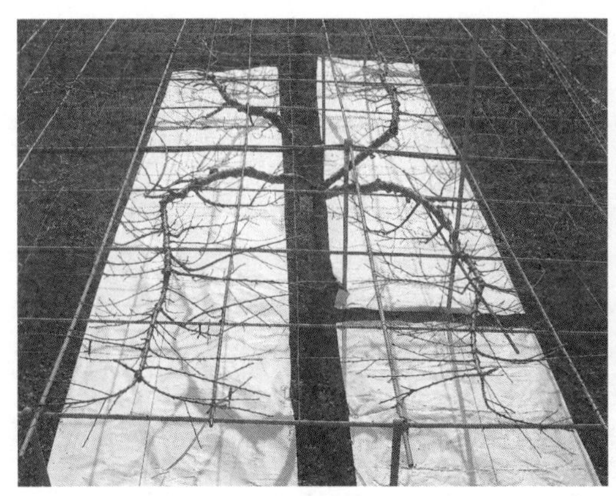

第9図 棚仕立ての完成樹形（左）と結実状況（右）（熊本県農業研究センター果樹研究所）

第10図　斜立主幹形の完成樹形

第11図　Ｙ字形整枝の完成樹形
3.5m以下の樹高と，植付け後5～6年の早期成園化が特徴

は冬季の誘引に手間がかかる。その労力を確保したうえで，導入をはかる。

また管理上の留意点として，立ち枝が多く，薬剤散布では散布ムラが出やすいので，補助散布を行なう。摘果作業では，支線に近い果実は傷果になりやすいので，優先的に摘果する。棚上の主枝や側枝の陽光面には，直射が当たらないように必ず小枝を残す。

(5) 斜立主幹形

斜立主幹形仕立ては，長野県の千野正雄氏が開発した整枝法で，同県各地に普及している。一本の斜立した主幹に亜主枝，側枝を左右に配置し，全体的に底辺の広い三角形の樹形で（第10図），次のような特徴がある。

主幹は南向きを基本に同じ方向へ斜立化することで樹と樹の重なりが少なく，受光態勢を良好にでき高品質な果実が生産できる。おもな管理作業が樹冠下のうね間ででき，低樹高化できるため，作業性が向上する。導入当初からの計画密植と主幹への効率よい枝の配置で，結果部位が多くなるため，早期成園化と早期増収がはかれる。

南面傾斜地では，主幹陽光面に日焼けが発生しやすいため，陽光面への日焼け防止の小枝を配置する。夏季，秋季の新梢管理が重要になるため，管理が行なえる体制づくりを進めながら導入する。

(6) Ｙ字形整枝

Ｙ字形整枝は，山梨県白根町西野（現：南アルプス市）に初めて導入された。オーストラリアのタチュラ仕立てをヒントに開発されたといわれる。その後，山梨県果樹試験場でも試作し，管理方法などを詳しく検討した。

3.5m以下の低樹高栽培と早期成園化を目的とした整枝法である（第11図）。単管パイプで波状棚をつくり，誘引線を50cm間隔に張る。2本の主枝は仰角が約60度となるように開く。棚の設置には約50万円の経費が必要となる。樹高が低いので，6段の脚立で作業ができ，作業効率が高い。受光態勢がよいため，果実品質がよい。植付け後5～6年で成園化できる。

長さ2mの側枝と，そこに形成される中・短果枝の維持が技術のポイントである。樹勢調節と中果枝をつくるために9月上旬に秋季剪定を行なう。樹全体における熟期が揃うので，収穫労力を確保しておく。

(7) ユスラウメ台木を用いた主幹形

主幹形の整枝は，ユスラウメ台を用いることで低樹高化と品質向上がはかれる。結実初年度から成木とほぼ同等の果実品質が期待できる。隣接の樹との間には空間を設ける。受光態勢を考慮して植付けはうね間3.3m，株間1m前後の並木植えとする。植付け時には，先端の切返しは行なわない。

ユスラウメ台木は地上部の大きさに対して根量が少なく，根域も浅いため，乾燥に注意する。また，耐水性も低いので，排水対策を徹底する。接ぎ木不親和性が見られるので，支柱を立て，接ぎ木部の折損を防ぐ。接ぎ木部付近にはコスカシバが食入しやすいので主幹部の防除を徹底する。

主幹形の栽培では，作業性と果実品質向上のため，良好な中短果枝を主体にした樹冠形成を目指す。冬季剪定だけで樹形をつくることはせず，肥培管理，結果量の調節，結果部位の調整，新梢管理をそれぞれ適正に行なうことが大切である。

なお，ユスラウメ台を利用した樹の経済樹齢は野生モモを用いた場合より短い。

執筆　富田　晃（山梨県果樹試験場）

長野県の樹形構成

(1) 目標とする樹形と栽植距離

長野県ではモモの樹形の決定にあたって，誰でもわかりやすい樹形とし，日光の導入をはかりながら立体的に樹冠を拡大し，収量の増大と作業性を考慮している。開心自然形が基本樹形であるが，すべての主幹を同一方向に斜立させた斜立主幹形も導入されている。

栽植本数は品種や地力によっても異なるが，開心自然形の栽植距離は9m × 8m ～ 7m × 7m，斜立主幹形は列間5m，樹間6 ～ 7mが目安となる。

(2) 開心自然形の樹形構成

開心自然形の樹は主幹，主枝，亜主枝，側枝によって構成されている。主幹以外の枝には結果枝を着生させる。

①主　幹

根部と下段主枝（第1主枝）の間が主幹である。主幹が傾斜した場合は障害が発生しやすいので，垂直に立て，樹体の調和を保持する。

主幹の高さと樹勢は密接な関係があり，主幹が短く，下段主枝の発生位置が低いほど，旺盛な樹勢となる。長野県での主幹の長さはやせ地では地上部から40cm。肥沃地では60cmが目安となっている。

②主　枝

主枝は主幹から発生し，骨格枝として将来とも更新しない枝である。

主枝本数は4本までとし，少ないほうがよい。2本主枝は主枝間のバランスがとりやすく，扱いやすい。また，主枝周辺の通風や採光がよく，作業がしやすい。

3 ～ 4本主枝は早期多収が期待できるが，3本主枝は平面的配枝が徐々にむずかしくなる。また3 ～ 4本主枝は車枝になりやすく，主枝の発生間隔が揃わず，主枝間の勢力差が生じやすいので，間伐予定樹などのみで用いるようにしている。

2本主枝の場合，地面に近い主枝を下段主枝（第1主枝），主幹延長枝を利用した主枝を上段主枝（第2主枝）とよぶ。上段主枝は下段主枝の発生方向と反対方向に伸ばす。

下段主枝には発生基部の角度が幹から水平に発生した角度の広い開いた枝がよい。

平坦部では主幹から水平に約3m離れた位置の主枝の高さは約3mが目安である。主枝の角

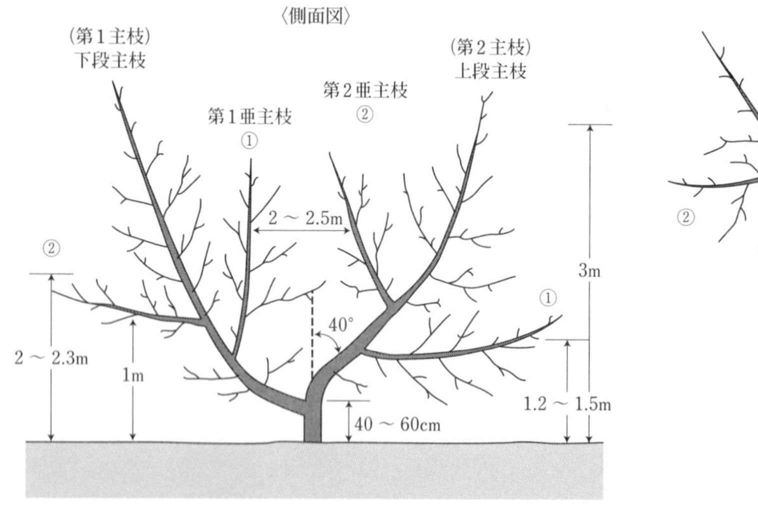

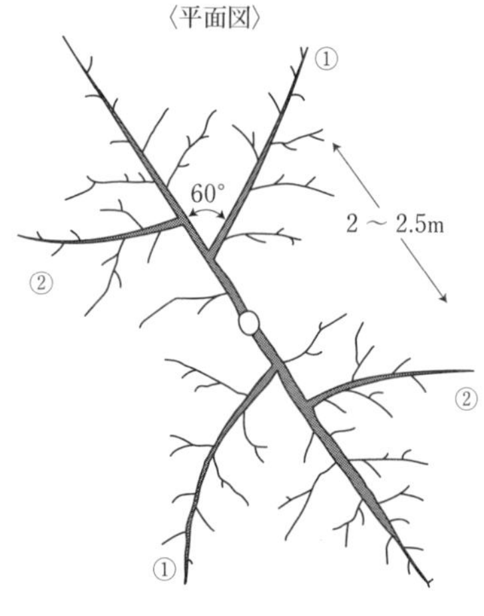

第1図　モモの目標樹形（開心自然形）

出典：「長野県果樹指導指針」より

度は40度が目安となり，あまり開張しすぎると主枝の背面から徒長枝が発生しやすくなり，主枝が太ると日焼けも発生しやすくなる。

逆に直立ぎみにすると樹冠が小さくなり，受光体勢も悪くなる。

傾斜地では上段主枝先端を山側に向けている。

③亜主枝

亜主枝は，主枝と同様に樹の骨格を構成する枝で，樹冠に横の広がりをつけ，立体化し，結果部位の上昇を防ぐ重要な役割を果たす。

亜主枝の本数は主枝同様少ないほうがよく，2本主枝においては主枝ごとに左右にそれぞれ1本，1樹内では計4本を配枝する。

亜主枝は主幹から約1m以上離れた位置で，地上部から1.2～1.5m以上離れたところにとる。上段亜主枝はその先方約1m以上離れた反対側に出す。枝の空間利用を考えて，下段主枝の亜主枝を先端に向かって左側に出した場合は上段主枝の亜主枝も先端に向かって左側に出すのが原則である。

亜主枝の発生角度は主枝に対し，60度～直角に開いたものがよい。発生角度が狭い場合は主枝先端が負け枝となるので避ける。発生方向は主枝を中心に約60度の方向に伸長した枝で，徐々に上向いたものがよい。

亜主枝は主枝より細く小さく維持する。

④側　枝

側枝は亜主枝のように最後まで骨組みとなる枝として利用するのではなく，間引きや切戻しによって更新する。側枝数は主枝や亜主枝の基部ほど少なくし，日当たりのよい先端ほど多めに配枝する。

側枝の大きさは骨格枝の先端や基部付近は小さく，枝の中央部はやや大きくつくる。全体に葉形となるように側枝を配枝する。また，主枝基部の空間を埋めるための内向枝はできるだけ小さく配枝する。側枝は主枝や亜主枝の障害とならないようつねに小さめに維持する。

⑤結果枝

結果枝は直接果実が着生する枝で，長さによって長・中・短果枝に分けられ，側枝を介して樹冠全体に配置する。

(3) 開心自然形の仕立て方

①苗木植付け時の剪定

1年生苗木は通常80cm付近の充実した芽のところまで切り返す。充実の悪い場合は切返し位置をさらに下げる。

②1年目の夏季管理

先端から伸びる新梢は将来，主枝として重要であり，もっとも旺盛な伸長が要求される。新梢が15cm程度伸びたころその勢力を判断し，伸長が鈍い場合は下部の強勢な新梢に切りかえる。

主枝先端に競合する新梢や下部の新梢は早めに整理するか，摘心や捻枝をして勢力を弱める。地上から30cm以下の新梢や台木からのひこばえなどは早めに整理する。

③1年目の冬季剪定

下段主枝候補枝として地上40～60cmくらいに発生した主幹より細い発生角度の広い副梢，あるいは1年遅れの枝を選ぶと，上下の主枝間の均衡がとれる。下段主枝候補枝として，主幹と同等な枝を選ぶと，将来下段主枝が強くなりすぎ，上段主枝（第2主枝）が負けてしまうおそれがある。

また，発生角度の狭い状態で下段主枝をつくると，将来，枝裂けを生じやすいので注意する。

上段主枝（主幹延長枝）は先端から4分の1くらいの位置で葉芽を確認し，発生方向を考慮したうえで，外芽で充実した芽で切返しを行なう。

選んだ両主枝候補枝には支柱を添え，誘引する。

④2年目の夏季管理

モモの新梢の伸長は旺盛で，多くの副梢が発生し，長大な枝となる。このため幼木期の生育中の新梢管理は重要で，将来の樹形が決定されるので，手抜きすることなく実施する。

主枝先端の新梢がもっとも旺盛に伸長するよう，主枝先端の新梢と競合する新梢は早めにかき取るか，摘心や捻枝をして勢力を弱める。斜立させた主枝の背面から発生した新梢も強勢となるので，摘心や捻枝をして勢力を弱める。

⑤２年目の冬の剪定

主枝先端の枝は前年同様に枝の伸長量の約4分の1の位置の充実した外芽の葉芽で切り返す。主枝上の側枝は太くなり，下段主枝と競合する枝も見られる。主枝と競合する太い側枝はそのまま残すと主枝の形成を妨げるとともに，大きな傷口をつくる原因にもなるので，早めに間引く。

⑥亜主枝候補枝のとり方

亜主枝は樹の骨組みである。第1亜主枝は地上1～1.5m付近の枝で，第2亜主枝は次年度以降にその上0.5～1m付近の枝で反対側に選ぶ。各主枝の第1亜主枝は互いに主幹を中心に，対象となる位置を配慮して選ぶ。

亜主枝は主枝の側方の斜め下から発生し，太さが主枝の半分以下の枝の中から亜主枝候補枝を選び，先端から4分の1程度の切返しを行なう。

主枝の背面部から発生した枝や太い枝は強勢化し，主枝を負かす枝となり樹形を乱しやすい。また，主枝や亜主枝候補枝に多く結実させると，枝が下垂し新梢の生育も劣り，主枝や亜主枝の形成が遅れる。

⑦３年目の夏季管理

主枝上の側枝や結果枝には結実が始まる。果実生産に併せて主枝や亜主枝の形成に重点をおいた管理を行なう。主枝の背面や大きな切り口などから発生する徒長的な新梢は早めにかき取るか，捻枝や摘心を行ない強勢化させない。

⑧３年目の冬の剪定

3年目以降も主枝先端は充実した外芽で切返しを行なう。切返しは年ごとに強めに実施していく。切返しの位置は延長枝の生育状況を見ながら，主枝が立ち過ぎてやや開張させたいときは弱めに，直立させたいときは強めに切り返したり，支柱を利用して調整を行なう。

亜主枝に競合する太い側枝は，そのままおくと主枝や亜主枝の生育を妨げ，時が経つほど切除しがたい枝となる。また，太くなってから切れば，大きな傷口が残り，枯込みや障害の原因となるので，早めに整理する。

目標の樹高や栽植距離により，主枝の傾斜角度は異なるが，仰角50度くらいで斜立させる。

また，結果枝を多く残すと果実の重みで，枝は下垂する。逆に少ないと新梢の発生や伸長が旺盛となる。

⑨４年目の夏季管理

前年と同様に主枝や亜主枝の背面，側枝の基部などから強い徒長枝が発生するので，長大化する前に早めに整理する。

直径が10cm以上の大枝は日焼けの発生が見られるようになるので，徒長枝はかき取るのではなく，摘心や捻枝を行なって日焼け防止をはかる。

⑩４年目の冬の剪定

主枝は目標の樹高に達するころであり，亜主枝候補枝のなかから第1亜主枝が確定する時期でもある。生育状況を見ながら前述した位置の枝を第2亜主枝に選ぶ。

主枝や亜主枝，側枝，結果枝の構成がほぼあきらかになるので，これらの枝の主従関係を逆転させないように順序よく枝を形成する。

主枝・亜主枝を負かすような側枝をつくると，全体のバランスを崩し，枝の強勢化や樹形の乱れの原因となり，剪定がむずかしくなる。

段階を追って徐々に樹勢を落ち着かせ，落ち着いた生産能力の高い結果枝を樹冠全体に配置することが重要である。

(4) 斜立主幹形の樹形構成

斜立主幹形の樹は主幹，側枝，結果枝という単純な枝の構成で，整枝・剪定が容易で，早期成園化をはかれる。すべての主幹をおもに南側に同一方向に斜立させるため，太陽光線を樹冠内部に効率よく導入でき，作業の効率化や低樹高化がはかれる。枝の日焼けの心配も軽減できる。

①目標樹形

主幹は，地ぎわ部はまっすぐとし，最下段側枝付近から南側に45度くらいに斜立させる。主幹部には添え竹を行なうとともに，主幹先端部は支柱を添えて，下垂しないよう支える。

地上1～1.5mの間から亜主枝的な側枝（最下段側枝）を2本とり，先端に支柱を添えて，

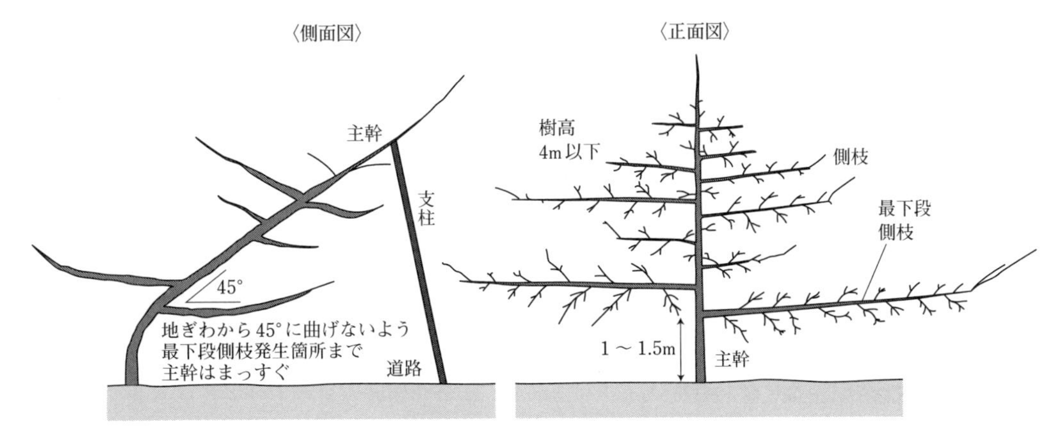

第2図　斜立主幹形樹の目標形

出典：「長野県果樹指導指針」より

10～15度の上昇角がつくように誘引する。先端が下がると牽制枝としての役割を果たさない。また，最下段側枝の上段は最低1m以上の空間をつくり，日照を導入しやすくする。

その他の側枝は，主幹の先端と最下段側枝の先端を結んでできる三角形からはみ出さない大きさとし，上部ほど短い枝を多めにおき，下部では枝の上下に十分な空間をとりながら，やや長めの枝をおく。

側枝本数は若木時には20本くらいと多くするが，成木時には十数本程度に整理する。

②主幹の斜立

斜立主幹形では主幹を傾け，斜立させる時期は重要である。定植後1年は主幹形で仕立て，2年目以降からは背面に竹を添えながら徐々に斜立させる。

(5) 斜立主幹形の仕立て方

①苗木植付け時の剪定

1年生苗木は接ぎ木部の上5～10cmの位置で，健全な2～3芽を残して切る。

②1年目の夏季管理

苗木の芽が20～30cm程度伸びたころ，もっともよい新梢1本を残し，他の新梢を切除する。残した新梢が折れたり，曲がったりしないように支柱を添える。

この新梢から発生する副梢を利用して，側枝の形成を早期に行なう。7～9月ごろに発生角度が水平になるよう枝を管理する。下部から発生する旺盛な副梢や角度の狭い副梢は側枝として活用せず，夏季に切除する。

③1年目の冬季剪定

順調に生育すると，樹高は1.5～2m以上に伸長し，20本以上の副梢が発生する。冬季剪定は主幹に対し太さが3分の1以上の太い枝，発生角度の狭い枝，地上50cm以下の枝などを切除し，枝の重なりに注意して配枝する。

主幹先端部の切返しは軽い先刈り程度とする。

④2年目の夏季管理

2年目から主幹の斜立化を開始する。頂部優勢による主幹先端の伸長を妨げないように支柱を添えながら，10～15度程度誘引する。主幹先端は1芽が強く伸びるように管理し，競合枝が出た場合は早めに整理する。先端はこまめに誘引を行ない，まっすぐ伸びるようにする。

生育期間中に主幹や側枝の背面に発生する新梢は，芽かき，摘心，捻枝などを実施し，強勢化を防ぐ。

若木時は結実させてもよいが，樹冠拡大を優先し，着果によって骨格枝となるべき枝が下垂しないように注意する。

⑤2年目の冬の剪定

側枝は主幹の先端と最下段側枝候補枝の先端を結んでできる三角形からはみ出さないように管理する。最下段側枝候補枝の先端には先刈り

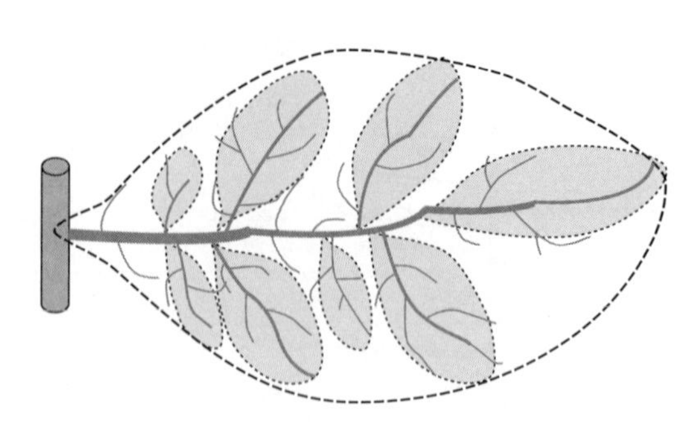

第3図　それぞれが葉形になるように配枝

を入れ，先端が強く伸びるように25度程度の上昇角度で枝を押し上げる。

⑥ **3年目の管理**

3年目の春（樹液流動後）から本格的に主幹の斜立化を行なう。主幹は地ぎわ部から最下段側枝までは真っすぐにし，最下段側枝の発生位置を起点に主幹の背面に支柱を添え，主幹を真っすぐに斜立化させる。傾斜角度は45度くらいを目標にする。主幹先端部は下垂を防ぐ。

主幹の斜立とともに，背面および腹側の側枝は整理し，横向きの側枝を残す。

斜立部背面からは強勢な新梢が多発するので，随時新梢管理を行なうとともに，果実の重みで主幹先端部が下垂しないように注意を払う。

⑦ **4年目以降の管理**

最下段側枝（亜主枝）が確立し，樹冠が拡大したら主幹の高さは3.5m程度で維持する。

枝は細い紡錘形で葉の形を基本とし，長大化させないように維持する。

(6) 縮伐や間伐の実施

モモは初期収量を上げるため，栽植本数を多くして栽培を始める場合が多い。樹生育が旺盛で，短期間に収量も増えるが，樹冠の拡大にともないすぐに隣の樹の枝と接触が始まる。このような状態で栽培を続けると，樹冠下への太陽光線の導入が少なく，下枝に着いた果実品質が低下し，枝が枯れ込む。

計画的に縮伐や間伐を実施し，樹冠下部にも日照が入る空間をつくり，園内の風通しをよくしてやる。縮伐や間伐は剪定を始める前，葉のついている9月ごろに実施できれば，園内の状況が十分把握でき，残った結果枝の充実がはかられる。

執筆　徳永　聡（長野県農政部農業技術課）

岡山県の樹形構成

(1) 樹形構成と仕立て方の変遷

本県のモモ栽培に関する歴史は古く，幕末のころに「御堂桃」「岩野桃」と称してまとまった植栽地があったと記録されているが，これらはいずれも観賞用とされていた。

生食用としてのモモ栽培は，江戸時代末期から明治初期のころに始まったとされ，‘樽屋’‘黒仁’などの在来種が栽培されていた。

岡山のモモとして本格的に栽培気運が高まってきたのは，1875（明治8）年に清国（中国）から‘天津’‘上海’両水密桃が導入されたことに端を発する。これらの品種は，従来の果実よりも大果で，味や肉質も優れていたことから，その後，急速に各地で試作が行なわれ，植栽が進んでいった。

モモ栽培が始まった当初の整枝・剪定は，樹高が低く，栽培管理が容易である盃状形が推奨された。盃状形の整枝法は，まず主枝を3～4本配置し，その分岐部から60cmくらい離れた部位で，それぞれ主枝を二分しながら延長を図り，さらに二分して，4～5年生樹で12本程度の主枝を配置するというものであった。この整枝法は，モモが開張性である性質にあっていて，しかも比較的幾何学的な整枝法であるから理解されやすい利点があった。

当時のモモは，地力の低い傾斜地に植えられることが多かったため，10a当たり300本植えという超密植が一般的であった。その後，栽植本数が見直されるにつれ，10a当たり150本・100本と漸減したが，依然として密植であったため，さらに75本まで減少した。この栽植本数は大正期を経て1935（昭和10）年ころまで続いた。この間，植え穴を人為的に浅く（苗を植え付けるときに，直根を切って瓦や石を敷いた上に置き，土を寄せる）して樹冠拡大を抑制する対策がなされていた。

しかし，盃状形は主枝がわん曲し樹冠が平面的になるため徒長枝が乱立すること，日焼け症が多発し樹の寿命が短いこと，強剪定による生理的落果の発生など，いろいろな問題点が指摘され，1937～1938（昭和12～13）年ころから整枝に関する研究が始まった。その結果，自然の習性を活かした樹形として，主枝を3本で構成し，それぞれに2～3本の亜主枝を配置する開心自然形が提唱された。

戦後，開心自然形が定着するにつれて，大木栽培へと変化し，栽植本数は10a当たり12～13本が基準とされた。当時，幼木期は骨格をつくることを重要視し，植付け時には深耕と同時に大量の粗大有機物を投入し，成木になっても堆肥の表面施用と比較的施肥量が多い栽培が推奨されていた。このため，成木になったあとも徒長枝の発生が多く，冬季に強剪定を行なう体系が一般的であった。当時の主力品種であった‘大久保’は結実がよく，大玉であっても生理的落果が少なかったことから，このような栽培体系が適していたと考えられる。

ところが，昭和40～50年代になると，高品質果実生産が求められるようになり，高品質な品種への転換が進んだ。現在でも主要品種である‘清水白桃’は，このころから一部産地の主力品種となっていたが，生理的落果の発生が多く生産が不安定であった。生理的落果対策には樹勢を落ち着かせることが重要であったこともあり，それまでの強樹勢を目指した大木栽培が改められるようになった。なお，当時の10a当たり栽植本数は18～24本が基準であった。また，この時代には省力化も求められるようになり，果樹園の機械化が進むなか，機械化に対応した整枝法として2本主枝仕立てが確立した。2本主枝仕立ては以前から取り組まれていたが，スピードスプレーヤ（SS）などの大型機械の作業には，2本主枝仕立て樹を並木植えにして作業道を確保する方法が適していたためである。

現在でも，本県では2または3本主枝仕立ての開心自然形が基本的な樹形となっているが，高品質な果実を生産するためには受光態勢がよく，隣接樹の枝と枝が重ならない植栽が望ましいと考えられるようになり，10a当たりの栽植本数は10～15本が推奨されている。また，近年では，‘清水白桃’の生産安定に向け，樹勢の早期安定を目的として開発された，山梨県の大藤式整枝をもとにした超弱剪定栽培の「岡山自然流」が一部の地域に普及している。

また，開心自然形以外の樹形として，昭和60年ころに主幹形仕立てのユスラウメ台を用いたわい化栽培に注目が集まり，県内に広がった。ユスラウメ台のモモ樹は，樹高が3m程度と低いため省力的であり，生産される果実の品質も高かった。しかし，接ぎ木不親和が原因と思われる樹勢の衰弱や枯死が発生しやすかったため，現在のところ県内では普及していない。

(2) 樹形構成と仕立て方

幼木から主枝，亜主枝を早めに決め，骨格を形成する従来の開心自然形と，超弱剪定栽培の「岡山自然流」が本県の一般的な整枝法である。本項では，従来の開心自然形について記述する。従来の開心自然形は，2本主枝仕立てと3本主枝仕立てが一般的に行なわれており，2本主枝仕立ては耕土が浅いやせ地に，3本主枝仕立ては耕土が深い肥沃地に適する。

①2本主枝仕立て

2本主枝仕立ての開心自然形の要領は，第1図に示したとおりである。

1）主枝分岐までの主幹の高さは40～60cmとする。第1主枝の分岐角度は60～90度とし，主枝分岐部から1m程度離れた位置において30～45度に立てる。第2主枝の分岐角度は30～45度とし，主枝分岐部から1m程度離れた位置において20～30度に立てる。樹高は3.5m以内にするのが望ましいが，無理な低樹高化は主幹部周辺に徒長枝が乱立し，果実品質の低下を招く原因となるおそれがある。

2）亜主枝は，主枝から2～3本を左右交互に配置する。第1亜主枝は主枝分岐部から80cm程度，第2亜主枝は第1亜主枝から60cm程度，第3亜主枝は第1亜主枝から2m以上の距離をあけて配置する。亜主枝は，主枝と比べて強勢とならないように，主枝の側面または斜め後ろから発生した枝で，主枝に対して分岐角度が鈍角なものを選ぶ。

3）側枝は，主枝，亜主枝から発生され，結

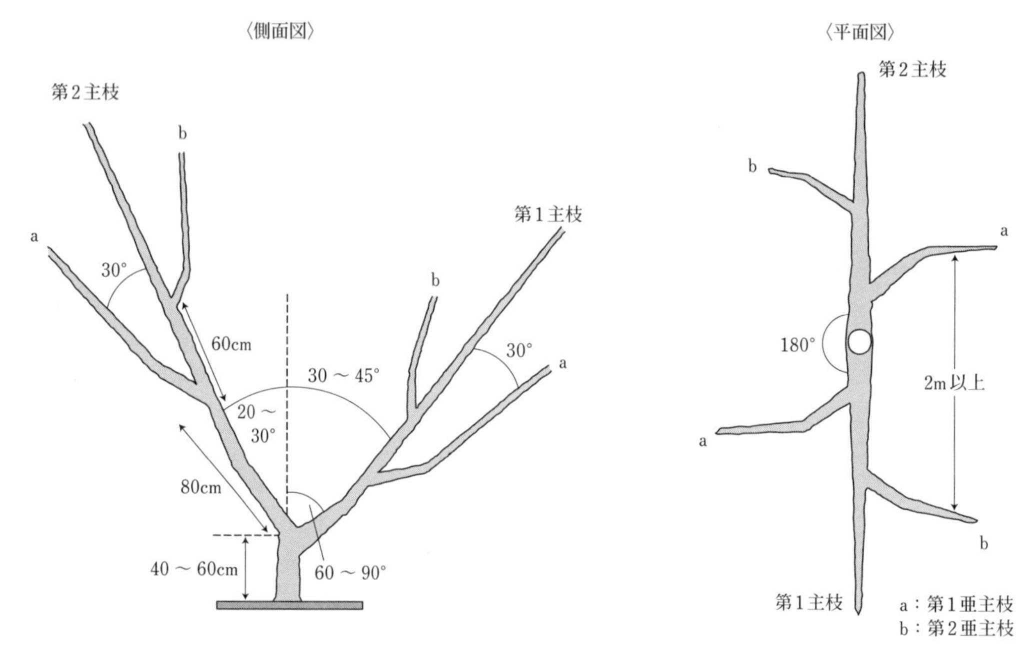

第1図　2本主枝仕立ての骨格

果枝は，主枝，亜主枝，側枝に配置する。主枝，亜主枝の先端付近では，受光態勢がよいため，側枝にややボリュームをもたせる。また，側枝は原則として車枝を避けるため交互に配置し，大枝同士が重ならないようにする（第2図）。

②３本主枝仕立て

3本主枝仕立ての開心自然形の要領は，第3図に示したとおりである。

1）主幹の高さは30～40cmとし，第1主枝と第2主枝との間隔は20cm程度とする。第1主枝の分岐角度は60～90度とし，分岐部から1m程度離れた位置において30～45度に立てる。第2主枝の分岐角度は45～60度とし，分岐部から1m程度離れた位置において25～40度に立てる。第3主枝の分岐角度は30～45度とし，分岐部から1m程度離れた位置において20度程度に立てる。樹高は2本主枝仕立てに準じる。

2）亜主枝は，1本の主枝から2～3本を左右交互に配置する。北側の亜主枝は光が当たりにくいため，やや高めから発生させる。とくに北東側を高い位置に配置するとよい。主枝間の間隔が2本主枝よりやや狭いため，亜主枝は2本主枝仕立てよりやや高めを意識して配置するようにする。その他は2本主枝仕立てに準ずる。

3）側枝，結果枝の配置は，2本主枝仕立てに準ずる。

(3) 低樹高栽培への期待

生産者の高齢化が進むなか，低樹高栽培による省力・軽労化が今後ますます重要になってくると思われる。樹形を強引に開張させて低樹高化しても，徒長枝が乱立し，果実品質の低下や樹形の乱れの原因となるため，樹勢をうまくコントロールする必要がある。

上記の超弱剪定栽培（岡山自然流）は，定植後数年間は無剪定とするため，結果枝が多く，幼木時から収量が多く，樹勢が早期に安定しやすい。これに加え，幼木時に低位置で車枝状に多くの主枝候補を配置するため，開張形の低樹高樹に仕立てやすいメリットもある。

また，耐凍性台木である‘ひだ国府紅しだれ’は，地上部の生育を抑制する特性を有し，本台木を用いることで樹高をやや低く抑制することが可能である。

これらの技術を用いたモモの低樹高栽培が今

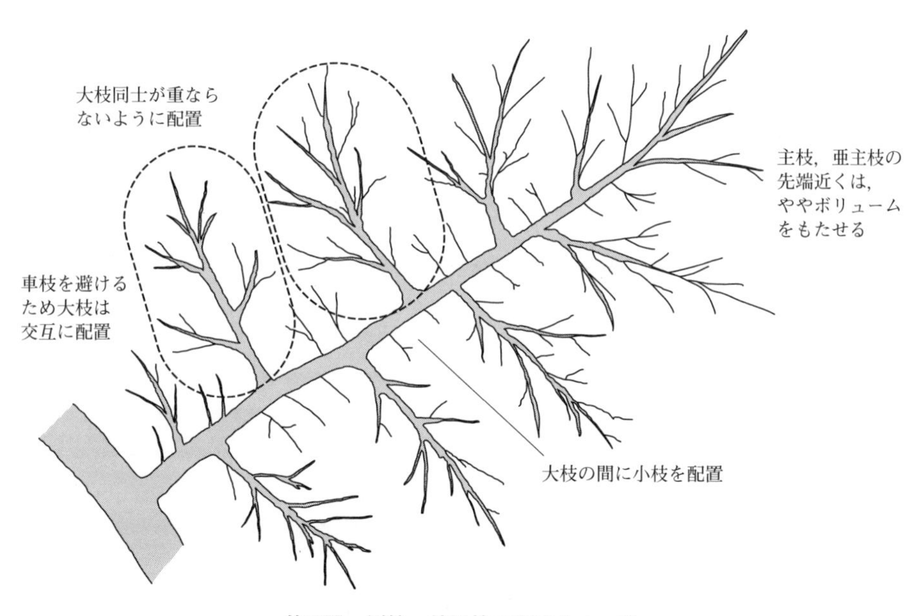

第2図　側枝，結果枝の配置イメージ

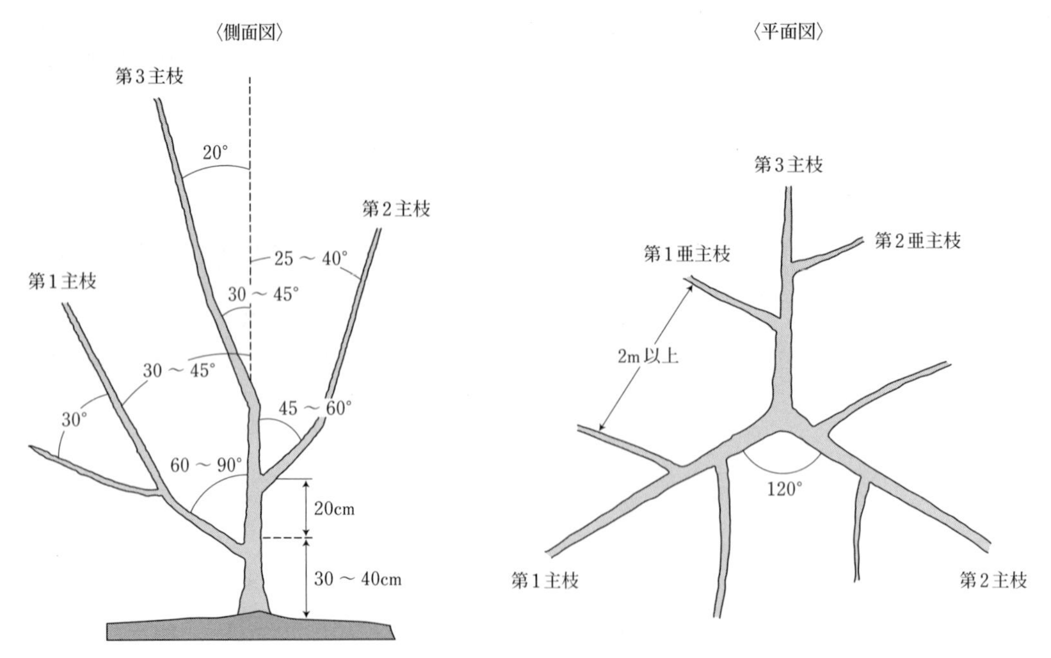

第3図　3本主枝仕立ての骨格

樹冠の拡大が小さい場合は，各主枝に亜主枝は1～2本でもよい

後普及し，省力・軽労化に繋がることを期待する。

執筆　荒木有朋（岡山県農林水産総合センター農業研究所）

参考文献

岡本五郎・賈惠娟．2006．岡山の桃，日本のモモ―生産安定と品質向上の歴史―．全国農業協同組合連合会岡山県本部．

岡山県．1963．おかやまの園芸．果樹編　Ⅱ品目別栽培現状　1モモ．9―18．

岡山県．1976．果樹栽培指針．モモ．2―25．

岡山県．2014．果樹栽培指針．モモ．1―39．

整枝・剪定の方法

1. 整枝・剪定の手順と着眼点

(1) 苗木の剪定

ナシヒメシンクイの被害（心折れ）や二次伸長がなく，よく充実した1m以上の苗木は，主幹延長枝の先端3分の1程度を剪除する切返しを行なう。1mに満たない長さの苗木は，半分以下に切り返し生育を促す。

(2) 若木（5年生まで）の整枝・剪定

この年代の考え方として，基本的には骨格枝の邪魔をする枝を優先的に間引く。ただし，骨格づくりを優先させすぎて強剪定にならないように注意する。また車枝のかたちで枝を多く残しすぎて，負け枝をつくらないように十分注意する。

とくに樹勢の強い‘浅間白桃’‘白鳳’などの品種では，夏季，秋季，冬季の各剪定を組み合わせながら，体系的な管理で樹づくりを行ない，樹勢をできるだけ落ち着かせる。

(3) 成木の整枝・剪定

成木になったら，受光態勢の良好な状態を維持する。とくに亜主枝上の側枝などは，長くなりすぎないように注意する。また，下垂する先端を維持するため，帆柱での吊り上げや支柱での突き上げを行なう。下垂する枝も多くなるので，切返し剪定による更新を行ない，主枝，亜主枝に近い位置で維持する。品種による差異は，‘白鳳’などは短果枝が多くなり急激な樹勢低下をおこしやすいので，切返し剪定を主体に若返りをはかる。‘浅間白桃’などは樹勢が強いので，側枝を多く残す傾向がある。間引き剪定を中心に，側枝を適正に配置する。

樹の状態をよく観察し，徒長枝が多く，結果枝の大半を長果枝が占めるような樹では間引き剪定を中心に行なう。逆に徒長枝や長果枝の発生が少なく，短果枝が主体の樹では切返し剪定を中心にした強めの剪定を行なう。

側枝全体の配置は三角形となるように配置する。同一方向に発生した側枝の間隔は，亜主枝に次ぐ位置では1.2～1.5m，その他は0.9～1.2mとし，先端ほど狭くする。側枝が互いに込み合わないようできるだけコンパクトに保ち，果実を成らせて下垂させ，切返しを行なってつねに一定の範囲内に抑える。

結果枝の種類により残す間隔を調節する。長果枝は30～40cm，中果枝は20～30cm，短果枝は込み合わない程度の間隔とする。

2. 主枝，亜主枝の配置と剪定

(1) 主枝を決める

2～3年生時に，地上40cm付近の枝で，分岐点の太さの比率が7対3くらいの弱い枝を第1主枝の候補に選ぶ。第1主枝と第2主枝は，互いに反対方向に伸び主幹からの分岐角度が約90度になるように支柱で誘引する（第1図）。

主枝先端の切返し程度は，枝の色の変わり目付近を目安とし，先端の枝から出た強めの副梢や付近の競合する勢力の強い枝を取り除く。

(2) 亜主枝を決める

3年生のころから主幹と主枝の分岐点から0.5～1mまでの間で，主枝の側面からやや下方向に発生し，主枝に対して太さの比率が7対3くらいの弱めの枝を第1亜主枝とする。5年生ころまでに，第1亜主枝の反対方向に第2亜主枝をつくる。第2亜主枝の分岐位置は第1亜主枝の分岐点から0.7～1mまでの位置にとる。一般に肥沃地では，多少高めにとる傾向がある

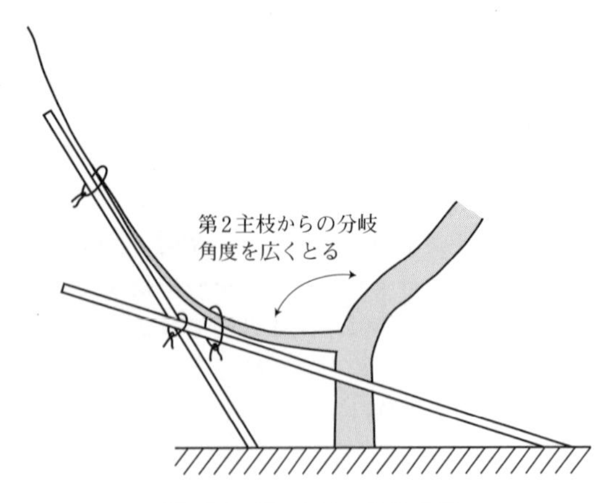

第1図　第1主枝の分岐角度
添え木をして第2主枝に対して90度以上の分岐角度をとる

が，管理作業の効率に問題を生じない範囲で低い位置からとったほうが樹形は安定し自然災害などにも強くなる。亜主枝の発生位置は第1亜主枝が地上から0.9～1.1mの位置に，第2亜主枝は1.8～2.0mの位置に配置する。

3. 側枝の配置と剪定

側枝は，主枝，亜主枝から発生する結果枝をもつ枝である。側枝の配置は，主枝・亜主枝の単位のなかで，先端にいくほど小さく，全体では三角形となるように配置し，側枝同士が込み合わないようにできるだけ小さく維持し，果実を成らせては下垂させ，順次更新する。

4. 結果枝の配置と剪定

結果枝は，その年に果実をつける部分であり，また翌年の結果枝を発生させる枝でもある。新梢の発生を揃えるためには，枝の発生位置，発生角度により取扱いを変える必要がある。また，よい結果枝は，収穫前には伸長が停止し，結果枝の先端まで太く花芽が大きい。また，赤褐色をしている。一方，悪い結果枝は，二次伸長（秋伸び）していたり，日陰のある枝で全体が細く，花芽が少なく，枝の下側に青みが残る。

結果枝は，側枝の断面に対する発生角度によって新梢の勢力（伸長の勢い）は異なり，上向きに発生していれば新梢の勢力は強く，下側から出た枝は弱い。水平方向への発生であれば中程度となる。長さ30cm以上の長果枝の場合，上方向の発生であれば，切返しはしない。横方向の発生であれば先端を少し詰める程度の弱い切返しを行なう。下方向に発生した結果枝は2分の1程度の切返し剪定を行なう。長さ10～30cmの中果枝，10cm未満の短果枝の場合，上向き，水平方向に発生した枝は切返しはしない。下向きに発生した結果枝は剪除する。

5. 品種別整枝・剪定の考え方

(1) 品種のタイプと整枝・剪定

現在栽培されているモモでは，品種ごとに整枝・剪定に大きな差はないが，整枝・剪定の作業で留意点をあげると次のとおりである。

1)‘ちよひめ’‘はなよめ’などの早生品種は，樹勢が低下すると芽がすべて花芽になり，翌年芽飛びしやすいので，樹勢が低下しないように適宜切り返して樹勢を維持する。

2)‘白鳳’を含めた‘白桃’系は，樹勢を落ち着かせるために若木時には長果枝にも結実させる。樹勢が落ち着いたら，中果枝・短果枝を利用する剪定を行なう。

3) ネクタリンや黄肉系の品種については，若木時の生育が旺盛なので，強剪定を避け，冬季剪定と併せて夏季管理を徹底する。

(2) 日川白鳳

早生種のなかでも‘日川白鳳’は核割れが発生しやすい品種である。若木のうちは直立するので，4～5年生くらいまでは間引き剪定を主体にした剪定で，樹勢を落ち着かせる。中果枝が主体になると果形や玉張りもよくなる。6～7年生になると着果した枝では短果枝や下垂した枝が目立つようになる。下垂した側枝は途中から発生した充実のよい太めの長果枝で切り返し，樹勢の回復をはかる。成木になると主枝や

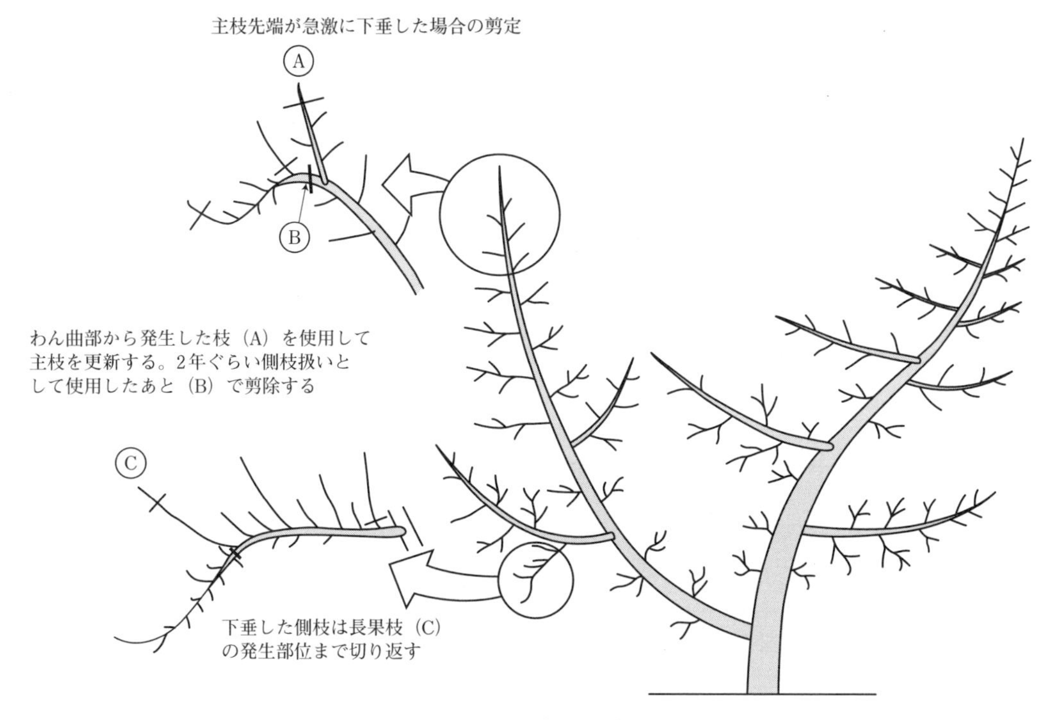

第2図　主枝先端の更新と側枝の切返し

亜主枝の先端が果実重で下垂してわん曲し，わん曲した部分から徒長枝が発生しやすくなる。主枝延長枝が下垂してしまった場合は，先端部を側枝のように結果部位として取り扱い，わん曲部から発生した旺盛な新梢を使って主枝の更新をはかる（第2図）。

(3) 白　鳳

結実量が多いので，骨格を若木時にしっかりと形成しておくことが必要である。成木になると，短果枝が多く着生し，樹勢も急速に低下する傾向が強い。側枝，結果枝の切返しを強くし，更新して樹勢の維持をはかる。

(4) 浅間白桃

幼木期から良果を結実させるには，樹勢をできるだけ早く落ち着かせことが大切である。そのためには，主枝，亜主枝は強めに切り返しても，側枝，結果枝は可能な範囲で多く残す。結果枝は間引き剪定を主体として，長果枝の先端も軽く止める程度とし，その結果枝の先のほうに多く結実させ，枝を下垂させて短果枝の形成を促す。また，副梢も上手に利用し，これに結実させて樹勢の安定化をはかる。それにより生理落果が減り，品質の高い果実が生産できるようになる。各主枝，亜主枝には5～6本の側枝をつけるが，2mを超えるほど長大化させない。また，同一の側枝を長期にわたって使うと，基部がはげ上がったり，結果枝が弱くなるので，側枝の使用は4～5年ほどとし，主枝，亜主枝から発生する発育枝を利用して更新する。

(5) 川中島白桃

梗あ部の窪みが狭く深いことから長果枝に着果させた場合，収穫時に枝による押し傷が発生しやすい。したがって，樹勢を落ち着かせて中短果枝を主体にした構成にする。果実が大きいので着果した枝は下垂しやすい。樹勢の維持と側枝の更新を配慮して長果枝を適宜配置する。長大化した側枝は下垂の程度にあわせて切り返す。

(6) ネクタリンおよび黄肉系品種

ネクタリンや‘黄金桃’などの黄肉系品種は，若木時の生育が旺盛なので強剪定を避ける。枝が硬い品種が多く直立しやすい。骨格形成にあたっては，誘引を積極的に行ない樹冠内部まで光線が入るように骨格を広げる。横への広がりを十分とるように配慮して，冬季剪定と併せて夏季管理を徹底する。

幼木時の強剪定は生理落果を招くので，短期間に樹冠拡大をはかると生育は徒長ぎみとなり，分岐部の割れや主枝にひびが入りやすい。ネクタリンのうち，‘フレーバートップ’‘ファンタジア’‘秀峰’などは樹勢が強く，花芽の着生が少ないので結果枝を多めに配置し，結実をはかる必要がある。

執筆　富田　晃（山梨県果樹試験場）

間伐・縮伐

1. 密植の弊害

間伐・縮伐の処理をしないまま，密植の状態で放置すると繁茂した枝葉によって周囲の結果枝は日当たりが悪く，充実不良になる。状況によっては枝が枯れ込む場合もある。この状態を改善するには，冬季剪定で強く切ることになるので徒長枝発生の繰り返しにつながる。これはモモの樹を健全に維持するには致命的となる日焼け発生の原因にもなる。

間伐・縮伐を実施すれば，採光が改善されて結果枝の充実が良好になり，結果枝は太く芽も大きくなり，好適な結果枝が形成される。ただし，切り方によっては徒長枝の発生につながる。

間伐・縮伐を行なうことで，風の通りがよくなり防除薬剤の散布ムラがなくなり，防除効果も高くなる。しかし，園内を明るくしても，すでに新梢基部の葉が黄化したり，落葉したりしていては，良好な結果枝を得ることはできない。間伐・縮伐の効果を得るには，ある程度新梢管理が行なわれ，葉が健全に保たれていることが前提となる。

2. 間伐・縮伐のタイミング

密植によって樹冠内部に到達する光が不足すると，葉に十分な光が当たらないので葉で生産される同化養分の量（同化量）が低下する。その結果，果実への養分供給が不足して果実肥大の不良，糖度低下，着色不良などの品質低下を招く。また，この状態を放置すると下枝を中心に結果枝が充実不良となったり，枯死することもある。その結果，生産性の高い有効な結果部位は樹冠上部へ移る。こうなると作業性の低下や薬剤散布のムラができやすく，また樹冠容積の割に収量が上がらないといった弊害が発生する。

計画密植で栽培している園については，5点植えで定植してあるので，すでに間伐する樹が決まっている。間伐予定樹は間伐時期を逸して隣接樹に影響が出ないように早めに実施する。収穫後において隣接樹との間隔1mを目安に判断する。間伐はおおむね5～6年生ころから随時実施する。なお，縮伐・間伐は葉のある生育期に判断すると園内の明るさを的確に確認できる。

計画密植園では，間伐のタイミングが遅れてしまう事例が多く見られる。結実が本格的になり生産量が増えてくると欲が出て処理は遅れがちになる。

3. 縮伐樹の間伐

縮伐は秋季剪定と併せて9月上旬，間伐は収穫直後に行なう。まず，残存樹の誘引を行ない，間伐予定樹との枝の重なりを見る。十分な間隔が確保できなかったり，重なったりするようであれば，縮伐を実施する。

縮伐すると，少なからず樹形が乱れる影響が出るので，着果量をやや多めにして着果負荷によって縮伐の反発を軽減する。また新梢管理を行ない，品質への影響を最小限にする。いずれにしても，残存樹の生育に応じて，できるだけ早めに間伐を実施する。

4. 縮伐の実際

現状でよい果実を生産している枝の切詰めには，誰もが二の足を踏んでしまう。これは縮伐すると樹形の乱れにつながることを経験しているからである。生産への影響をできるだけ少なく上手に縮伐するには，影響の少ない位置の見

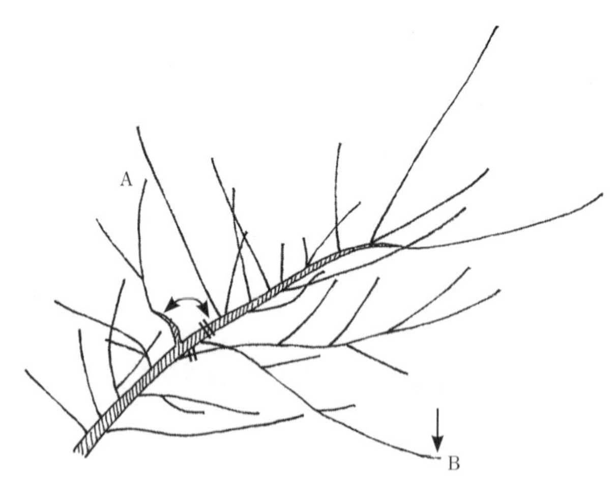

第1図　主枝先端の縮伐
縮伐後の反発を小さく抑えるには先端として残す枝の選択が重要となる。主枝の方向に対して横方向に広がった枝（A），または下垂した枝（B）を先端の枝として選ぶ

極めで決まる（第1図）。切り口付近に強勢の枝をおくと強く反発して樹形が乱れる原因となる。切り口付近におく枝は上を向いていたり，主枝の先端方向に対して角度が開いていないと切った反発が強く出る。切って先端となる枝を選ぶ目安は，2年枝以降の生育中庸な結果枝，あるいは小ぶりの側枝とする。このような枝を切り口にもっとも近い枝として切ると反発が少ない（第2図）。この切詰めの目安は，側枝の切返しにも応用できる。

執筆　富田　晃（山梨県果樹試験場）

第2図　縮伐後の反発が小さく抑えられた優良事例
縮抜して3年後の結実状況（上）と結果枝の伸び（下）

そぎ芽接ぎ，切接ぎ，緑枝接ぎ

挿し木や取り木による苗木の繁殖は，モモでは発根が困難なこともあり，あまり一般的ではない。もっとも一般的に用いられているのは，種子を播種して養成した台木に，増殖させたい品種の芽をそぎ芽接ぎや切接ぎで接ぐ方法である。ここでは，そのそぎ芽接ぎおよび切接ぎと，そぎ芽接ぎや切接ぎに失敗した台木に対して生育期に再度接ぎ木を行なえる緑枝接ぎについて紹介する。

(1) 穂木の採取

いずれの方法で接ぎ木するにしても，接ぎ木の前に穂木を採取する必要がある。穂木の採取にあたっては，ウイルスなどに感染していない健全樹で，樹勢のよい樹を選び，その樹の日当たりのよい部位の充実した長果枝を用いるのがもっともよい。徒長枝の副梢は極力用いない。

(2) そぎ芽接ぎ

①処理時期と穂木の採取

通常は，8月下旬から9月下旬にかけて実施する。しかし，休眠枝を用いて，春（3月から4月上中旬）にそぎ芽接ぎを行なうことも可能である。秋と春とで活着率が異なるかどうかは不明であるが，山梨県では，一部の農家や苗木業者で春にそぎ芽接ぎを行なう例も多く，活着率には実用上問題がないとみてよい。山梨県では3月上旬から3月下旬までに行なうのがよいが，寒冷地では4月上中旬までに行なう。いずれの時期であってもそぎ芽接ぎの方法と手順は同様である。

秋のそぎ芽接ぎの場合，穂木は採取後ただちに葉柄を残して葉を剪除し，葉からの蒸散を防ぐ。そして，接ぎ木まで水を張った容器に挿しておく。穂木を採取した当日もしくは翌日までに接ぎ木するようにしたい。春に行なう場合は，休眠枝を採取したのち，接ぎ木時期まで5～7℃程度の冷蔵庫で保存しておく。そのさい，穂木が乾燥しないようにポリエチレン袋などでしっかりと梱包する。また，採取時は記憶が明確であっても，複数の穂木を採取すると品種の取り違えが起こるおそれもある。採取した穂木には品種名などを記しておくとよい。また，接ぎ木を行なう数日前には台木に十分量の灌水をしておく。

②処理の実際

そぎ芽接ぎで芽をそぐ場合は，接ぎ木用切出し刃を用いるが，カッターナイフでも可能である。切出し刃はしっかりと刃を研いでおく。カッターナイフは，替え刃式のやや大きめのタイプが適している。刃は新品を用い，刃に付着している油分を拭き取ってから使用する。また切れ味が悪くなってきたら迷わず新しい刃に替える。切れ味のよい刃で切断面をきれいに切り取ることは，活着率を高め，接ぎ木を成功させる重要な要素である。

まず，そぐ芽の上部1cmくらいのところに刃をあて，木質部をわずかに削り取る程度の厚さで一気に芽の下部2cmほどのところまで切り下

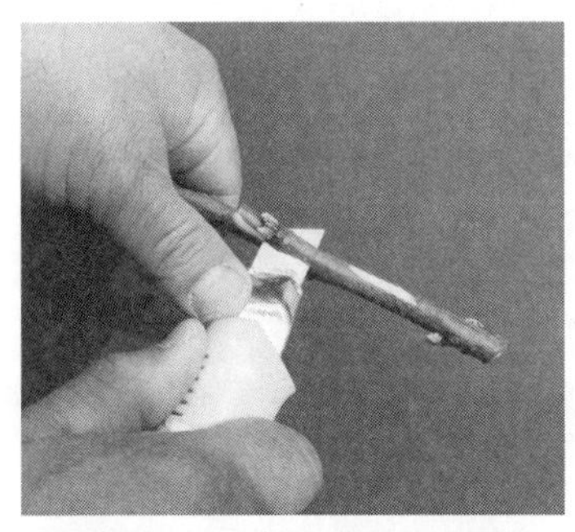
第1図 そぎ芽接ぎ穂木の調整

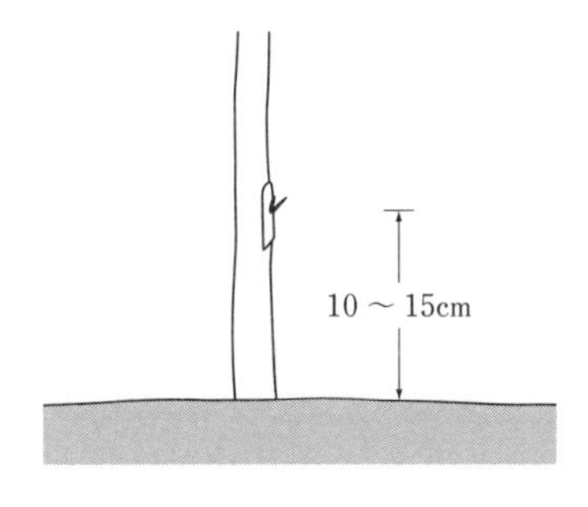

第2図 そぎ芽接ぎの模式図

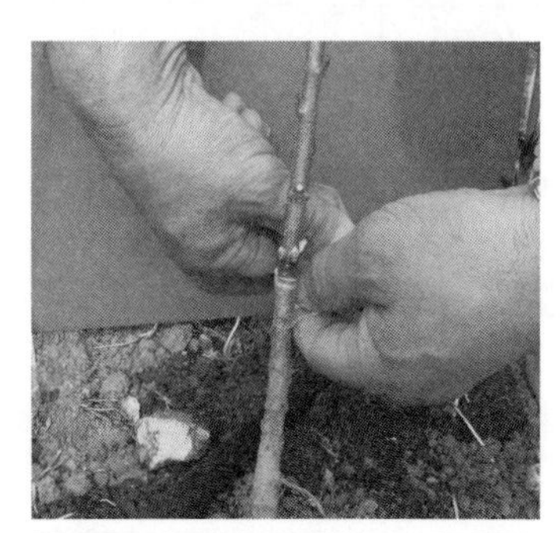
第3図 芽接ぎ：接ぎ木テープで固定

ろす。刃を穂木からいったんはずし，やや斜めに芽の下部に刃を入れ，第1図のような形状となるように芽をそぎ出す。続いて，台木にも同様の手順で刃を入れ，そぎ取った穂木の芽を差し込む部位をつくる。このとき，穂木の太さと台木の太さが同程度であるともっともよい。また，台木に切れ込みを入れる部位は，地上部から10～15cmの高さがよい（第2図）。位置が低いと苗木になったとき，接ぎ木部位まで土中に埋まってしまいかねない。逆に，接ぎ位置があまり高いと果実の形質に影響するという報告もある。

続いて，そぎ取った穂木の芽を台木に差し込み，形成層を合わせる。穂木と台木が同程度の太さであれば，左右両方の形成層を合わせることができるが，それが不可能な場合は片側の形成層が合うようにする。形成層を合わせたら接ぎ木テープなどで接ぎ木部をしっかりと巻く（第3図）。このときに差し込んだ穂木が動き，形成層がずれてしまわないように注意する。また，テープは下部から上部に向かって巻く。芽の上は極力テープを巻かないようにするが，パラフィルムなどの接ぎ木テープでは1回芽の上を巻いても問題はない。現在では，伸縮性があり扱いやすく，木が太ると自然に崩壊して苗木の生育を妨げにくい専用の接ぎ木テープが市販されている。活着率や接ぎ木効率の向上には非常に有用である。

③接ぎ木後もしっかり管理

秋のそぎ芽接ぎでは，接ぎ木時に葉柄をつけたまま接ぎ木する。こうすると，活着した場合には2週間程度で葉柄がぽろっと落ち，接ぎ木の成否の目安となる。なお，接ぎ木した時点では活着していても，接ぎ木部が雑草に覆われるなどして日当たりが悪くなり，活着した芽が枯死してしまうこともある。接ぎ木後のしっかりとした管理が重要である。

(3) 切接ぎ

①適期は春

切接ぎは，休眠枝の穂木を台木に差し込んで接ぎ木する方法で，春に行なう接ぎ木としてもっとも一般的である。接ぎ木時期は春のそぎ芽接ぎと同様である。また，休眠枝を使った接ぎ木であるため，穂木は落葉して登熟したら（山梨県では12月中下旬）採取し，冷蔵庫で保存しておく。穂木の採取と保存，接ぎ木前の注意点についてはそぎ芽接ぎの項を参照する。

②処理の実際

まず台木に挿し込む穂木を第4図のような形状に成形する。台木に挿し込む部位はクサビ状にする。切接ぎは硬い休眠枝を成形するため，切出し刃が適している。カッターでは強度が足りず，クサビ状に切り出した部位が波打ってしまうことがあるので不向きである。

具体的には，穂木に斜めに刃を入れ一気に切り取る。反対側も同様に一気に切り取る。このとき，台木と接する部位は長めに，反対側は短めに切り取る。また，切り取った部位がしっかりとした三角形のクサビ状になっていることを確認する。クサビの先端が直線状に極端に長くなったり，クサビの途中がえぐれていたりすると，台木に挿し込んだときに形成層を合わせにくく，活着率低下の原因となる（第5図）。

穂木にはクサビ状の上部に2芽程度残し，その上を剪定鋏で剪除する。先に差し穂を短く切断してしまうと手で保持しにくく，刃でクサビ状に成形しにくくなる。クサビをつくってから一定の長さで穂木を切断し，挿し穂を作製する。

続けて穂木を挿し込む部位を台木につくる。台木の中心部よりやや外側の木質部に刃を入れると切れ込みやすく，穂木が挿し込みやすい。また台木に切れ込みを入れたあとに，切れ込みの直上部から上を剪除する。

そぎ芽接ぎ同様に，穂木と台木の太さが同程度であると形成層が合わせやすいが，太さが違う場合は片側の形成層がしっかりと合うように挿し込む。その後，接ぎ木テープで下部から上部に向けてしっかりと固定する。挿し込んだ穂木の上部はあらかじめ接ぎ木テープを巻いておくか，接ぎ木後に癒合剤などを塗布して乾燥防止をはかる（第6，7図）。接ぎ木する位置はそぎ芽接ぎと同様である。

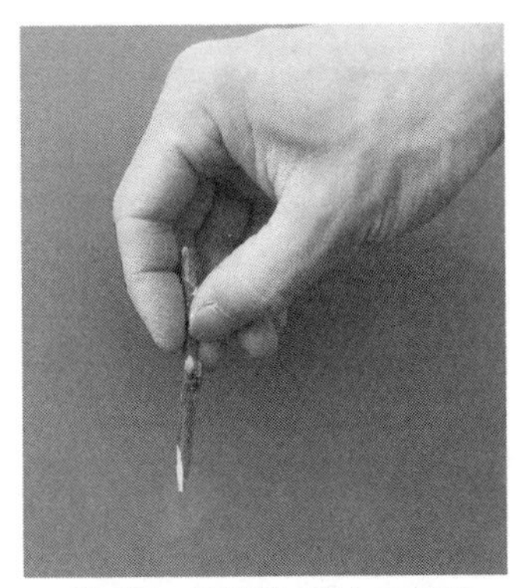

第4図　切接ぎ：穂木の調整

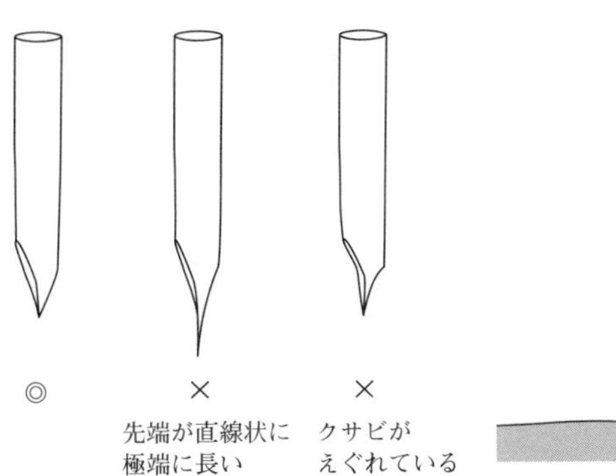

第5図　切接ぎ用穂木

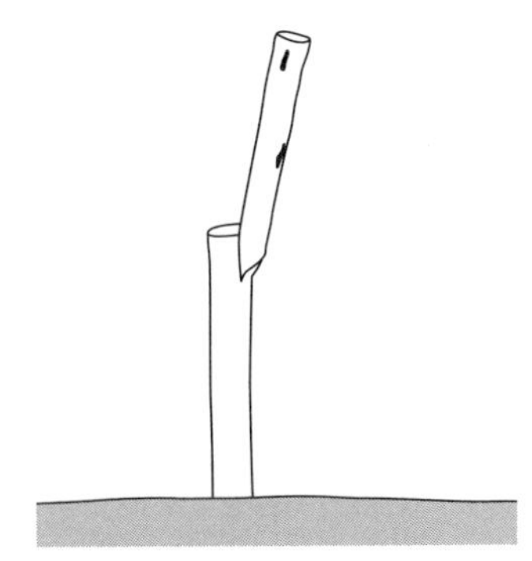

第6図　切接ぎの模式図

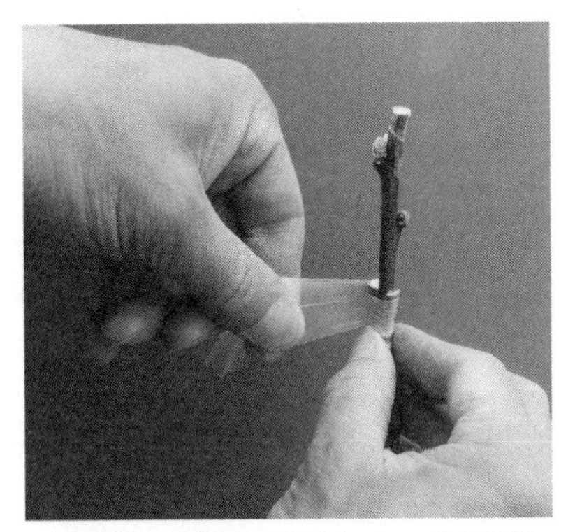

第7図　切接ぎ：接ぎ木テープで固定

第8図　緑枝接ぎの模式図

(4) 緑枝接ぎ

①もっと活用されてよい接ぎ木法

生育期に，伸長している台木の新梢に穂木の新梢を接ぎ木する方法である（第8図）。5月中旬から新梢が生育している期間，処理は可能であるが，7月を過ぎると接ぎ木後の新梢伸長期間が短く，生育量が不十分となるため，6月中旬までに行なうとよい。緑枝接ぎの活着率は十分に高いが，一般的なモモの接ぎ木では補助的な技術として利用されている。それは，そぎ芽接ぎや切接ぎでも高い活着率を確保できること，緑枝接ぎの時期はモモの摘果や袋かけの時期と重なり作業時間が確保しにくいことによる。しかし，そぎ芽接ぎや切接ぎに失敗した台木に対して生育期に再度接ぎ木を行なえる。苗木の養成を1年遅らせることなくすむので，もっと活用されてよい方法である。

②処理の実際

接ぎ木する時期が比較的温度の高い生育期であり，また軟らかい新梢であるため，穂木を採取したら葉柄を残して葉を剪除し，ただちに接ぎ木したほうがよい。

新梢同士の接ぎ木ではあるが，手順と方法は切接ぎと同様である。まず穂木の基部をクサビ状に成形する。まだ軟らかい新梢を用いるため，成形には切出し刃やカッターではなく，カミソリの刃が適している。クサビの形状のつくり方は切接ぎと同様であるが，左右対称のクサビでよい。緑枝接ぎの場合，新梢は穂木の葉柄基部から伸長するため，クサビ状に成形した上部の葉柄基部を2か所程度含むようにしてその上部を剪除し，剪除した部位からの乾燥防止のため，パラフィルムを巻いておく。

第9図　接ぎ木後，台木から発生した新梢をこまめにかく

第10図　ある程度新梢が伸長したら支柱を立てて誘引する

続いて，台木に切れ込みを入れる。台木はまず接ぎ木をする位置で新梢を剪除する。切接ぎのように，切れ込みを入れてからその上部を剪除してもよいが，先に接ぎ木部位より上の台木を剪除したほうが，作業は楽である。6月中旬くらいまでは剪除した台木の切り口は全体が緑色をしており，木質部はないことが多いので，どの部位に切れ込みを入れて接ぎ木してもかまわない。細めの台木であれば中心部にカミソリで切れ込みを入れ，そこに成形した穂木を差し込む。そして接ぎ木テープでしっかりと下から上に巻いて固定する。

(5) 接ぎ木後の管理

そぎ芽接ぎ，切接ぎでは3月下旬以降，接ぎ木した穂木の芽が伸長するまでは，台木の葉芽や陰芽から多数の新梢が伸長してくる。そのため芽かきをこまめに行ない（第9図），伸ばしたい芽に養分が集中するように管理する。緑枝接ぎでも接ぎ木後に台木から新梢が伸長してくるので同様に芽かきを行なう。また，過乾燥にならないように適度な灌水を行なう。とくに生育初期はしっかりと灌水をする。ある程度生育したら支柱を立てて誘引する（第10図）。

執筆　新谷勝広（山梨県果樹試験場）

開園・新植

1. 立地条件

モモは，温暖で乾燥した気候を好み，わが国においては沖縄県を除く全国各地で栽培されている。しかし，果実の生育期に高温多湿となる地域では黒星病や果実腐敗病の発生が多くなり，栽培性が低下する。逆に気温が低い地域では，果実生育に必要な温度が不足し，果実品質が低下したり，また，収穫期から落葉までの期間が短く，貯蔵養分が不足して樹体の生育不良を招くおそれがある。

わが国の主要なモモ産地は，生育期の温度が十分確保され，果実生育期の降水量が比較的少ない東北南部以南の内陸部や瀬戸内海沿岸地域となっている。

(1) 気象条件

①温　度

モモは気温に対する適応性は比較的広いが，栽培適地の目安として，年平均気温9℃以上，生育期（4～10月）平均気温15℃以上が目安となる（第1表）。この気温を下回る高緯度地域や高標高の地域では，成熟期が遅れるだけではなく果実肥大が劣るおそれがある。しかし，近年は温暖化の影響もあり，青森県南部や秋田県などの東北北部でもまとまった面積の産地が形成され，また主産県の高標高地域でも導入がなされている。たとえば山梨県では従来は標高500m程度が栽培限界とされていたが，現在は標高600～700mの地域でも栽培されている。

一方，冬季における低温については，休眠や凍害の発生に密接に関連している。温暖な西南暖地では，モモの自発休眠に必要な低温遭遇時間（7.2℃以下で積算1,000時間）が不足し，休眠が不十分で開花や萌芽が不良になる。また，冬季に厳寒となる地域では，休眠枝などへの凍害が発生する。品種による差異はあるが，冬季の凍害は－18℃前後で発生するとされ，また3月に入って気温が上昇し，樹液流動が始まると－5℃程度でも凍害が発生するおそれがある。

さらに，春先の凍霜害は，直接花や幼果に被害を及ぼすため，晩霜の発生が見込まれる地域では注意が必要である（第2表）。

②降水量

モモは耐水性が弱く，生育期（4～10月）に降雨が多いと，病害の蔓延や，糖度が低下するなど果実品質が低下する。このため，生育期の降水量が1,000mm以下で，年間降水量が1,300mm以下の地域が望ましい。

③日　照

モモは日照の要求量が高い樹種である。日照

第1表　モモ主要産地の気象

産地名	平均気温（℃）		降水量（mm）		日照時間（時間）	
	年　間	生育期間	年　間	生育期間	年　間	生育期間
山　梨	14.7	20.8	1,135.2	874.1	2,183.0	1,211.7
福　島	13.0	19.1	1,166.1	889.5	1,738.6	1,036.6
長　野	11.9	18.6	932.7	682.6	1,939.7	1,238.0
和歌山	16.6	22.3	1,317.0	975.1	2,082.2	1,347.4
山　形	11.7	18.2	1,163.2	781.7	1,613.2	1,109.3
岡　山	16.2	22.2	1,106.2	852.6	2,030.8	1,260.0

注　生育期間は4～10月
　　産地の気象は各都道府県庁所在地の平年値（1981～2010年）

第2表　モモの生育ステージ別の花および幼果の危険限界温度（福島県）

生育ステージ	危険限界温度（℃）
蕾が膨らみ始めたころ	－4.5
花弁が見え始めたころ	－3.5
開花直前	－2.3
満開期	－2.0
落花期	－2.0
幼果期	－2.0

注　輻射よけをつけない裸の温度
上記の温度に30分以上置かれた場合は危険

が少ないと，開花期では結実が悪くなり，幼果期では同化養分不足による生理落果を助長する。また，成熟期の日照不足は，着色不良や，低糖度で酸味も少ない食味不良の果実となる。このため，生育期間に日照時間が十分確保できることが望ましい。

④風

モモは果実生育期に風当たりが強いと，果実が葉や枝とこすれることにより傷果が発生しやすくなる。傷果は商品性が低く，著しい場合は裂果を伴い出荷ができなくなる。また生育期に強風が多いと，せん孔細菌病が多発するため，栽植にあたっては生育期（4～10月）に強風が少ない地域であることや風当たりが弱い圃場が望ましい。

さらに台風常襲地帯では，果実の落果被害だけではなく，枝幹の裂傷などの樹体被害も発生するので，導入にあたっては注意が必要である。

(2) 土壌条件

①適応土壌

モモの根は酸素要求量が高い特徴があり，排水性が良好であれば砂質土や礫質土壌から粘土質土壌や火山灰土壌まで栽培は可能である。

また，土壌酸度はpH5.5～6.0の弱酸性を好み，地下水位は1m以下で，作土の深さは60cm以上が理想である。

②耐水性

モモは排水性の悪い土壌では，極端に生育が悪くなり，十分な収量を確保することがむずかしく，樹の経済樹齢も短くなる。

排水性の悪い圃場や地下水位の高い圃場では，暗渠排水の設置や客土，深耕による耕盤破砕など，排水対策を十分行ない，根域を広げて深く根が張れるようにする。とくに水田からの転換圃場の場合は，すき床の破砕を全面に行なって排水性を確保し，場合によっては高うね栽培の導入を検討する必要がある。

③耐干性

モモは比較的乾燥した土壌を好むが，樹液の流動が始まる3月上旬（地域によって異なる）から落葉期までは，極端な乾燥状態や，土壌水分の極端な変動は樹体生育の不良や果実品質の低下を招く。

このため，モモの栽植にあたっては灌漑水や井戸水，場合によっては雨水などを利用した灌水設備を設置することが望ましい。灌水設備の設置がむずかしい場合は，樹のまわりに稲わらなどで有機質マルチを設置して土壌の保水性を高め，また，たこつぼ深耕などの実施による根域の拡大をはかり，乾燥に強い土壌づくりを行なう。

(3) 地形条件

モモは樹形にもよるが，樹高が高くなるため高所作業が多くなる。また，作業の効率化のためには高所作業車やスピードスプレイヤーなどの作業機械導入が必要となる。このため，モモの栽植にあたっては，平坦地がもっとも適しており，傾斜地では作業の安全性から傾斜8度以下の圃場がよい。これ以上の傾斜地で栽培する場合は，圃場を階段状として傾斜を緩和し，作業の安全性を確保する。

また，モモは日照条件がよい環境を好むことから，傾斜地の場合は，傾斜の方向は南東から南西方向で，風当たりの少ない地形がよい。

2. 植付け

(1) 栽植距離

モモは密植状態となると，樹同士が干渉して

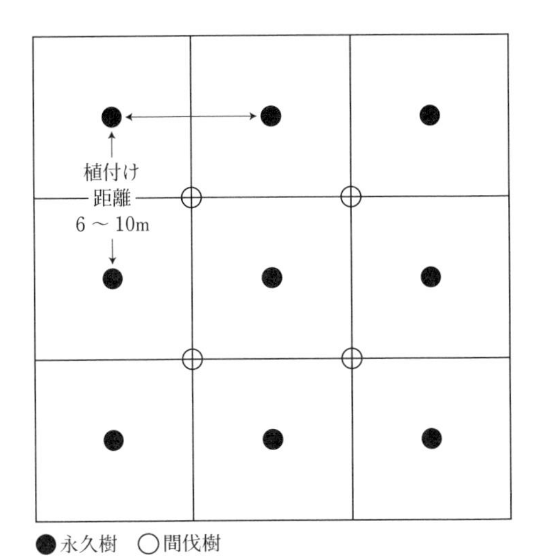

第1図　植付けの例（正方形植え）

第2図　正方形植えで新植された例

樹高が高くなりやすく，また，採光条件も悪化し果実品質が低下し，樹形が乱れることにより生産性や作業性が低下する。このため，栽植距離は，圃場の形状や土壌の肥沃土，選択する樹形を勘案し，成木時の樹冠の広がりを想定して6～10m程度とすることが望ましい。

圃場への植付け方法としては，正方形植えや並木植えなどがあるが，圃場の形状や立地条件を検討し，作業性を重視して決定する（第1，2図）。また，初期収量を確保するために，永久樹の間に間伐樹を栽植する方法も一般的に行なわれているが，そのさいには間伐樹の縮伐・間伐を計画的に実施して，永久樹の樹形が乱れることがないように注意する。

(2) 圃場の土つくり

栽植後に抜本的な土壌改良を行なうことは困難なので，栽植前に必要な土壌改良を実施しておく。

土壌条件の項で記載したとおり，モモは排水性の悪い土壌では生育が劣るので，栽植前に暗渠の設置や客土を必要に応じて行なう。あわせて，土壌の物理性の改善や有機質の補給のため，堆肥の施用と深耕を実施する。

また，土壌の化学性の改善のため，あらかじめ関係機関などで実施している土壌診断を活用し，土壌診断基準に基づく酸度や養分の量，バランスを確認して，矯正するよう土壌改良資材を投入する。

(3) 植付け時期

植付けには11月上旬～12月中旬に行なう秋植えと，2月下旬以降に行なう春植えがある。

モモは2月中旬ごろから根の伸長を始めるため，植付け後の土壌と根のなじみがよく，春先の発根のよい秋植えが望ましい。しかし，寒冷地などで冬季に凍結層ができる地域や積雪の多い地域，砂壌土などで土壌が乾燥しやすい圃場では，冬季の凍干害防止のため春植えとしたほうがよい。

(4) 植付け

苗木の植付けにさいしては，植付け位置を中心に半径0.5～1.0m程度，深さ50cm程度の穴を掘り，掘り上げた土に堆肥や土壌改良資材を混和する。その後，植え穴の中心部に円錐状に土を盛り，根を広げるように苗木を置いて土を埋め戻す（第3図）。

植付け時の注意点は以下のとおりである。

1）植え付ける深さは，苗木の接ぎ木部が必ず地上に出るようにする。深植えは生育不良の原因となるので避ける。

2）植付け時に苗木の周囲に水鉢をつくり，たっぷり灌水を行なって根と土壌を十分なじま

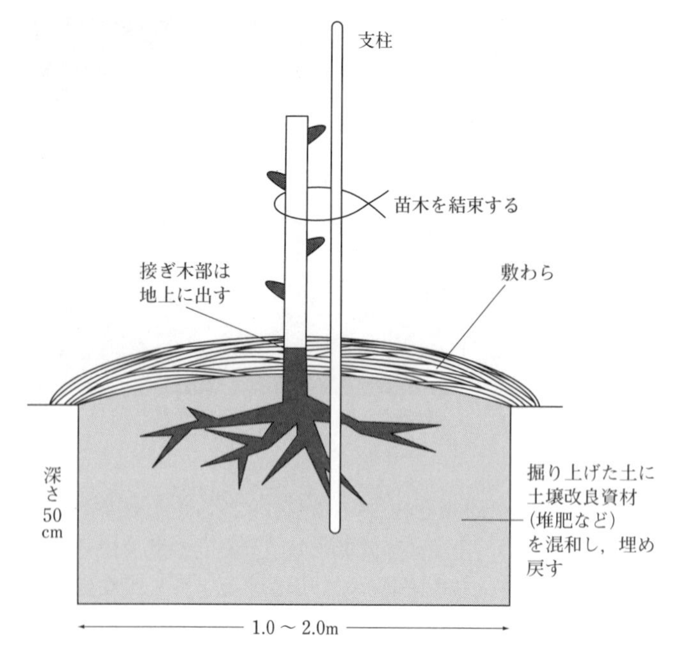

第3図　植付け方法

第4図　植付け時に水鉢をつくってたっぷりと灌水

第5図　乾燥防止の敷わら

せるとともに（第4図），乾燥防止対策として敷きわらなどを行なう（第5図）。冬季に乾燥する場合は，必要に応じて2～3回灌水を行なう。

3）太い根がいたんでいる場合は，いたんでいる部分を剪除して新根の発生を促す。

4）風などによる枝折れを防ぐため，苗木や新梢を固定する支柱を設置する。

5）徒長的な生育を避けるため，前作が野菜などの他品目や，ブドウなどの他樹種の場合は，植付け時の窒素質肥料の施用を避け，生育の状況に応じて追肥で施用する。

（5）植付け後の管理

定植時に灌水を行なうが，冬季に積雪のない地域では土壌が乾燥しやすいため，発芽までの期間に2～3回灌水を行なう。また，生育期は苗木と雑草の水分競合を避けるため，樹まわりの除草管理を徹底する。

発芽後は先端の新梢の発育を促すため，台木から発生する台芽をかき取るとともに，基部から発生する新梢は，先端の新梢を負かせるため，必要に応じて剪除・摘心・捻枝を行なう。

また，風による枝折れを防ぐため，早めに支柱を設置して新梢をまっすぐ誘引する。

執筆　池田博彦（山梨県果樹試験場）

改　植

モモは，果樹のなかでも比較的短命な樹種で，管理の行き届いた圃場でも樹齢20年生程度が寿命とされている。また，樹齢が15年前後になると，花芽の着生は多くなるが，新梢の伸長が悪く短果枝中心の樹姿となり，変形果や核割れ果などの障害果の発生が多くなり，生産性が低下してくる。このため，モモの栽培にあたっては，計画的に改植を行なって圃場の生産性を維持していく必要がある。

1. 改植園における生育

モモの栽植跡地にふたたびモモを植え付けると，樹冠拡大が新植時に比べておそく，思うように生産性が上がらなくなる。福島園試の調査では，新植園と改植園の収量を比較すると第1図のような収量差がみられる。このような現象は，いや地とよばれる連作障害であり，モモの産地では大きな問題となっている。

改植園に植えられた樹で，連作障害がみられる樹の特徴は次のとおりである。

1）若木時から新梢の伸長が悪い。

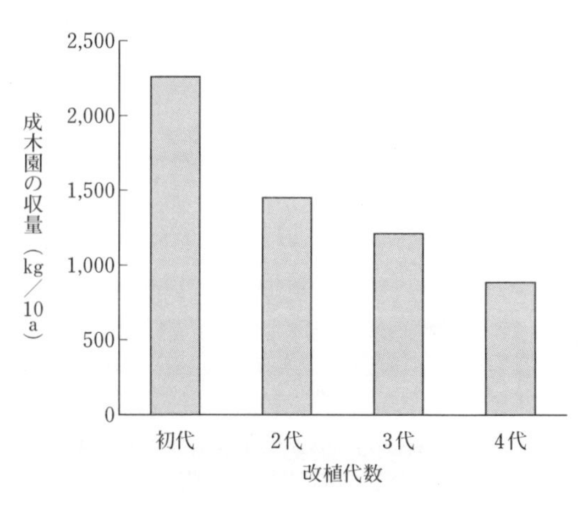

第1図　改植代数と収量の関係（品種：大久保）
（福島園試・引地，1968）

2）主幹や主枝などの皮目があらく，粗皮症状を呈する。また，樹肌が黒ずみ，ヤニの発生が見られる。この症状は，コスカシバによる食害やいぼ皮病と混同されやすい。

3）台木部からのひこばえの発生が多く見られる。

4）樹冠の拡大が悪く，樹全体が衰弱したような樹姿となる。

2. 生育不良の原因

改植園における生育不良の原因としては，主として次の原因が考えられている。

①青酸配糖体による根の発育障害

モモの樹体には青酸配糖体が含まれており，とくに根の表皮に多く含まれている。

青酸配糖体は，分解する過程でシアン化合物を主体とした生育阻害物質が生成される。改植園で伐根が不十分で，土中に残った根が多いとこれらの物質が多く土中に発生し，モモの根系の生長を阻害すると考えられる。

②土壌センチュウによる発育障害

連作障害の発生が見られる圃場では，ネグサレセンチュウやネコブセンチュウなどのセンチュウ類が多く生息していることが報告されている。

また，ネグサレセンチュウは，モモの根に侵入するとシアン化合物を発生させることが知られており，センチュウ類が増加した圃場では，根の食害や食害時に発生するシアン化合物により，根の機能を低下させると考えられている。

③土壌物理性の悪化

モモ栽培では，スピードスプレイヤーや高所作業車などの農業機械が導入され，また収穫物運搬や資材搬入のため運搬車や軽トラックが圃場を出入りすることが多い。これら農機などの踏圧により耕盤が形成され，土壌の通気性や透水性が悪化し，生育が不良となることが考えられる。

また，通気性の悪い嫌気条件の土壌では，根の青酸配糖体が分解してシアン化合物が発生し，それが根の自家中毒症状を発生させ，根の耐水性を低下させるといわれている。

3. 連作障害を回避する改植

連作障害は，前項で述べた原因のほかに，土壌病害や養分欠乏も要因となり得ると考えられており，複数の原因が複合的に関連して生育不良を引き起こしていると考えられている。このため，改植にあたっては基本技術の徹底により対策を行なう必要がある。

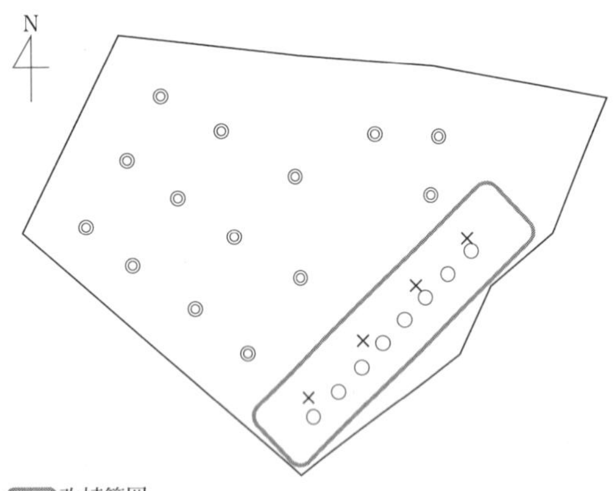

第2図　部分改植圃場の例

①計画的な改植の実施

生産性の高い成木を改植することは，圃場の生産性を低下させることとなる。したがって自身の経営状況をよく考え，品種構成や圃場の利用方針，労力などを考慮に入れ，長期的な視点で計画的な改植を実施する。

改植には，圃場全体を改植する一挙改植と，一部を改植する部分改植がある。改植にさいしての伐採・伐根作業や土壌改良の作業を考えると一挙改植が望ましいが，一挙改植では，圃場の生産性が回復するまでに時間がかかるため，必要に応じて部分改植でもよい。ただし，部分改植する場合でも，圃場内の樹を点々と改植するのではなく，面的にまとまった面積を改植することが望ましい（第2，3図）。

②土壌の化学性，物理性の改善

改植の前に，土壌診断などを活用して土壌の化学性を確認し，必要に応じて酸度の矯正や不足している養分の補給を行なう。

また，モモは他の樹種と比較して根の酸素要求量が高く耐水性が劣るため，改植前に，暗渠排水の新設・再整備を必要に応じて行なうとともに，農機などによる踏圧で生じた耕盤を，深耕を実施して破砕する。

③伐採・伐根

既存樹の伐採・伐根にあたっては，とくに残根の処理に留意する。モモの樹は樹冠の広がりに応じて根域が広がっているため，バックホーなどの重機を活用して，伐採樹の主幹を中心に

第3図　部分改植の例

第4図　バックホーを用いた伐根作業

広範囲を掘り起こし，根を掘り出す（第4図）。すべてを掘り出すことはむずかしいが，太根はもちろん，細根も可能な限り掘り出すことが望ましい。

また，伐採した樹体や伐根した根は，圃場内に野積みをしておくと，胴枯病菌や木材腐朽菌類の感染源となるため，原則として圃場外に持ち出して処分する。

④植え穴の準備と苗木の植付け

改植時の植え穴は，深耕・天地返しを兼ねて，新植時に比べ広く深めとする。植え穴を掘る作業時には，植え穴に残っている伐採樹由来の残根をていねいに取り除き，埋め戻す土には完熟堆肥を多めに混和して土壌物理性の改善をはかる。

植付け方法は新植時に準ずるが，土壌を根に馴染ませるため，植付け直後に十分に灌水を行なう。植え穴を広めにすると土壌が乾燥しやすいため，敷わらなどで乾燥防止対策を行なう。

なお，植付け位置は伐採樹と同じだと連作障害の発生リスクが高いため，管理作業に支障がないように位置を変えるほうがよい。

⑤台木の選択

センチュウ類も連作障害の原因の一つとされるため，センチュウ類の加害や増加が認められる場合は，センチュウ抵抗性の台木を用いた苗木を使用することが望ましい。

現在広く利用されているおはつモモ台は一定のセンチュウ抵抗性をもつが，旧農林水産省果樹研究所で育成した筑波系台木は，わが国で確認されている3種類のネコブセンチュウへの抵抗性があるため，筑波系台木を用いた苗木の導入を検討する。

第1表　山梨県におけるモモ（中晩生種）の樹齢別施肥基準（kg/10a）

樹　齢	N	P_2O_5	K_2O	苦土石灰
1～3年	4	4	2	
4～6年	10	8	8	40
成　木	14	10	12	60

⑥施　肥

改植時は連作障害による生育不良をおそれて，植付け時や若木時に窒素肥料を多めに投入しがちである。しかし，改植園はすでに成木用の施肥が連年なされており，また，改植代数を重ねた圃場では，堆肥も連年投入され土壌が肥沃になっている場合が多い。

連作障害による生育不良は，窒素肥料を多めに施用することで解決する問題ではなく，また連作障害対策を行なって改植した圃場で，植付け時や若木時に窒素肥料を多めに投入すると徒長的な生育となり，かえって健全な樹の生長を妨げる。改植時でも新植時と同様に植付け時の窒素肥料の施用は避け，生育の状況に合わせて，必要であれば追肥で速効性の窒素質肥料を施用する。

また，部分改植を行なった場合は，既存の成木と同様の施肥を圃場全面にしがちである。堆肥や石灰質肥料などの土壌改良資材は全面施用で問題ないが，配合肥料などの窒素質肥料は，既存の成木と改植樹で施用量を変え，改植樹の樹齢に応じた施肥を行なう（第1表）。

執筆　池田博彦（山梨県果樹試験場）

連作障害の回避

(1) 発生の要因と軽減対策

モモは連作障害の発生しやすい樹種であり，適切な対策を怠ると改植を重ねるにつれ，樹の生育が劣り生産性が低下する。連作障害は，残根から発生するアレロパシー物質（生育阻害物質）の蓄積，土壌病害虫，土壌の化学性・生物性の悪化などが原因とされ，さらにそれらが複合的に絡み合って発生していると考えられている。

①改植園の環境整備

モモは果樹のなかでも経済樹齢が短い樹種であり，おおむね20年を超えるころから徐々に収量が減少し，改植を考える時期となる。改植予定園では，収穫を終了したモモ樹を早めに伐採，伐根を行なう。その際に，前作の根は極力細いものまで拾い集め，園外へ除去する。また，モモはほかの樹種に比べて根の酸素要求量が高く，水田転換園などの滞水の発生しやすい園地や地下水位の高い園地，重粘質土壌などでは生育の劣る事例が多い。そのため，改植園に限らず新植園においても，暗渠・明渠の設置や客土による嵩上げなどの十分な排水対策を実施しておくことが重要である。土壌改良資材は，改植前に土壌診断を実施し，その結果に基づき適切な種類，量を施用する。

②大苗移植

連作障害による生育への影響は幼木ほど大きいため，改植時には1年生苗よりも3～4年生程度の大苗を移植したほうが，障害の発生が軽減できる（第1図）。さらに，移植後2年目には収穫が可能で未収益期間の短縮と早期成園化を図ることができる。

③育成方法

大苗の育成に適した圃場は，モモの未栽培地で排水性に優れた耕土の深い園地であり，排水不良園や耕土の浅い園地では苗木の生育が劣ることが多い。

密植にすると苗木の生育が劣るため，植付け間隔は2m以上とする（第2図）。定植後，施肥は年間数回に分けて行ない，乾燥が続く場合は灌水する。葉は光合成を担う重要な器官であり，生育や同化養分の蓄積に大きな役割を果たす。そのため，生育期の新梢の剪除や間引きなどは極力避けるとともに，病害虫による新梢や葉の被害を防ぐために定期的に薬剤による防除を実施する。

剪定は冬季に行なうが，太い切り口をつくると凍害を受けやすくなるため，太い枝の剪除は3月になってからとする。また，第2主枝に比べ，第1主枝（最下部の主枝）が強くなりすぎると樹形を乱すことがあるので，第1主枝は定植後に発生した徒長枝から選定してもおそくない。

第1図　改植園に移植された大苗

第2図　大苗の育成圃場

第3図　掘上げ前に，株まわりの半径50cm程度を円形にショベルを入れ，断根しておく

④掘上げ，移植，客土

育成した大苗は，落葉後の11月下旬から1月ころ（厳寒地や降雪の多い地を除く）までに掘り上げ，改植園に移植する。

あらかじめ断根しておいた大苗（第3図）はパワーショベルなどを使用し，太根や幹を傷つけないようにていねいに掘り上げる。

掘上げ作業の省力化には，不織布ポットを用いて苗を養成するとよい（第4図）。過去の試験では，直径40cm，深さ30cmの底部が貫根性の不織布ポットで養成した大苗は地植え苗の3分の1程度の約5分で掘上げ可能であり，移植後の生育についても地植えのものと遜色ない結果であった。

掘り上げた大苗は運搬など，移植するまでの間は根を乾かさないように水をかけ，むしろや古毛布などで覆う。圃場への定植は，深植えにせず，30cm程度の盛り土にして植える。植え穴予定地および大苗の覆土には山土などの客土を行なうと移植後の苗木の生育がよい。定植

第4図　不織布ポットを半分程度地面に埋めておく。ポット内の土壌の過度な乾燥が防げ，水管理が容易になる

後，灌水を行ない，支柱で苗木を固定する。移植当年は全摘蕾を行ない，生育期に適宜，灌水，施肥を行ない，樹冠拡大を図る。

（2）新たな軽減技術

前述のように連作障害対策として大苗移植や客土が有効であるが，いずれも労働負担が大きく，生産者が高齢化するなかで省力化が課題になっている。そこで，活性炭と土壌消毒による簡易な連作障害対策を検討した。

①活性炭による連作土壌中のアレロパシー物質吸着

活性炭は，連作土壌中に混和するとアレロパシー物質を吸着し，連作障害の発生を軽減するとの報告がある。筆者らのこれまでの研究から，活性炭のなかでも石炭系やヤシがら系よりも木質系のものが，モモ栽培土壌中のアレロパシー物質吸着力に優れた効果が認められた。しかし，実際の圃場では，活性炭の処理だけでは，連作障害の軽減効果は認められなかった。

②低濃度エタノールを用いた土壌還元消毒と活性炭の併用

和歌山県内のモモ連作園の土壌を調べた結果，連作障害の原因の一つとしてアレロパシー物質のほかに既知の土壌病害やセンチュウ以外

第5図　モモ連作土壌への低濃度エタノール水溶液および木質系活性炭処理効果（定植後翌年の生育状況）

左：無処理，右：エタノール1％水溶液処理
無処理についても活性炭を施用

第6図　低濃度エタノール水溶液の灌注処理

苗木の植付け予定地の1.5m四方周辺を，処理液が溢れ出さないように波板などで囲う。エタノールは日本アルコール産業（株）の「エコロジアール」を濃度1.5％で処理

のなんらかの有害微生物の可能性が示唆された。

対策として土壌消毒が有効と考えられたが，微生物の特定ができていないので，モモに農薬登録のない土壌くん蒸剤の実用化は難しい状況にある。農薬以外には熱水処理は有効であるものの，コストが高く処理に多量の熱水や時間を要することから実用性は低いと考えられた。

そこで，より簡便な処理法を検討した結果，低濃度エタノール水溶液を用いた土壌還元消毒を，活性炭の土壌混和処理と組み合わせることで，連作障害を軽減できることがあきらかになった（第5図）。

近年，土壌還元消毒は，野菜・花卉などにおいて環境負荷の少ない土壌病害対策として注目されている。エタノールは粘性の低い液体であるため土壌還元用の有機物として利用されるふすまや糖蜜よりも土壌深くまで浸透することから使いやすい資材である。土壌殺菌のメカニズムとしては，1～2％程度のエタノール水溶液には直接の殺菌効果はほとんどないが，エタノールなどの有機物を大量の水とともに灌注することで，有機物がえさとなって微生物が活性化し，土壌中の酸素を減少させ，このときに生じる有機酸や金属イオンが作用して土壌病害虫の密度を低下させると考えられている。

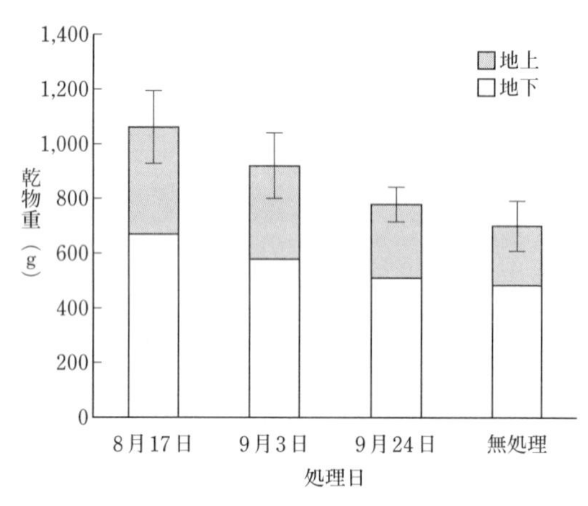

第7図　モモ連作土壌のエタノール水溶液（1.5％）の処理時期と定植1年後の苗木の器官別乾物重　（和果試かき・もも研，2013）

図中の縦棒は標準誤差（n＝4）。各処理区には木質系活性炭を混和処理

③処理の実際

前作のモモの根を極力取り除いて整地したあとに，植付け予定地の土壌をエタノール水溶液で灌注処理する（第6図）。エタノール水溶液の処理時期は気温の高いほど効果が高い（第7図）。9月に入り秋雨前線の影響などで曇雨天が続き十分な地温が確保できなかった場合に

第8図　ポリエチレンフィルムで被覆
波板はエタノール溶液が十分浸透すれば外してよい

第9図　植付け前に活性炭を混和

第10図　苗木の定植

は，効果が得られないことが想定されることから，極力，8月中に処理を行なう。

灌注処理後，エタノールの揮発を防ぎ，高温状態を維持するため1～2か月ポリエチレンフィルム被覆する（第8図）。その後，定植前に植え穴（直径100cm，深さ30cm程度）周辺を掘り起こした土壌に木質系活性炭約1kgを混和し，苗木を植え付ける（第9，10図）。

本技術は，従来の山土を客土する方法に比べ，苗木1本当たりの作業時間は約6割の25分に短縮でき，コストは約3割の2,000円程度になる。処理時期は，高温期に限定されるため，老木樹の伐採や資材の準備などを事前に計画的に行なう必要があるものの，大苗移植や客土などの実施が難しい園地では有効な対策技術になると考える。

執筆　和中　学（和歌山県果樹試験場かき・もも研究所）

ハ ウ ス 栽 培

1. 導入にあたって

ハウス栽培の利点は，土壌水分と温度を人為的に制御して天候に左右されない高品質なモモ栽培が可能となることである。また，露地栽培より早期出荷となるハウス栽培を組み合わせることによって，摘果・袋かけ・収穫などの作業時期を分散することができ，労力分散や経営規模の拡大，経営のリスク分散も可能となる。

しかしながら，ハウス栽培には有利な面が数多くある反面，多くの資本と労力が必要となり，高い栽培技術も要求されるなどのむずかしさも伴う。このため，導入にあたっては，施設費や燃料費などの投下に見合うだけの経営が可能か十分考慮する必要がある。

2. 栽培立地条件

モモのハウス栽培で安定した開花や結実を得るためには，7.2℃以下の低温に1,000時間以上遭遇（以下，低温要求量とする）して自発休眠が完了してから加温を開始する必要がある。

低温要求量だけを考えると冷涼な地域ほど早い加温が可能となり有利となるが，冷涼な地域ほど積雪が多く加温時の燃料消費量も増えるため，経済的観点からすると適地とはいえない。

出荷予定日から逆算した加温開始時期に安定して低温要求量を満たすこと，加温開始後に積雪が少なく日照時間も多い地域がハウス栽培に適している。また，施設構造や作業性，施設内温度分布などを考慮すると，平坦地でのハウス建設が望ましい。

土壌の条件としては，排水良好で，耕土が有効土層として50cm以上あることが望ましい。

また，降雨を遮断するため，灌水設備（多い場合は1回で30mmの灌水量が必要）が必須となる。

3. ハウスの構造

一般的なハウスはパイプハウスで，軟質フィルムを使って被覆し，天窓の開閉は巻上げ方式のタイプ（第1図）である。

長期展張用の硬質フィルムを使用する場合は，巻上げ方式だとフィルムにこすれなどの傷が生じるため，天窓跳上げ方式の鉄骨ハウス（第2図）となる。両者を比較すると，コスト面で有利なパイプハウスが主流となっている。

被覆する外張り用フィルムの選択にあたって重要なことは，価格・展張の容易さ・光の減退率・保温性・耐久性などである。現在，おも

第1図　パイプハウス（軟質フィルム，天窓巻上げ方式）

第2図　鉄骨ハウス（硬質フィルム，天窓跳上げ方式）

第3図　保温効果が高い内張りカーテン

に使用されている軟質フィルムは，農ビ・農ポリ・農サクビ・農POなどに分けられる。以前は保温性が高く展張が容易な農ビ（農業用塩化ビニルフィルム）が多かったが，現在では汚れが付きにくく耐久性が高い農PO（農業用ポリオレフィンフィルム）の使用が主流となっている。

また，重油の価格高騰の影響により，開閉式の内張りカーテン（第3図）を設置して多層被覆を行なうハウスも多くなっており，燃料消費量の削減がはかられている。ハウス側面の多層化には断熱効果の高い中空二重構造の被覆資材も利用されている。

ハウスの構造上重要なことは，導入地域により雪や風などの自然条件が異なるので，これらに十分耐え得る強度を備えていることである。山梨県では積雪40cm，風速40mに耐える構造を原則としている。

施設内環境を考慮すると，施設の上部空間が広いほうが温度や湿度の環境は良好となる。施設を大きくつくれない場合は低樹高の樹形を採用するなどの工夫も必要である。

積雪対策は次の点に留意する。ハウスの棟付近に積もった雪は谷部分に集中し，谷部分にもっとも重量がかかる。そのため，谷部分の基礎を強固にして谷部を支える支柱が沈まないようにするとともに，谷部からハウス内に雪が落とせる構造がよい。また，アーチ部の変形を防ぐため，3m間隔を目安に48mmパイプや針金などでアーチ部を補強する。温度が高い地下水などの利用が可能な場所では，棟部に散水用のパイプを設置して消雪する方法もある。

4. 品種・作型

(1) 品　種

品種選択の基準は，露地栽培において品質が優れていること，栽培面では生理落果や変形果が少ないこと，露地モモの出荷の前に収穫が終わる品種であることがあげられる。

また，ハウス栽培では，露地栽培に比べて被覆資材により太陽光の透過量が減少するため，着色不良や果実肥大の不足などが生じやすい。品種選択にあたってはこれらの点に十分留意する必要がある。

一般的には，加温開始から収穫までの期間が短い品種のほうが，早期出荷が可能で燃料消費も抑えられるため，経営的に有利である。このため，山梨県のハウス栽培においておもに栽培されているのは早生品種が中心で，中生品種の‘白鳳’までの品種となっている。

①ちよひめ

旧農林水産省果樹試験場で育成された品種で，現在ハウスで栽培されている品種のなかでもっとも早く収穫される。果実品質は良好であるが，‘日川白鳳’に比べて小玉で，果実の果項部が突出する性質が強い。

②日川白鳳

果実品質，着色ともに優れており，無袋栽培も可能である。山梨県におけるハウス栽培の主力品種となっているが，核割れの発生が多い。

③加納岩白桃

糖度が高く果実品質に優れるが，着色が劣り，裂果するため，有袋栽培が前提となる。果実肥大は‘日川白鳳’に比べて良好である。

④白　鳳

露地栽培において栽培面積が多いモモの代表的な中生種である。糖度や玉張りなどの果実品質に優れる。ハウス栽培では着色が劣るため，有袋栽培が必須となる。

(2) 作　型

加温を開始する時期は，低温要求量が1,000時間を満たしていることが前提条件となる。

低温要求量を満たしていなくても加温によって生育は進むが，開花が不揃いになったり，変形果の発生が見られるなどの弊害が多い。また，連年早期に加温すると樹勢の衰弱につながる。このため，安定した収量と品質を得るには，低温要求量を満たしてから加温を開始する普通加温が望ましい。

山梨県では，例年，低温要求量を満たす1月中旬から加温を開始し，‘日川白鳳’では5月上・中旬に出荷する作型が一般的である。また，2月に入ってから加温を開始して，最低温度を保つ半加温の作型も実施されている。

5. 栽植密度

ハウス栽培を始める場合，露地栽培で成園化した園にハウスをつくることも多いが，あらかじめ施設化の計画があったり，既存の施設内に植え付ける場合であれば，施設の内部空間を考慮して栽植距離を決定したい。

また，植付け本数は地力に応じて変わり，地力が低い土地では樹間を狭く，逆に地力が高ければ樹間を広くとる必要がある。

一般的なパイプハウスの間口となる6mを列間距離とすると，樹間距離（株間）が6mで10a当たり27本植えとなる。樹間距離が7mでは24本植え，8mでは21本植えとなる。

いずれにしても，ハウス栽培では新梢が軟弱ぎみに伸びて過繁茂となりやすいので，生長に応じて適宜切戻しを行なって枝の重なりを解消する必要がある。隣接する樹の枝先端の間の距離は，剪定後に1m以上確保することが望ましい。

早期成園化をはかる場合は大苗移植や計画密植を行なうが，計画密植の場合は園内の明るさをつねに確保するため，間伐樹の縮伐・間伐を早めに実施する。

6. 樹形と整枝・剪定

(1) 樹形（仕立て方法）

ハウス栽培においても露地栽培と同様，二本主枝の開心自然形（第4図）が基本樹形となる。二本主枝開心自然形は主枝間の勢力バランスがとりやすく，管理作業もしやすい。

Y字形仕立ては，空間の利用効率が高く受光態勢も優れているため，ハウス栽培にも適している。ただし，Y字棚の設置費用が必要となり，新梢管理の労力も増すなどの問題もある。

棚仕立ては，樹高が2m程度となり脚立作業がほとんど不要となるため，作業性に優れている。ハウスの軒高も低く抑えられ，被覆の多層化も行ないやすい。しかし，棚の建設費用がかかるとともに，新梢管理作業が増え，収穫期間がほかの樹形に比べて短縮する。

このほかに，主幹形仕立てや斜立仕立て（第5図）などの樹形も利用されているが，現在のハウス栽培では開心自然形がほとんどで，これらの樹形での栽培事例は少ない。

(2) 整枝・剪定のポイント

ハウス栽培では，被覆資材により太陽光線の透過量が制限され，収穫後の生育期間も露地より長くなるので，枝が軟弱徒長ぎみに伸びて下垂しやすくなる。また節間も伸びて，枝の充実も露地栽培に比べて悪くなりやすい。

第4図　基本樹形となる開心自然形

第5図　斜立仕立て

このため，剪定程度は弱めの剪定を心がけるとともに，花芽の着生や充実具合をよく観察して，充実のよい枝を優先して残すようにする。

また，樹冠内部の明るさを保つため，長大化した側枝や間延びした結果枝は適宜切戻しを行なう。枝の下垂を防止するため，主枝や亜主枝などの垂れ下がる部分に支柱を立てたり，ハウスの骨材を利用して吊り上げるなどの対策を講じる。

7. 加温開始時期と温度管理

モモの低温要求量は品種により異なるが，現在栽培されている主要品種は低温要求量が1,000時間以上であるため，前述したように，加温開始時期はこれを満たしていることが前提となる。

低温要求量を満たさないで加温開始すると，開花のムラが多くなり開花期間が著しく長くなる。さらに，変形果の発生や樹勢低下の原因となるため，山梨県では低温要求量を例年満たす1月中旬の加温が一般的である。

温度管理は生育期の露地での気温推移に準じて，露地の気温を再現するかたちをとっている。夜温・昼温の設定温度は，第6図のハウスモモ栽培基準に準じた変温の温度体系となる。また，以下の点に留意して温度管理を実施する。

1）加温開始から地温が10℃以上になるまで，樹冠下に有孔ビニールマルチを設置して地温の確保に努める（第7図）。また，地温上昇を促すために加温開始前の灌水は30mm程度行ない，その後も定期的に十分灌水する。

2）被覆から開花始めまでの時期の温度が高いととくに変形果の発生が助長されるため，この時期の温度管理には十分注意する。加えて，幼果期までは高温に注意する必要がある（第8図）。‘ちよひめ’‘日川白鳳’などの品種は変形果が発生しやすい。

3）着色期以降は，着色不良防止のため，ハウス内が30℃以上の高温にならないよう管理する。また，順調な果実肥大を促すため，収穫終了まで十分な夜温を確保する。

8. 結実確保と着果管理

(1) 人工授粉

ハウス栽培では，花粉がある品種でも花粉形成が不完全となりやすく，とくに加温開始時の温度が高いとこの傾向に拍車がかかるため，結実が不安定となる。また，虫媒による受粉効果も期待できないため，花粉の有無にかかわらず人工授粉が必要である。

ハウス内で加温した樹は花粉の量が少なく花粉の発芽率も劣るため，前年に露地栽培の樹から採取した貯蔵花粉を用いて，人工授粉を行なうのが一般的である（「人工授粉」（25ページ）の項参照）。貯蔵花粉の使用にあたっては次の点に留意する。

1）貯蔵する花粉は，同量以上のシリカゲルなどの乾燥剤とともに密封容器に入れて，−20℃以下の低温で貯蔵する。

2）貯蔵花粉はそのままでは発芽率が劣るため，使用する前に必ず順化作業を行なう。湿度が高い条件で順化すると安定して発芽率を回復させることができるため，クーラーボックスなどの密封容器に濡れタオルと花粉を入れ，2時間程度室温で順化させる。このさいは花粉が濡れないように注意する。

3）事前に花粉の発芽率を調査し，発芽率60％以上の貯蔵花粉を用いることが望ましい。

生育相	加温開始～開花直前			開花始め～落花期		果実第一肥大期			果実第二肥大期	果実第三肥大期	
	前期	中期	後期	前期	後期	前期	中期	後期	硬核期	前期	後期（着色始め～収穫終了まで）
期間（月日）	10日	10日	10日	4日	10日	10日	10日	10日	10日～	10日	15日（収穫始め）
温湿度体系　昼温	20℃			22℃	23℃	24℃	25℃	26℃	26℃	28℃	29～30℃
夜温【変温】（℃）	17℃→7→6→5	17℃→9→7→6	17℃→11→9→7	19℃→13→10→9	20℃→14→12→10	21℃→16→14→12	22℃→17→15→14	23℃→18→16→15	23℃→20→18→16	25℃→21→20→18	25℃→22→21→20
時間	18・23・3・8	18・23・3・8	18・23・3・8	18・23・3・7	18・23・3・7	18・23・3・7	18・23・3・7	18・23・3・7	18・23・3・7	19・23・3・7	19・23・3・7
湿度	80%			60%						60%以下	
かん水（1回当りの量）	20mm			5mm		20mm			20～30mm		5mm
生育日数の目安	加温開始 ― 30日 ―			開花始め ― 4日 ― 満開		日川白鳳 75日 ― 収穫始め ―10日― 収穫終り／白鳳 90日 ― 収穫始め					
主な管理	かん水、有孔マルチ、天窓換気、マルチ除去、かん水、摘らい			薬剤散布、人工授粉←→人工授粉		サイド換気、薬剤散布、かん水、摘果、摘心・捻枝、薬剤散布、摘果			摘果、袋かけ、かん水	薬剤散布、除袋、薬剤散布、新梢管理、反射マルチ、収穫	

栽培管理上の注意点

○**加温開始時期**
自発休眠が完了する7.2℃以下の低温遭遇積算時間1,000時間以上を経過してから前期加温を開始する。

○**地温の確保**
加温開始から地温10℃以上になるまで樹冠下に有孔マルチを行う。
地温10℃以上を確認後、夜温を7℃に昇温する。

○**かん水**
地温上昇のため加温開始前のかん水は十分に行う（30mm）。その後も定期的に十分かん水する。

○**換　気**
開花期までは二重カーテン・天窓換気を中心に行う。開花期以降は、サイド換気を併用する。

○**変形果対策**
被覆から、幼果期までの高温には注意する。とくに、被覆から開花始めまでは十分注意する。なお、ちよひめ、日川白鳳、浅間白桃は変形果が発生しやすいので注意する。

○**病害虫防除**
露地栽培に準ずるが、とくに灰星病（花腐れ）、灰色かび病、アブラムシ類の発生に注意する。
チョウ目類の防除のため、交信撹乱剤を利用するとともに薬剤防除を徹底する。

○**摘らい**
樹勢に応じた摘らいを行う。

○**開花期の管理**
1）貯蔵花粉を利用した人工授粉を2～3回実施する。
2）結実不良や変形果を防ぐため高温に注意し、樹冠上部の換気を徹底する。
3）乾燥した場合は、結実に影響を及ぼすので、根元に5mm程度のかん水を行う。
4）灰色かび病対策として曇雨天が続く場合はビニールマルチ（有孔ビニール）を行う。また、落花後に花カスをていねいに落とす。

○**炭酸ガスを施用する場合**には、日の出から20℃程度に高める。

○**生理落果防止対策（満開後40～60日後）**
1）温度管理：満開後50日までは硬核期の温度管理とする。養水分の競合を防ぐため日中の高温に注意する。
2）フェーン現象対策：土壌の過湿、過乾に十分注意する。なお、極端な高温・乾燥時にはかん水や樹上かん水施設からの散水・葉面散水を行う。換気は風下を開けて行う。
3）土壌管理：中耕は断根により落果を助長するので行わない。

○**摘　果**
1）満開後20～25日に1回目の摘果を行い、更に袋かけまで2～3回行う。
2）樹冠上部～中位を中心に着果させ下枝は着果量を少なくし5～6玉の大玉生産に努める。

○**袋かけ（満開50日以降とする）**
着色向上と熟期促進を図るためすべての品種に袋かけを行う。

○**新梢管理**
徒長枝の剪除、摘心・捻枝を適宜行い、過繁茂を防ぎ果実の肥大を図る。

○**かん水**
果実肥大期はかん水を定期的に行い、果実の肥大を図る。

○**病害虫防除**
カイガラムシ類、ハダニ類の発生に注意する。

○**着色管理**
1）除　　袋…果実の着色と着色期の天候・袋の種類を考慮し除袋時期を決める。樹冠上部と下部では生育差があるので、2日位遅らせる。
2）新 梢 管 理…徒長枝の剪除、摘心、捻枝と併わせ必要に応じ摘葉する。
3）反射マルチ…樹冠下部の除袋を目安に使用する。曇雨天が続く場合や着色しにくい品種は樹冠上部の除袋直後に使用する。
4）天窓の開閉…晴天時にはできるだけ直射日光を当てる。

○**かん水**
収穫10日前頃からかん水を控え、品質向上に努める。ただし、乾燥する場合は5mm程度のかん水をする。

○**病害虫防除**
除袋直後にハマキムシ類、シンクイムシ類、ミカンキイロアザミウマの防除を徹底する。

○**温度管理**
1）着色期以降30℃以上の高温はさける。
2）収穫終了までは、夜温を確保する。

○**収　穫**
果実硬度に注意し適熟果の収穫に努める。

○**収穫後の管理**
1）樹体の回復を図ってから、ビニールを除去する。
2）ハダニ類、カイガラムシ類、褐さび病の発生に注意する。
3）新梢管理の徹底を図り、花芽の充実と良い結果枝の確保に努める。
4）密植傾向の園では、縮間伐を実施する。なお、縮伐は9月上旬に行う。

○**雪害、風害対策**
気象情報に注意し、事前対策には万全を期す。

○**省エネ対策**
1）天張りカーテン、サイドの多層化により、ハウスの密閉度を高め夜間の放熱を防ぐ。
2）定期的にハウスまわりを点検し、ビニールのやぶれや開閉部のズレなどを補修する。
3）暖房機の能力と風量を考慮し、均一な温度管理を心がける。

変温管理に当っては、日の出・日の入りの時刻や加温機の能力に応じて時間を繰り上げて設定する。

第6図　ハウスモモ栽培基準（2018年改訂）　（出典：山梨県・JA全農やまなし・JA）

第7図　ビニールマルチにより地温上昇をはかる

第9図　樹上に配管したスプリンクラー

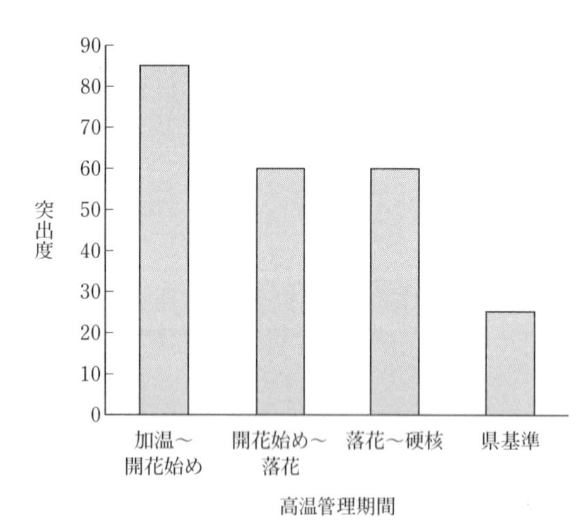

第8図　高温管理期間が突出果の発生に及ぼす影響　（山梨果樹試，1999～2000）

突出度＝Σ（突出指数別個数×突出指数）/（調査個数×4）

突出指数：0（無）～4（大）

(2) 着果管理

ハウス栽培では果実の肥大不足が問題となるため，満開から20～25日後に行なう予備摘果が遅れないように注意する。その後は，満開40～50日後に仕上げ摘果を，満開50日後以降に袋かけと同時に見直し摘果を行なう。

一度に急激な着果調節を行なうと核割れや生理落果の原因となるため，摘果は段階的に行なう。また，樹冠の上部から中ほどを中心に着果させ，下枝には少なめに着果させて良好な果実肥大を促す。

9. 異常落果対策

異常落果はハウス栽培においてもっとも経営的打撃が大きい障害となる。硬核期導入前後の生育ステージで発生しやすい。

高温や乾燥により果実と新梢間で養水分競合をおこすことが直接的な原因となるため，とくに硬核期前後は灌水や窓の開閉を細やかに行ない，ハウス内環境が高温乾燥とならないようにする。

フェーン現象による高温乾燥条件では発生が助長されるため，気象情報に注意を払い，高温乾燥の風が吹き付ける場合は，風上の窓を閉めて散水するなどの対策が必要である。また，ハウス上部に配管したスプリンクラー（第9図）から樹上散水を行ない，気温低下と湿度上昇をはかることで高い防止効果を得ている事例もある。

間接的な原因は樹の根量不足であるため，深耕による土壌改良を行なうとともに，加温初期の地温を十分確保する対策を講じるなど，根が伸長しやすい土壌環境を整える。

10. 新梢管理

ハウス栽培では太陽光が弱い冬～春季にかけて栽培することに加え，被覆することで光線透過量が制限されるため，新梢の伸びは軟弱徒長ぎみになる。旺盛に伸びる新梢により樹冠内部が暗くなりやすいので，生育期に捻枝や摘心などの新梢管理を適宜行ない，樹冠内部の明るさを保つ。

捻枝は，新梢が硬くなる前に基部をねじりながら折り曲げて，ほかの新梢への日当たりを向上させる方法であり，主枝背面や太枝付近から発生した勢力の強い新梢に対しておもに用いる。

摘心は，新梢の先端をピンチして勢力を抑える方法で，抑制効果は摘心の時期と強さによって異なり，長く伸びた新梢やおそい時期の処理では効果は低くなる。徒長的な新梢を基部から20cm程度（葉5～6枚）残してピンチする。

また，樹形を乱したり内向する勢力の強い徒長枝や，新梢が繁茂して周囲を暗くしている部分では，新梢を基部から取り除いて剪除する。ただし，主枝や亜主枝などの背面では陽光面に日焼けをおこすおそれがあるので，摘心により数枚の葉を残して日焼けを防止する。

11. 着色管理

ハウス栽培では着色促進と裂果防止を目的に，果実袋を用いて有袋栽培とする場合がほとんどであるが，露地栽培に比べて除袋適期の幅が短いので注意する（第10図）。除袋時期が早すぎると果実の地色が緑色に戻り，着色も遅れて鮮紅色の着色に仕上がらない。逆に除袋時期が遅れると，着色が進む前に果実が軟化して着色不良となる。

一般的に，樹冠の上部と下部では生育に差があるので，生育が早い樹冠上部・中間部・下部の順で除袋を進める。除袋時期の目安は収穫予定日の10～15日前となるので，それぞれの着果部位で地色の抜け具合を確認して，除袋作業を進める。

併せて，着色管理として次のような作業を実施する。

1）太陽光を遮って樹冠内部を暗くしているような徒長枝を剪除・摘心する。

2）下垂している枝は吊り上げたり支柱を立てて，果実に光が当たるようにする。

3）果実に触れる葉は除葉する。

4）地表に反射マルチを設置して樹冠内部の光を確保する（第11図）。もし過剰に着色が進むようであれば収穫前に除去する。

第10図 ハウスでは有袋栽培が基本となる

第11図 樹冠下に設置した反射マルチ（白色タイプ）

第12図　LPガス仕様の炭酸ガス発生装置（左）と炭酸ガスコントローラー（右）

第1表　炭酸ガス1,000ppmの施用が果実品質と収量に及ぼす影響

（山梨果樹試，1994）

試験区	果実重 (g)	糖　度 (Brix)	硬　度 (kg)	着　色[1] (指数)	1樹収量 (kg・個)	収　量[2] (kg/10a)
施用区	190	12.2	2.4	3.5	41.8・220	2,299
対照区	182	12.7	2.4	3.5	32.9・181	1,810

注　1）指数1（少）～指数5（多）
2）主幹形10a当たり55本植え（6×3m）で試算
炭酸ガスは，日の出直前から3時間，展葉から収穫期まで施用

12.　炭酸ガスの施用

ハウス栽培では果実肥大不足が問題となる。これは被覆フィルムにより光線透過量が減少することに加えて，日の出から窓が開くまでの時間はハウス内の二酸化炭素濃度が低下して光合成が制限されることが原因となっている。

炭酸ガス施用は，二酸化炭素を供給して光合成能力を高める目的で実施されている。炭酸ガス施用にはいくつかの方法があるが，ランニングコストと安全性の面からLPガスを燃焼させる方式が広く普及している（第12図）。

施用濃度は1,000～1,500ppmで，施用時間は日の出直前からの約3時間である。温度制御による自動開閉式のハウスの場合，日の出から3時間ほどで天窓や側窓が開いて外気が流入すると施用効果がなくなる。炭酸ガス施用時はハウス温度を20℃に設定する。施用時期は，展葉から収穫時期まで施用することで効果をあげている（第1表）。

13.　秋季剪定

適正樹相への誘導を目的に，強樹勢の樹で実施する。樹勢が適度な場合は，樹冠内部を暗くしている徒長枝のみを処理する。徒長枝の発生が少ない樹勢が弱い樹では，樹勢衰弱の原因となるため実施しない。

秋季剪定は二次伸長のおそれがなくなる9月上旬を目安に行なう。強勢な徒長枝や樹冠内部への光を遮る新梢を適宜剪除・摘心し，樹冠下の地表面に木漏れ日が20％程度当たるようにする。

ただし，過度な秋季剪定は樹勢低下を招くおそれがあるため控える。ダニ類などの被害により早期落葉が見られる樹では実施しない。

14.　土壌管理と施肥

連年ハウス栽培を続けていると，土壌の問題に起因する樹勢低下が生じやすくなる。

この理由としては，加温により地温が高く水分や空気も豊富にある表層部だけ根が伸びて浅根になり，全体の根量が減ることがあげられる。加えて，歩行や管理機械により土が踏み固められると，通気性や排水性が悪くなり，さらに根量が減少する。

このため，定期的に深耕して有機質資材を投入し，土壌物理性の改善と深層部での根の伸長促進をはかる。深耕には条溝式とタコツボ式があるが，成木ではタコツボ式が適している。1樹に対して4～6か所，深さ50cm，直径50cm程度の穴を掘り，有機物を土とよく混和して埋め戻す。また，深層部の土壌改良にはグロースガンの利用も効果的である。

施肥量は土壌条件や樹齢によって異なるが，成園における10a当たりの標準施肥量は年間で窒素12kg，リン酸8kg，カリ10kgとなっている。基肥で70％程度を施用し，残りの30％は礼肥として施用する（第2表）。

近年ではリン酸やカリが過剰蓄積しているハウスも多く見られるため，定期的に土壌分析を実施するとともに，分析結果に基づいて適正な施肥量を決定したい。

15. 灌　水

ハウス栽培のメリットの一つは，降雨の影響を受けずに思うような水分調節が可能となることである。灌水量は，第8図に示すように生育ステージに応じて1回当たり5～30mm程度行なう。収穫期の10日前を目安に灌水をひかえるが，過度に乾燥が進む場合は5mm程度の灌水を行なう。

第2表　ハウス栽培のモモ成木における時期別施肥量（kg/10a）（山梨県農作物施肥指導基準）

施肥時期	N	P_2O_5	K_2O	苦土石灰
8月下旬	3	4	3	—
9月上旬	—	—	—	60
10月上旬	9	4	7	—
計	12	8	10	60

16. 病害虫防除

降雨に直接当たらないので，腐敗病果の発生は露地栽培に比べて少ない。しかし，ハウス内は湿度の日変化が大きく，とくに夜間は多湿条件となりやすいため，灰星病（花腐れ）や灰色かび病の発生には十分注意が必要である。害虫ではアブラムシ類・カイガラムシ類・ハダニ類の発生に注意する。また，収穫後は早期落葉の原因となるハダニ類や褐さび病の発生に十分注意する。

執筆　萩原栄揮（山梨県果樹試験場）

栽培技術上の重要病害

せん孔細菌病

せん孔細菌病は古くからモモの重要病害として知られているが，現在でも防除がむずかしく被害の多い病害である。せん孔細菌病が多発するところでは大きなモモ産地は育たないといわれているが，現在では国内の多くのモモ産地で発生がみられており，防除対策に苦慮している状況にある。

(1) 病徴と被害

本病は，枝，葉および果実に発生する。いずれの部位も類似する症状を呈する病害や障害があるため，診断にあたっては発病部位を検鏡し，菌泥の溢出を確認することがもっとも確実な診断手法である。

①枝

春期にやや隆起した黒色～暗紫色の病斑が生じ，やがて割れ目ができ，しばらくすると潰瘍状になる。これが春型枝病斑（スプリングキャンカー）である。枝の表皮を削ると内部が褐変しており，簡易な判別ができる。また，当年に伸長した新梢にも同様の病斑が生じる。これが夏型枝病斑（サマーキャンカー）である。

②葉

はじめ黄白色から白色，不整形の約1mmの斑点を生じる。病斑はやがて淡褐色から紫褐色に変わり，ついには乾固，脱落してせん孔する。程度が甚だしい場合は落葉する。

③果　実

発生初期は暗褐色の小斑点を生じる。病斑はしだいに暗褐色～黒色，ひび状～不整形の果肉に食い込んだ斑点になり，1mm前後から数mmに達するような大型の病斑となるものもある。黒星病の病徴と類似するが，病斑が果肉に食い込んでいるので識別できる。本病により果実が腐敗することはない。

④被　害

被害程度は年次や地域差が大きく，同一園地内でも変動が大きい。発生が甚だしい場合は，果実はほとんど収穫に至らない場合もある。また，被害程度は生育期の気象要因にも大きく左右され，長雨や台風の襲来があった場合は被害が大きくなりやすい。

(2) 発生生態

①病原細菌

病原体は*Xanthomonas arboricola* pv. *pruni* (Smith) Vauterin, Hoste, Kersters & Swings, *Pseudomonas syringae* pv. *syringae* van Hall, *Brenneria nigrifluens* (Wilson, Starr & Berger) Hauben, Moore, Vauterin, Steenackers, Mergaert, Verdonck & Swingsの3種がある。このうち*Xanthomonas arboricola* pv. *pruni*が主たる病原体であり，大きさは1.6～1.8μm，鞭毛で水中を運動する。10℃から35℃の間で生育し，生育適温は25℃である。モモのほかスモモ，アンズなどに寄生する。

②伝染経路

病原細菌は，枝の細胞間隙で潜伏越冬する。春になり気温が上昇すると病原細菌は増殖を始め，やがて紫黒色の病斑を形成する。これが春型枝病斑（一次伝染源）であり，ここから病原細菌が雨滴に混じって溢出，分散して気孔や傷口から侵入する。春型枝病斑から葉，果実あるいは枝へ感染・発病し，互いに二次感染を繰り返す。病原細菌が8月ごろまでに枝に感染した場合は夏型枝病斑を形成するが，9月以降に感染した場合は病斑を形成せずに潜伏越冬し，翌年の伝染源となる。

葉での潜伏期間は10℃で16日，20℃で9日，25℃で4～5日，30℃では8日である。果実は幼果期で2～3週間，ピンポン玉大以降は40日以上潜伏したあとに発病する。

③発生消長

本病の発生消長は地域や気象条件，病原細菌の密度により異なる。福島県では一次伝染源である春型枝病斑が通常4月上旬（発芽後～開花前）から確認されるが，高温で生育が早い場合，3月下旬から発生することもある。また，春型枝病斑の発生は通常4月下旬から5月上旬に発生のピークを迎えるが，多発園では6～7月まで発生が続く。

福島県では通常6月中下旬から葉や果実で発病が確認されるが，春型枝病斑の発生が多く，強い降雨があった場合は5月から発生がみられることもある。その後，7月下旬にかけて発生量が増加し，盛夏期には病勢が停滞することもあるが，9月下旬まで引き続いて増加することが多い。

④多発生条件

本病は風当たりが強い園地および川沿いや水田に隣接した園地などの湿度が高い園地で発生が多い。また，降雨が多いと発病しやすく，台風の影響で風雨を強く受けたあとはとくに発生が多くなる。

⑤品種と発病

本病に対する品種間差は判然としないが，果実での発生は収穫時期のおそい品種ほど多く，早生種ほど少ない傾向が認められている。

第1表　春型枝病斑の発生位置調査

（福島農総セ果樹研，2016）

樹No.[1]	発病枝数[2]	春型枝病斑発生位置別の枝数（発病枝数に占める割合（%））[3]		
		先端部	中央部	基　部
I	27	14（51.9）	9（33.3）	6（22.2）
II	47	23（48.9）	21（44.7）	13（27.7）
III	70	48（68.6）	20（28.6）	7（10.0）
合　計	144	85（59.0）	50（34.7）	26（18.1）

注　1）供試品種：ゆうぞら8年生
2）極短果枝および先刈りした枝を除く
3）同一枝に複数の病斑が発生している場合があったため，各部位別の枝数および割合の合計値は全発病枝数と一致しない

(3) 防除法

本病は細菌による病害であるため，有効な薬剤は銅剤や抗生物質剤に限られるが，その防除効果は十分ではない。そのため，薬剤散布と耕種的防除をあわせた総合的な防除対策を実施する必要がある。また，病原細菌は降雨によって分散するため，防除対策は降雨前に実施することが重要である。

①耕種的対策

春型枝病斑の剪除　一次伝染源である春型枝病斑の剪除は，病原細菌の密度の低下に非常に有効である。春型枝病斑は長さ数cm程度の極短果枝から1m以上の極長果枝まで発生し，長果枝で枝の中位～下位に発生した場合は枯死まで至らないこともある。また，春型枝病斑は1年枝（結果枝）の先端に多く発生する傾向があり（第1表），枝表面の黒変や展葉不良などを目安にすると探しやすい（第1図）。葉や果実で発生がみられた場合は，その付近の枝に春型枝病斑が発生している可能性が高いので，ていねいに探して剪除する。

袋かけによる果実感染防止　果実での発生は直接的に収量減・収益低下につながる。袋かけは果実感染を抑制できるので，春型枝病斑が確認されるなど，多発が予想される場合は実施することが望ましい。袋かけは，硬核期前の仕上げ摘果終了後，速やかに実施する。

防風対策　風当たりが強い園地では発生が多くなる傾向があるため，防風ネットや防風林を設置する。

②薬剤による対策

9～10月に実施する無機銅剤による秋期防除は，病原細菌の越冬量を減らすために重要である。散布にあたっては，事前に主幹部近くの背面枝を剪除して薬液の通りをよくし，次年度の結果枝に十分薬液がかかるようにする。また散布後に多雨条件に遭うと石灰分が流亡し，薬害（銅焼け症状）を呈するおそれがある。とくに9月に銅焼け症状によって早期に落葉した場合，翌年への貯蔵養分の蓄積不良などにつながるため注意が必要である。

第1図　春型枝病斑
枝表面の黒変，展葉不良を目安に早期発見し，剪除する

開花前は，春型枝病斑から他所への感染を抑制するために無機銅剤を散布する。

開花期以降の生育期間は，葉への薬害が生じるため銅剤は使用せず，抗生物質剤を中心にローテーション散布を実施する。抗生物質剤は残効期間が短いので，防除効果をあげるために降雨前の予防散布を心がける。抗生物質剤のうちストレプトマイシン剤は複数の産地で耐性菌が確認されているため，使用には留意する。なお，ローテーション散布を実施するには薬剤数が限られるため，ジチアノン剤やチウラム剤を組み込んで散布する。

本病は発生程度が高くなると薬剤の防除効果が低下することが報告されているため，耕種的防除もあわせて実施し，病原細菌の密度を低く保つ必要がある。

執筆　柳沼久美子・七海隆之（福島県農業総合センター果樹研究所）

果実腐敗病

モモの果実を腐敗させる病害には，灰星病，フォモプシス腐敗病，黒かび病，疫病などがあるが，これらのうち一般的に発生が多いのは灰星病であり，ついでフォモプシス腐敗病である。黒かび病や疫病はまれに発生する程度である。

(1) 灰星病

昭和30年代の後半から無袋栽培の普及に伴い被害が顕在化した病害である。発病は収穫前の果実が主であるが，収穫時には潜伏感染し，市場への輸送中や店頭で発生することもある。本病は生態があきらかになっており，有効な防除薬剤が登録されていることから防除が比較的容易である。有袋栽培では無袋栽培と比較し発生は少ない。

①病原菌

本菌（*Monilinia fructicola*（G. Winter）Honey）は子のう菌類に属する。子のう胞子と分生子を形成して伝染する。生育適温は20～25℃である。本菌はモモだけでなく，ウメ，スモモ，オウトウ，アンズなどにも寄生して灰星病を引き起こす。

第1表　モモの果実に発生する腐敗病の種類と見分け方

灰星病	病斑は褐色～暗褐色，軟化腐敗し，表面に灰褐色のカビを粉塊状に生ずる
フォモプシス腐敗病	病斑は淡褐色，軟化腐敗し，表面に白色，のち黒色の小粒点を生ずる
灰色かび病	病斑は褐色～暗褐色，軟化腐敗し，表面に灰色のカビを霜状に生ずる
黒かび病	病斑は茶褐色，軟化腐敗し，表面に足の長い黒色のカビが密生する
疫　病	病斑は褐色，スポンジ状に腐敗し，表面に白色のカビを膜状に生ずる

②病　徴

果実，花，枝梢に発病するが，おもに収穫期の果実での発病が多い。果実では，はじめ水浸状の小さな褐色斑点が現われ，急速に拡がり，軟化腐敗する。病斑が拡大すると同時に，表面に淡灰褐色で粉状の分生子塊が多数形成される（第2図）。果実の病斑が果梗まで達すると，病原菌は結果枝に感染し枝枯れをおこす。また，花に感染すると落弁直後ころから軟化腐敗し，表面には淡褐色で粉状の分生子塊が多数形成される（第3図）。この花腐れから結果枝内に病原菌が侵入すると，展葉中の葉が枯れ，楕円状

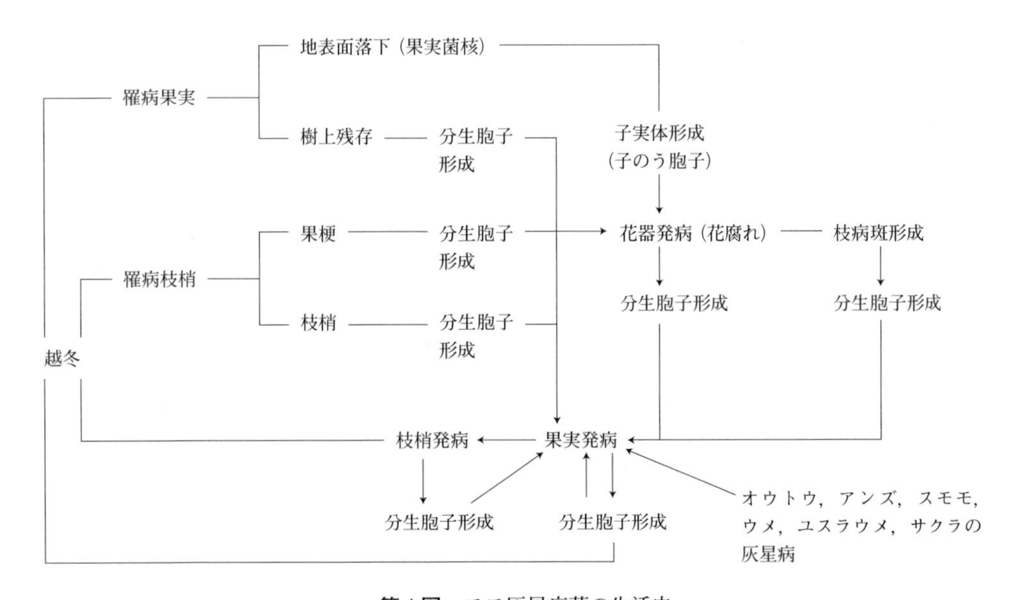

第1図　モモ灰星病菌の生活史

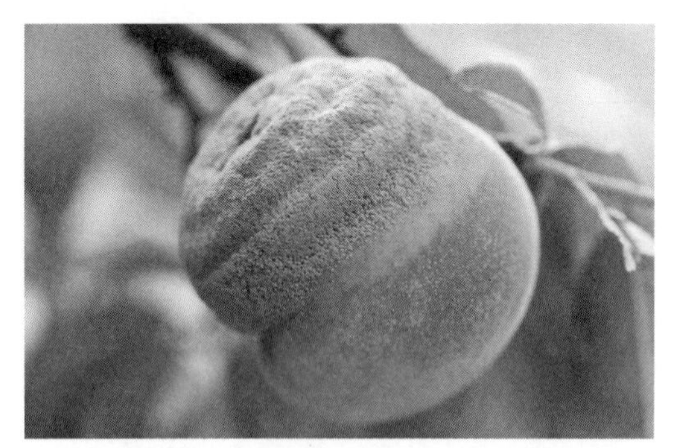

第2図　モモ熟果に発生した灰星病
（写真提供：山梨果樹試）

第3図　モモ花腐れ症状
（写真提供：山梨果樹試）

の枝病斑となる。

③伝染経路

病原菌は，罹病果実上や枝上で越冬する。被害果実は，発病後まもなく地表面に落下するものと，樹上で乾固しミイラ状になってそのまま残るものに大別される。地表面に落下した果実では，病原菌は菌核状となり越冬するが，春になると菌核から形成された子のう盤から子のう胞子が飛散し，花に感染することで花腐れとなる。さらに，花腐れには多数の分生子が形成されるので，その後の果実や枝への伝染源となる。また，樹上にミイラ状に残った被害果実や被害枝（果梗）で越冬した病原菌は，春になると分生子を形成し，花や果実に感染する。

④発生条件

灰星病の発生は，天候の推移と果実の発育の影響が大きい。病原菌の生育や分生子の発芽は20～25℃が適温であり，30℃では著しく不良となる。また，分生子の発芽は93％以上の高い湿度か水滴を必要とする。また，灰星病は幼果や未熟果ではほとんど発病しないが，収穫期が近づいた熟果では病気にかかりやすくなる。収穫期の気温が20～25℃と比較的低温で推移し，降雨の多い年は発生が多くなるので注意する。

⑤防除対策

耕種的防除として，病原菌の越冬量を下げるため，地表面の被害果実や樹上に残り乾固している被害果実を除去し，枯れ枝などの剪除を行なう。花腐れが発生すると圃場内に病原菌がまん延するため，園内をよく観察し花腐れや芽枯れは見つけしだい摘み取り，処分する。また，収穫時に発生した被害果についても周囲の果実への感染を防ぐため見つけしだい除去し，土中に埋めるなどして適切に処分する。このほか，被害果に触った手や，汚染された収穫カゴ，コンテナの使用によっても感染が助長されるため，被害果を触った手はよく洗うとともに，資材を清潔に保つことが大切である。

灰星病は日当たりの悪い園や，密植園，風通しが悪い園，地下水位が高い園や排水不良園で発生が多くなる。また，枝が込み合っていると散布した薬液も届きにくく十分な防除効果が得られない。園内の環境改善をはかり，徒長枝を出さないような栽培管理も重要な防除対策となる。

薬剤防除については，花腐れ予防と収穫前の防除を実施する。毎年花腐れの発生が見られる園では，開花始めおよび落花直後の2回，また，発生の少ない園では満開後～落花期に1回，防除薬剤を散布する。近年は花腐れが少ない傾向にあるため，開花期～落花期の天候や例年の発生状況に応じて防除を実施するとよい。

収穫前の防除は，品種や袋かけの有無などの栽培条件によっても異なるが，無袋栽培の場合は収穫20日前ころ～収穫直前までに薬剤を7～10日ごとに3～4回，有袋栽培の場合は除袋後と収穫直前の2回，十分量の薬剤を散布する。収穫が長引くような場合や曇雨天が続く場合は散布間隔を短くし，追加散布をするとよい。

有効な防除薬剤としては，DMI剤（オンリーワンフロアブル2,000倍，インダーフロアブル5,000倍，オーシャインフロアブル2,000倍），ビスグアニジン剤（ベルクート水和剤，ベルクートフロアブル），QoI剤（アミスター10フロアブル，ストロビードライフロアブル），SDHI剤（フルーツセイバー）などがある。果実に発生する病害は灰星病だけでなく，黒星病やフォモプシス腐敗病なども防除対象となる。自園での発生状況にあわせて薬剤を選択する。また，DMI剤やQoI剤，SDHI剤は，耐性菌が発生しやすい薬剤であるため，同一系統薬剤の連用は避け，計画的にローテーションを組んで散布する。

(2) フォモプシス腐敗病

本病は収穫直前から発生する。樹上での発生は灰星病ほど多くないが，収穫後の輸送中や店頭で発生することもあるため，産地のイメージダウンにつながる病害である。有袋栽培での発生は少なく，無袋栽培でおもに問題となる。

①病原菌

本菌*Phomopsis* sp.は不完全菌類に属する。被害部位上に小さくて黒い粒状の柄子殻ができ，その中に柄胞子が形成されて伝染する。病原菌の生育適温は25～30℃である。

②病　徴

果実と枝に発病する。果実では収穫期または収穫後の熟果に発病する。はじめ淡褐色で円形の小さな病斑が現われ，その後急速に拡大し，数日後に果実全体が軟化腐敗する。症状が進展するとともに，中央部に灰白色からしだいに黒色となる小粒点（柄子殻）が形成される。本病の病斑は，健全部と罹病部の境目が明瞭で，きれいにえぐりとることができるのが特徴である。

枝では，4月から5月にかけて2年枝の先端からしだいに褐変して枯死したり，芽の付近に，健全部との境が明瞭な褐色楕円状の病斑が見られ，芽枯れ症状を呈する。病斑上には黒色小粒点状の柄子殻が形成される。

③伝染経路

病原菌は枝の枯死部や，被害果実がついていた果梗などで越冬する。翌春になると被害部位上に柄子殻が形成され，この中に柄胞子がつくられる。柄胞子は5～9月まで形成されるため，果実への感染は幼果期から収穫期までほぼ生育期全般にわたるが，とくに6月下旬以降の感染が多い。

④発生条件

病原菌は降雨により伝染するため，降雨の多い年は発生が多くなる。とくに無袋栽培では感染が助長される。また，収穫後に常温で輸送するような場合は，短期間のうちに病徴が現われる。

⑤防除対策

耕種的防除として，病原菌の越冬量を下げるため，剪定時に先枯れしている枝などはていねいに取り除くとともに，春先に発生した枝の先枯れについても見つけしだい除去し，適切に処分する。有袋栽培は幼果期～収穫期前の果実への感染を防ぐことができるため有効である。

薬剤防除については，無袋栽培の場合は収穫20日前ころ～収穫直前までに薬剤を7～10日ごとに3～4回，有袋栽培の場合は除袋後と収穫直前の2回，十分量の薬剤を散布する。収穫が長引くような場合や曇雨天が続く場合は散布間隔を短くし，追加散布をするとよい。MBC・クロロニトリル剤（ダコレート水和剤），ビスグアニジン系剤（ベルクート水和剤）は安定した防除効果があるが，DMI剤については卓効を示す薬剤がないため，灰星病とフォモプシス腐敗病の防除を兼ねる場合は薬剤の選択に注意する（灰星病防除薬剤については前述のとおり）。散布後に降雨があった場合や，前回散布からの間隔があいてしまった場合は，薬剤の防除効果が低下するため追加散布を行なう。

(3) その他の腐敗病

①灰色かび病（病原菌*Botrytis cinerea* Person（不完全菌類））

葉，花，果実に発病する。生育中の幼果に感染するようなことはないが，落花期に低温で降

第4図　成熟期の果実における疫病の症状
（写真提供：山梨果樹試）

雨の多い年には，残った花弁や萼片が果実上に残り，そこで繁殖した病原菌が果実に接触することで発病する。成熟果の場合は，虫害痕や縫合線の割れ目，収穫時の傷などから侵入して発病する。防除対策として，果実上に残った萼片をていねいに取り除くとともに，灰星病防除を兼ね，ジカルボキシイミド剤（ロブラール水和剤）などを散布する。

②**黒かび病**（病原菌 *Rhizopus stolonifer* (Ehrenberg) Vuillemin var. *stolonifer*（接合菌類））

本病は樹上で感染するよりも，収穫かごやコンテナおよび緩衝剤（ウレタンマット）などの資材に付着していた病原菌が，収穫時や荷造り時，輸送時に果実に感染し，発病することが多い。本病は果実にのみ症状が現われ，はじめ褐色で小さな円形の病斑が急速に拡大し，果実全体が軟化腐敗する。病斑上には白色で毛足の長い菌糸が密生し，その先端に黒色小粒点を生じる。菌糸が長いため発病果の周辺果実に接触して伝染し，被害が大きくなる。防除対策としては，果実に傷をつけないこと，収穫かごやコンテナ，緩衝剤（ウレタンマット）などの資材を清潔に保つことが大切である。また圃場で落下した果実に発病が見られた場合は，見つけしだい土中に埋めるなどして適切に処分する。

③**疫病**（病原菌 *Phytophthora* sp.（卵菌類））

未熟果，成熟果を問わず発病する。はじめ，褐色で小さな斑点が急速に拡大し，果実全体に拡がる。病斑部はスポンジ状となり，軟化しないのが特徴である。病斑の表面には白い菌糸膜を生じる（第4図）。

病原菌は土壌中に生存し，降雨があると雨滴のはね返りで果実に感染する。同じ樹でも下枝の果実から発生する。疫病は，とくに清耕園で降雨時に一時的に水がたまるような園や排水不良園で発生が多い。

執筆　落合政文（福島県果樹試験場）
改訂　綿打享子（山梨県果樹試験場）

黒　星　病

モモ果実に発生する主要病害の一つである。昭和30年代から無袋栽培の普及に伴い被害が目立つようになった。本病は生態があきらかになっており，有効な防除薬剤が登録されていることから，防除は比較的容易である。有袋栽培は無袋栽培と比較し，本病の発生は少ない。果実が腐敗することはないが，形成された病斑により外観が損なわれ市場における商品価値が低下することから，防除を徹底する必要がある。

(1) 病徴と被害

①病原菌

本菌（*Cladsporium carpophilum* Thümen）は不完全菌類に属し，分生子を形成して伝染する。本菌はモモだけでなく，ウメ，スモモ，アンズなどにも寄生して黒星病を引き起こす。とくにウメの場合は被害が大きい。

②病　徴

果実，枝に発生する。実被害の大きいのは果実での発病である。果実では，5月下旬～6月ころ，幼果の表面に黒色の小さな斑点を生じる。枝病斑から降雨により伝染するため，幼果では水のたまる梗あ部（果梗のついている窪み）から肩にかけて病斑が見られる。小さな黒色斑点はしだいに拡大し，直径2～3mm程度になるが，多数形成されると果実の肥大が不良となり，奇形や激しい劣化を生じる。成熟期になると果皮はピンク色に着色するが，病斑は黒く，その周囲は着色不良となるため目立って見える（第1図）。果実の病斑はせん孔細菌病と似ているが，黒星病の病斑は円くて比較的浅く，わずかに亀裂が入ることもある。一方，せん孔細菌病の病斑は褐色不整形で亀裂が大きい。また，幼果の病斑ではヤニを生じる。

枝では，夏の終わりから秋にかけて，はじめ赤紫色で直径2～3mmの円形病斑がつくられる。新梢の登熟が進み，枝の色が緑色から赤紫色になると，病斑の色は灰褐色に変わり（第2図），春先には灰白色となる。越冬した枝病斑はしだいに拡大し，病斑上には黒色小粒点（分生子の塊）がつくられる。

第1図　着色期の果実における黒星病の症状
（写真提供：山梨果樹試）

第2図　黒星病の枝病斑
（写真提供：山梨果樹試）

(2) 発生生態

①伝染経路

病原菌は，枝病斑の組織内で越冬する。山梨県では，越冬病斑上における分生子の形成は4月下旬より認められ，形成量がもっとも多くなる時期は6月から7月中旬である。7月下旬以降は，分生子はほとんど形成されない。枝病斑上における分生子の形成は，78％以上の高湿度条件で旺盛で，温度は20～28℃で形成量が多くなる。

枝病斑上につくられた分生子は降雨のたびに伝染し，とくに5月中旬から6月の降雨の多い時期に分生子の飛散量は多くなる。しかし，2

年目以降になると病斑上の分生子形成量はごくわずかとなり，3年目はほとんどつくらなくなる。

②発生条件

果実への感染は，4月下旬より行なわれているが，この時期の果実への感染率は低い。これはモモの幼果が，毛茸に覆われているためと考えられる。果実への感染率は5月中旬から6月中旬に高まることから，落花期～幼果期に降雨の多い年は発生が多くなる。このため，有袋栽培品種でも袋かけが遅れた場合は発生が多くなる。

山梨県における調査では，果実における潜伏期間は30日から35日が一般的で，感染期がおそいほど潜伏期間が短くなる傾向がある。このため，早生種では，越冬病斑上に形成された分生子による感染のみで発病し，果実の病斑上にできた分生子が飛散しても収穫までの期間が短いため発病しない。しかし，7月中旬以降に収穫される中・晩生種では，果実の病斑上にできた分生子による感染でも発病するため，被害が大きくなる。

(3) 防除対策

黒星病は，密植園，風通しが悪い園，地下水位が高い園や排水不良園では多湿条件になるため発生が多くなる。また，枝が込み合っていると散布した薬液も届きにくく，十分な防除効果が得られない。園内の環境改善をはかり，徒長枝を出さないことも重要な防除対策となる。また，有袋栽培では，なるべく早く袋をかけると果実への感染を防ぐことができる。

薬剤防除は，有袋栽培で5月上中旬から6月中下旬まで，およそ10日間隔で薬剤を散布する。無袋栽培では，品種の早晩によって変わるが，早生種で6月下旬，中生種で7月上旬，晩生種で7月中旬まで薬剤を散布する。モモの幼果は毛茸に覆われており，薬液が付着しにくいため，薬液には展着剤を加用し十分量を散布する。

有効な防除薬剤としては，DMI剤（オンリーワンフロアブル2,000倍，インダーフロアブル5,000倍，オーシャインフロアブル2,000倍など），ビスグアニジン系薬剤（ベルクート水和剤，ベルクートフロアブル），QoI剤（アミスター10フロアブル，ストロビードライフロアブル），SDHI剤（フルーツセイバー），ジチオカーバメート剤（チオノックフロアブル）などがある。DMI剤やQoI剤，SDHI剤は，耐性菌が発生しやすい薬剤であるため，同一系統薬剤の連用は避け，計画的にローテーションを組んで散布する。

黒星病は薬剤の防除効果が高いため，比較的防除が容易であるが，散布後に降雨があった場合や，前回散布からの間隔があいてしまった場合は，薬剤の防除効果が低下するため追加散布を行なう。

執筆　綿打享子（山梨県果樹試験場）

虫　害

モモハモグリガ

(1) 被害と発生状況

モモハモグリガ*Lyonetia clerkella* (Linnaeus)（チョウ目ハモグリガ科）は，幼虫が葉内の組織を食害する潜葉性の害虫である。成虫は白～銀灰色の翅をもち，左右に広げると8mm程度の小さなガである。被害葉には幼虫の食入が進むのにしたがい，はじめは渦巻き状，のちに波～線状に摂食の痕跡が認められる（第1図）。モモハモグリガが多発したモモ樹では早期落葉する場合があり，1葉当たりの幼虫密度が2頭程度から落葉することが報告されている（成瀬・平野，1990）。

(2) 生　態

冬期には，成虫が圃場周辺の建物の壁などで越冬しているようすが観察できる（第2図）。越冬世代成虫の翅は，春～夏期に発生した世代と比較し，全体的に黒ずんでいる。交尾は越冬後に行なわれ，山梨県では3月中下旬から急激に既交尾雌成虫の比率が高くなる。越冬場所における成虫の数は4月上旬になると減少し，モモ園への飛来が始まる（村上・功刀，2014）。

モモが落花期になり，新葉が展開し始めると，雌成虫が葉肉内に産卵する。孵化した幼虫は表面の組織を薄く残して，前述のように葉内を食害しながら発育する。幼虫の摂食により形成されたトンネル状の穴の中には，葉の表皮を透かして幼虫と排出した糞を観察することができる。3齢を経過し老熟した幼虫は糸を吐き，ぶら下がりながら葉内から脱出する。葉裏に白色のハンモック状のまゆをつくって蛹化し（第3図），5月中下旬になると成虫がふたたび発生する。

第1図　モモハモグリガ幼虫と食害痕

第2図　越冬中のモモハモグリガ成虫

第3図　葉裏につくられたハンモック状のまゆ

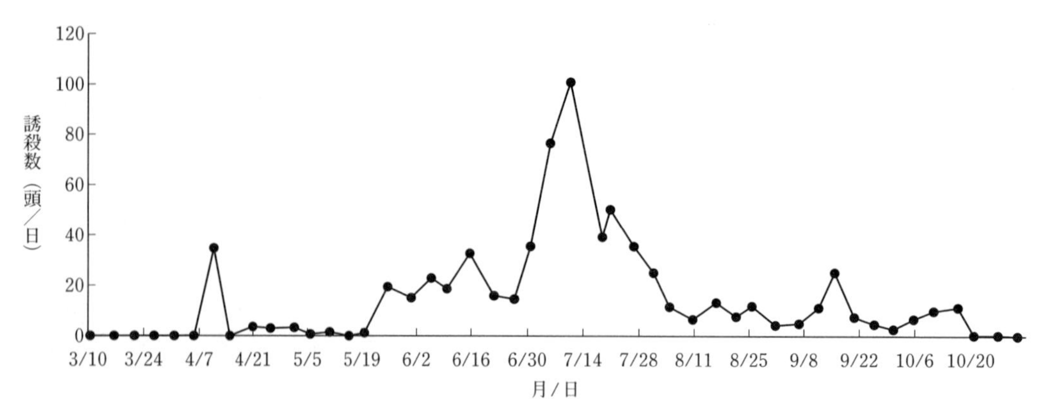

第4図　フェロモントラップによるモモハモグリガ雄成虫誘殺消長
山梨県果樹試験場内モモ圃場（標高約510m，2017）

成虫の発生消長は性フェロモンを用いたトラップにより観察することが可能である。山梨県では越冬世代から年間7～8回程度の発生があるとみられるが，生育期後半は世代が入り交じり，各世代のピークが不明瞭になる場合もある（第4図）。

(3) 防　除

薬剤散布による防除効果は，幼虫の食入が進むと低下する傾向にある。そのため，フェロモントラップによる雄成虫の誘殺消長などを参考に，産卵～孵化の盛期にあわせて防除を実施する。

2018年において，山梨県内の産地では，落花期にアセタミプリド水溶剤（商品名：モスピラン顆粒水溶剤），次世代の成虫発生期にあたる5月中下旬にフルフェノクスロン乳剤（商品名：カスケード乳剤）をおもに用いている。その後，6月中旬にはシンクイムシ類やハマキムシ類の防除と併せ，クロラントラニリプロール水和剤（商品名：サムコルフロアブル10）を防除薬剤としている。また，収穫後は管理がおろそかになりがちであるが，モモハモグリガの発生が続き，被害が急増する場合もあるので注意が必要である。収穫後の防除としては，9月上旬にカイガラムシ類防除を兼ねてDMTP水和剤（商品名：スプラサイド水和剤）を使用している。

殺虫剤による防除と併せ，交信攪乱剤（商品名：コンフューザーMM）による防除も有効である。雌成虫は性フェロモンを放出し，これに雄成虫が誘引されることで交尾が成立するが，交信攪乱による防除は，人工的に合成した性フェロモンを栽培地帯に充満させることで，正常な交尾を阻害し，次世代の個体数を減少させることができる。

ただし，交信攪乱剤は，既交尾雌成虫の圃場内への飛込みを防止し，効果を安定させるため，広域にわたって設置する必要がある。また，モモハモグリガの越冬世代成虫は，越冬場所で交尾してしまうため，落花期の薬剤散布の省略は困難であり，加えて生息密度がもともと高い地域では，交信攪乱剤を設置していても，高い確率で既交尾雌成虫が捕獲されるため，状況に応じて薬剤散布による防除を併用することが望ましい（村上・功刀，2014）。

執筆　内田一秀（山梨県果樹試験場）

参 考 文 献

村上芳照・功刀幸博．2014．山梨県果樹試験場報告．13，73―81．
成瀬博行・平野門司．1990．富山県農業技術センター研究報告．6，1―81．

ウメシロカイガラムシ

(1) 被害と発生状況

ウメシロカイガラムシ*Pseudaulacaspis prunicola* (Maskell)(カメムシ目マルカイガラムシ科)は，モモをはじめ，ウメやスモモ，オウトウなど，おもにバラ科の果樹類で発生が認められ，白色の介殻を被った幼虫や雌成虫が枝上に寄生する。多発すると芽や枝の枯れが生じ，また，着色期を迎えたモモの果実上に幼虫が寄生すると着色異常となり，品質低下につながる（第1図）。

(2) 生　態

既交尾雌成虫が樹上で越冬する。山梨県では，例年4月後半になると，介殻の中で産卵を開始し，4月末～5月上旬には，孵化した第1世代幼虫が，枝上を歩行するようすが観察される（第2図）。幼虫は1～2日間程度で定着し，介殻の形成を始める。その後，雌は介殻の中で脱皮し，2齢幼虫を経て成虫となるが，定着後は移動しない。雄は2齢幼虫から蛹を経過し，翅を持った成虫になり，介殻から脱出して交尾する。2回目の幼虫発生期は7月上中旬，3回目は9月であり，山梨県では年間3世代が発生する（第3図）。とくに2回目の幼虫発生期は，品

第1図　ウメシロカイガラムシ幼虫の寄生によるモモ果実の着色異常

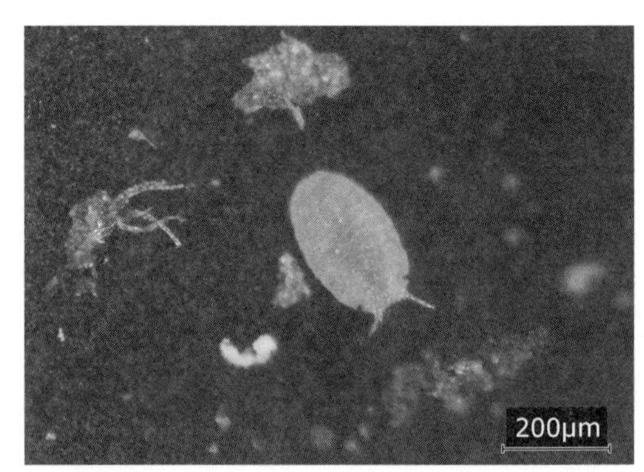

第2図　歩行中のウメシロカイガラムシ幼虫

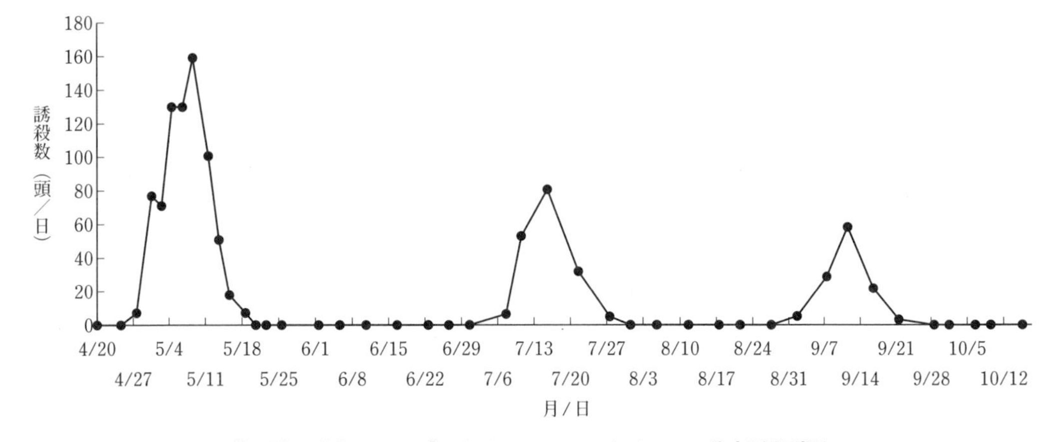

第3図　毛糸トラップによるウメシロカイガラムシ幼虫誘殺消長

山梨県果樹試験場内スモモ圃場（標高約510m，2015年）

雌成虫が寄生した枝に毛糸を巻いておくことで，孵化幼虫が毛糸の下に定着し，発生状況が観察できる

種によっては果実の着色期にあたり，先述のとおり着色異常の原因となる。

なお，地域によっては，ウメシロカイガラムシの近縁種であるクワシロカイガラムシが優占種となっている事例が認められている（瀧田ら，2012；木村ら，2016）。ウメシロカイガラムシと比べて，クワシロカイガラムシの幼虫の孵化最盛期は6～12日おそいとした報告があり（行成，1989），防除適期が異なる可能性があるため，顕微鏡を用いて雌成虫の形態を観察し，分類する必要がある。

(3) 防　除

モモの休眠期における薬剤防除にはマシン油乳剤を散布する。山梨県内の産地では，樹勢やウメシロカイガラムシの発生状況にあわせて，濃度を30～50倍に希釈して使用している。モモには黒い介殻を形成するナシマルカイガラムシも発生するが，マシン油乳剤は，ナシマルカイガラムシには，50倍希釈で十分な防除効果が認められるのに対し（村上・功刀，2005），ウメシロカイガラムシには，より濃い薬液を用いることで効果が高くなる（第4図）。

モモの生育期では，幼虫発生期にあわせて薬剤散布を実施する。2018年において，山梨県では5月の幼虫発生期には，ブプロフェジン水和剤（商品名：アプロードフロアブル）やフェンピロキシメート・ブプロフェジン水和剤（商品名：アプロードエースフロアブル）を，7月にはピリフルキナゾン水和剤（商品名：コルト顆粒水和剤）をおもに用いている。また，9月に発生する幼虫には，モモハモグリガ防除を兼ねてDMTP水和剤（商品名：スプラサイド水和剤）を散布している。

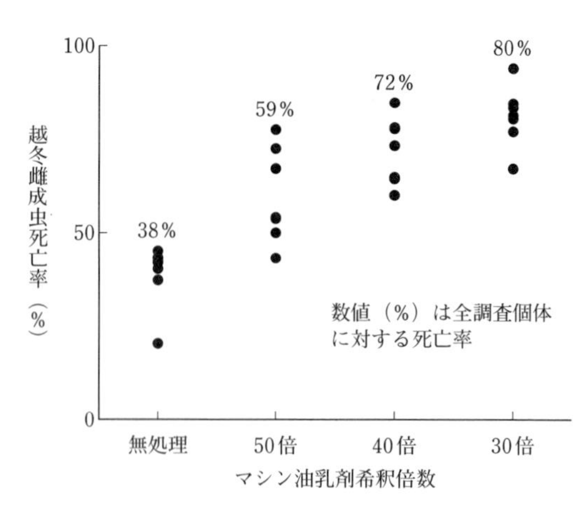

第4図　マシン油乳剤の希釈倍数別ウメシロカイガラムシ越冬雌成虫死亡率

ウメシロカイガラムシ多発モモ園における試験結果，2014年

$r_s = 0.85$，$p < 0.001$（スピアマンの順位相関係数）

耕種的な防除としては，冬期の剪定作業時に，越冬中の雌成虫をブラシなどでこすり落としたり，寄生している枝ごと剪除したりする方法がある。

執筆　内田一秀（山梨県果樹試験場）

参 考 文 献

木村学・大谷洋子・南方高志・森本涼子・藤本欣司．2016．関西病虫研報．**58**，83—86．
村上芳照・功刀幸博．2005．平成16年度山梨県果樹試験場試験研究成果情報．
瀧田克典・佐々木正剛・星博綱．2012．東北農業研究．**65**，113—114．
行成正昭．1989．徳島果試研報．**17**，11—20．

シンクイムシ類

(1) 被害と発生状況

モモ栽培上，問題になるシンクイムシ類は，山梨県ではモモシンクイガ*Carposina sasakii* Matsumura（チョウ目シンクイガ科），ナシヒメシンクイ*Grapholita molesta*（Busck）（チョウ目ハマキガ科），モモノゴマダラノメイガ*Conogethes punctiferalis*（Guenée）（チョウ目ツトガ科）である。幼虫が果実を食害する点においては共通であるが，それぞれの加害の特徴を以下にあげる。

モモシンクイガは，孵化後の幼虫が果実内に食入して加害するが，虫糞が果実外に排出されることはない。食入孔から汁液が溢れ，垂れ下がることで，被害果の判別が可能な場合も幼果期にはあるが，汁液が風雨などで失われると食入孔は非常に小さいため，肉眼で被害果と認識することはむずかしい。老熟幼虫にまで発育すると，果肉部の食害により果皮が変色してみえたり，土中で蛹化するための脱出孔をあけたりすることから，被害果の判別がしやすくなる（第1図）。

第1図　モモシンクイガ幼虫によるモモ成熟果の被害（老熟幼虫による脱出孔）

ナシヒメシンクイは，初夏にかけて新梢が盛んに伸びている時期においては，幼虫が幼果だけでなく，新梢の先端にも食入し，いわゆる「芯折れ」が発生する（第2図）。果実を加害すると，虫糞が果実外に排出されるため，モモシンクイガによる被害と判別は可能である。また，新梢に食入して発育した個体が果実に移動して加害することも多く，その場合の食入孔は大きい（第3図）。

第2図　ナシヒメシンクイ幼虫による新梢先端の芯折れ

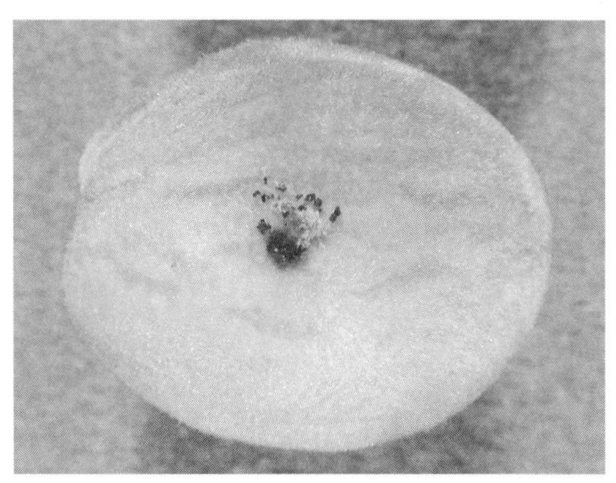

第3図　ナシヒメシンクイ幼虫によるモモ幼果の被害

モモノゴマダラノメイガは，果実を食害した幼虫が盛んに粒状の虫糞を排出し，糸でつづり合わせることから，上記の2種とは簡単に判別できる（第4図）。

(2) 生　態

モモシンクイガ，ナシヒメシンクイ，モモノゴマダラノメイガの雄成虫発生消長は，性フェ

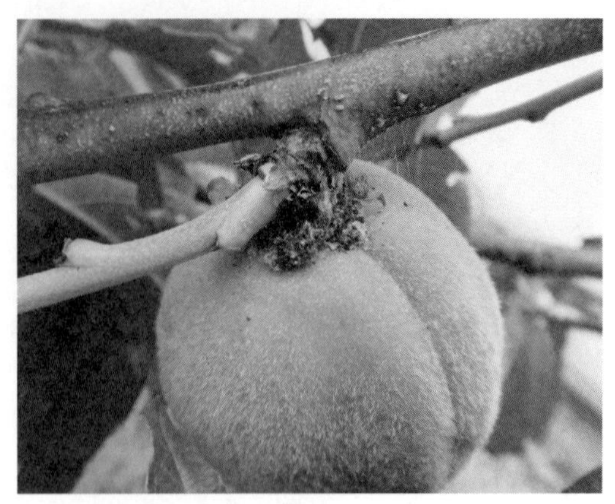

第4図　モモノゴマダラノメイガ幼虫によるモモ幼果の被害

ロモンを用いたトラップによる調査が可能であり，山梨県では病害虫防除所がホームページ上で最新の発生状況について情報を提供している（http://www.pref.yamanashi.jp/byogaichu/index.html）。なお山梨県では，モモシンクイガは年間2世代，ナシヒメシンクイは4～5世代，モモノゴマダラノメイガは3世代が発生しているとみられる。

(3) 防　除

薬剤散布による防除は，幼果期から定期的に実施する。2018年において山梨県内の産地では，幼果期にはクロルピリホス水和剤（商品名：ダーズバンDF）やクロラントラニリプロール水和剤（商品名：サムコルフロアブル10）を，着色期にはスピノサド水和剤（商品名：スピノエースフロアブル）やアクリナトリン水和剤（商品名：アーデントフロアブル）を主要な防除薬剤としている。

なお，交信攪乱剤（商品名：コンフューザーMM）も一部の産地で落花期に設置して使用しているが，モモノゴマダラノメイガは本製品の防除対象外であるので注意が必要である（交信攪乱剤についてはモモハモグリガの項を参照）。

品種や産地によっては，果皮を保護し，着色を促進させるために果実袋を使用する場合がある。果実袋は，果実への産卵や幼虫の食入を防ぐことができるため，物理的な防除効果は高い（花岡ら，2014）。

執筆　内田一秀（山梨県果樹試験場）

参 考 文 献

花岡朋絵・赤平知也・木村佳子・山本晋玄．2014．北日本病虫研報．65，104―110．

中萩原らくらく農業運営委員会のメンバー

山梨県甲州市　中萩原らくらく農業運営委員会

〈日川白鳳，白鳳，浅間白桃，川中島白桃など〉

既存の樹園地を基盤整備

10a 7～8本の疎植＋超低樹高でラクラク作業，収益アップ

〈地域の概況と「らくらく農園」の成果〉

1．地域の概要

中萩原らくらく農業運営委員会（以下「らくらく農業運営委員会」）は，山梨県の甲府盆地東部に位置する甲州市（旧塩山市）にあり，北東側には秩父多摩甲斐国立公園の大菩薩連峰をはじめとする秩父山系の山並みが連なる。大菩薩峠から続く柳沢峠を分水嶺として，北部は広大な山岳地帯，南部は笛吹川水系の支流によって形成された複合扇状地が広がっている。

「らくらく農業運営委員会」がある甲州市中萩原地区は，市街地からは北東部に位置し，山岳地帯の標高500 ～ 600mの中山間地で，急傾斜の狭小な耕地が多く存在している地域である。

土壌は，火山灰土壌が厚く分布して大変肥沃なうえ，水はけもよい地質である。水利は，昭和から平成にかけての土地改良事業により整備された畑地灌漑施設があり，豊富な灌漑水が確保されている。

当地は少雨・乾燥で寒暑の差が大きい盆地特有の気候で，モモをはじめとする落葉果樹栽培に適している。東西に標高差があるため，地区内でも気温・降水量・降霜などに差はあるが，年間平均気温13.8℃，年間降水量1,080mmと温暖な気候である。

当地区は，昭和20年代までは養蚕や水稲が盛んであり，一面に桑園や棚田が広がっていたが，恵まれた立地条件から昭和30年代前半以降にモモへの作目転換が急速に進んだ。現在もモモを中心とした果樹栽培が盛んで，隣接地区（粟生野）とともに「大藤のモモ」という地域ブランドとして全国に知れ渡っている。地域のモモ栽培面積は約90ha，年間生産量約1,400tを誇る県内有数のモモ産地である。

経営の概要

立　　地	標高 500 ～ 600m の中山間地，年間平均気温 13.8℃，年間降水量 1,080mm，厚い火山灰土壌が分布する肥沃土壌
栽培品目	モモ
面　　積	第 1 らくらく農園 3ha，第 2 らくらく農園 2.7ha
委員会員数	18 名

2.「らくらく農業運営委員会」立上げの背景

当地区は，本県を代表するモモ産地であるが，中山間地域のため園地の多くが山ぎわの急傾斜地にある。1筆1aにも満たない狭小な棚田状の段々畑で，圃場までの道は狭く，軽トラックでもやっと通れる場所であった。このため，平坦地では一般的に利用されている農薬散布のためのスピードスプレーヤや摘果など管理作業のための高所作業車（昇降機），資材や収穫したモモを運ぶ軽トラックなど多くの農業機械が使用しにくい圃場ばかりであった。

従来，手作業で諸管理を行なってきたこれらの圃場では，昭和の終わりごろから高齢化した農家や兼業農家の間で重労働を理由に，栽培を放棄してしまう状況がみられ始め，樹園地が虫食い状態となる荒廃化が目立つようになっていた。

地域の生産者のなかには「このままでは先祖から受け継ぎ，苦労して耕作してきた大切な農地が荒れ果て，今日まで築いてきたブランド産地が縮小の一途をたどってしまう！」との危機感が生まれ，生産基盤となる既存果樹園の再編整備といった新たな方策に取り組む気運が出てきていた。

それまでも個人で小規模な園地改良（整備）を進める意欲的な生産者もいたが，個人の力で整備できる範囲やスピードは限られていた。そのため，荒廃化した園地を含めた大規模な果樹園の再編整備（基盤整備）が不可欠であると判断し，この考えに賛同者を募ったところ，必要性を感じていたさまざまな年齢層の農家11名（専業4戸，兼業7戸）が集まり，1996年「らくらく農業運営委員会（発足当時は「らくらく農業推進委員会」）を立ち上げた。

3.「基本理念」と圃場整備のコンセプト

「らくらく農業運営委員会」としては会の発足にあわせ，考え方を整理し，統一した理念を以下のように固めた。

・楽（らく）にモモづくりができなければ，産地は続かない。

・持続性の高い果樹栽培を進めるため，次世代につながる産地の形成を行なう。

・専業，兼業，年齢を問わず幅広い担い手で地域の農地保全をはかる。

この基本理念から，目指すべき園地を「らくらく農園」と名付け，既存果樹園の再編整備（基盤整備）によって農地を集約化し，作業性の向上に努め，モモ経営の安定化とともに労働力の確保および次世代につながる産地としての取組みを始めた。

当初は，先祖代々の農地を潰してしまうことや，県内果樹地帯でこれほどの大規模な基盤整備を取り入れた例がなく，完成後のイメージがつかめず地域内での反対者も多く，難航したなかでのスタートであった。しかし，検討を重ねるなか，基盤整備後をイメージした模型を作製するなど，反対者が納得するまで粘り強く協議を行なうことで，徐々に同意する者が増えていった。とくに小さな問題でも委員全員が納得するまで話し合いを繰り返し，課題を乗り越えてきた。

「らくらく農業運営委員会」が取り組んだ基盤整備は，2つの工区として実施された。第一工区（第1らくらく農園）は，1999年9月～2000年3月に整備され（第1，2図），面積4.4ha（うち農地面積3.3ha）。第二工区（第2らくらく農園）は，2008年9月～2009年5月に整備され，面積3.2ha（うち農地面積2.5ha）となり，2工区併せて約8haの整備が行なわれた。

整備にあたっては，畑地灌漑施設の設置，良

第1図　整備前の第1らくらく農園

第2図　整備後の第1らくらく農園

好な排水（暗渠排水），土地利用率の向上，農作業の効率化，作業の安全性をはかることを柱に，スピードスプレーヤ，マニュアスプレッダーなどの大型機械が自由に運行できることを目指し，併せて個々の農地の評価格差を最小限にする平等の造成を前提とする整備を実施した。

また，モモ樹の健全な生育も重視して作土の深さは50cm以上とし，平坦な一枚区画とするとともに，農業機械の安全運行を最優先に各圃場の境界にはコンクリート壁などの境界線はあえて設けず，整備エリア全体を一枚の園地としてどこからでも出入りができ，かつ大型機械による共同作業が可能な整備を行なった。第二工区も，第一工区で得られた成果を活かしたうえで，同様なコンセプトにより整備している。

4. らくらく農園の特徴

①農地の集約化

第1，第2らくらく農園ともに，整備前は数百筆に及ぶ棚田の段々畑であったが，基盤整備にあわせて，農地の流動化のため換地を行なうさいに，点在していた農地を地権者ごとにまとめることにした。その結果，第1らくらく農園は，整備前の地権者25名から整備後には地権者13名，耕作者11名に，第2らくらく農園は，整備前の地権者18名から整備後には地権者16名，耕作者13名となり，地権者ごとに農地をまとめることができた。これは，個々の農地の評価格差を最小限にするという平等な造成を前提とした整備を行なったことが，果樹地帯でこれまでむずかしいとされていた農地流動化を実現することにつながっている。

換地は，基盤整備したエリア全体を1枚の圃場とし，一戸で一区画，そして各区画はすべて道路に面するようにして特定の出入り口を設けず，どこからでも出入りできるようにした（第3図）。また，大面積生産者の区画を内側に，小面積生産者の区画を外側とした。これは，小面積生産者がかりに栽培できなくなったさいに，隣接する大面積生産者に地続きの圃場として受け入れてもらうことも視野に入れている。

また，第2農園の整備後には，第1農園と第2農園とに分かれて農地をもっていた地権者に農地の地権者間による交換分合を勧め，一生産者当たりの圃場を集約することにも取り組み，大規模化による作業のいっそうの効率化をはかっている。

②早期成園化への取組み

再編整備（基盤整備）をするうえで一番課題になったのは，フル整備に取りかかるため，成園として収量を上げているモモの樹をすべて伐採しなければならず，基盤整備が終わったあとも，収益が上がってくるまで相当な期間を要することであった。

そのため，一次的な収量（収益）の落ち込みはあるものの，その期間を最短にする対策として大苗育苗（サポート園，第4図）を取り入れ

第3図　境界を設けず，どこからでも自由に出入りできるように整備

第4図　未収益期間を短くするために設けた大苗育苗のサポート園

第1表　圃場整備前後の収穫量の推移（品種：日川白鳳）

	整備前（1999年）	整備直後（2000年）	整備後1年目（2001年）	同2年目（2002年）	同3年目（2003年）
収量（kg /10a）	1,500	0	500	1,050	1,500

第2表　栽培品種

第1らくらく農園	第2らくらく農園
日川白鳳，加納岩白桃，白鳳，浅間白桃，一宮白桃，一葉，川中島白桃，ゆうぞら	日川白鳳，夢しずく，白鳳，浅間白桃，なつっこ，一宮白桃，一葉，川中島白桃，ゆうぞら

た。具体的には，整備後に3年生前後の大苗を移植することを計画し，整備2年前から地区内の遊休農地（100a）を活用して，大苗の育苗に取り組んだ。ここで育成した大苗を整備後に移植することで，通常の苗木を植え付けて経済的な収量が上がるまで5年以上を要する期間をわずか3年に短縮することが可能となった（第1表）。その結果，整備3年後には整備前の収量に達し，収入の空白期間を最小限にすることができている。

③品種の統一

基盤整備前までは品種の選定は個々の選択に任されていたが，共選場のロットや共同作業のしやすさ，次世代への継承も前提に，整備と併せて栽培品種の統一をはかった。具体的には，早生種から晩生種までの8品種程度に統一している（第2表）。

これにより，小さな圃場内に数品種が混在していた状況から，一圃場一品種へと集約され，同一体系で効率的な管理作業ができるようになっている。

〈栽培・出荷技術〉

1. 施肥と土壌管理

基盤整備直後に堆肥を10a当たり4t，過リン酸石灰200kgを施用し，草生栽培を取り入れるため牧草（イタリアンライグラス）を播種するなど，栽植に向けた土壌改良を積極的に行なったことで，整備後には土壌条件も安定し，早期成園化と植栽後の安定生産につながっている。

施肥は，毎年土壌分析を実施し，JAと普及センターの指導をもとに設計している。2017年度の施肥内容（10a当たり）は，有機質配合肥料（「JAエコもも」「すもも2号」成分量：8―5―0，有機質配合80％）を80kgと，堆肥1tを施用している。草生栽培を継続しているため養分バランスが安定しており施肥量は減らしている。

2. 整枝・剪定（超低樹高化）

未来に残る果樹園づくりに向け，作業の省力化をはかるために基盤整備による園地の集約化を実施したが，機械化できない通常管理（摘果，袋かけ，収穫，整枝・剪定など）の作業性を向上させる必要があった。

このなかで樹姿，樹高などを決める整枝・剪定が重要であった。当地では，肥沃な土壌を背景に甲州市塩山において誕生した「大藤流仕立て」による栽培が多い。この樹形は，樹勢を落ち着かせるために樹冠を拡大させた大木仕立てで，4m前後の樹高となる。大半の作業は長い脚立を使用したものとなり，とくに高齢者や女性には重労働で危険な作業となっていた。

これを解消するため，従来10a当たり16本植えを栽植本数の基準としていたのを，半数の8本程度の疎植植えとし，樹間距離12mを基本に，整備園地内すべての樹を直線的に栽植した。その結果，隣接樹との間隔が十分にあき，上部方向でなく平面的に横方向へ樹冠を拡大することが可能となった。さらに，大苗を定植する時点から添え竹を利用して平面的に枝を配置し，樹高約2.5m前後の「超低樹高仕立て」を取り入れた（第5図）。この低樹高化により脚立を使う高所での作業時間が極端に削減され，作業効率のアップと農作業の安全性が確保され，管理作業の質的改善にもつながっている（第3表）。

第3表　圃場整備後の作業時間削減程度（単位：時間/10a）

作業内容	整備前（1998年）	整備後（2002年）	削減率（％）	省力化のポイント
整枝・剪定	45	30	33	低樹高，疎植栽培の導入による作業性向上
施　肥	10	2	80	共同機械作業
中耕・除草	7	3	57	樹幹下への抑草マットの利用。機械化
農薬散布	17	6	65	大型機械による一斉防除（共同機械作業）
新梢・着色管理	34	23	32	低樹高，疎植栽培の導入による作業性向上
摘蕾，摘花，摘果	116	80	31	同上
収穫・出荷	70	35	50	同上
その他	20	20	0	
計	319	199	38	

注　品種：日川白鳳

第5図　樹高約2.5m前後の「超低樹高仕立て」を導入

第6図　共同所有するSSによる防除

3. そのほかの栽培管理

摘果，袋かけなどは，山梨県や地域の指導機関が指導してきた基本管理を忠実に実施している。摘果や着色管理などはとかく自己流になりやすいので，高品質の果実生産を目指して会員を集めた管理講習会を行ない，統一をはかっている。

4. 共同作業の取組み

①農薬散布，堆肥施用を共同化

摘蕾，摘果，袋かけ，収穫などの通常管理は栽培者が個々で行なうが，基盤整備後はこれまで利用できなかった大型機械（スピードスプレーヤ，マニュアスプレッダー，乗用モアなど）を共同所有として複数台導入し，機械化に努めている。お陰で，整備前まで個々に実施していた農薬散布，堆肥施用は「らくらく農業運営委員会」メンバーがオペレーターとなり，作業請負で実施（第6図），農薬散布時間は整備前の半分以下に，堆肥施用には1日からわずか2時間ですむなど大幅な時間短縮となっている（第3表）。その結果，各生産者は通常の栽培管理に専念できるようになった。「基盤整備」「一圃場一品種」「疎植直線植え」の3つを取り入れたことが，大きな機械でも園地の中を効率よくむだなく走ることを可能にし，さらに園地に境界線を設けなかったことが，移動をスムーズにして，共同作業の時間短縮につながり，オペレーターへの負担を軽減化して共同化の運用を助けている。

②防除，施肥以外の仕事，急な依頼にも対応

オペレーター作業（時給1,500円）の負担の軽減化により，作業員は堆肥施用，防除（年15回前後）以外に，草刈りなどにも応じることができ，すべてを頼んでも1年10a当たり1

第4表　病害虫防除暦（中生種，2017年）

月（旬）	使用農薬	倍　率	対象病害虫
発芽前	石灰硫黄合剤 ボルドー液	20 4-12式	越冬病菌・害虫 せん孔細菌病
4（上）	アンビルフロアブル アディオン乳剤	1,000 2,000	花腐病 アブラムシ類，ハマキムシ類
4（下）	フルーツセイバー サムコルフロアブル10	1,500 5,000	花腐病，うどんこ病 シンクイムシ類，モモハモグリガ，ハマキムシ類
	ウララDF	2,000	アブラムシ類
5（上）	インダーフロアブル アプロードフロアブル	5,000 1,000	黒星病 うどんこ病，カイガラムシ類
	バリアード顆粒水和剤	4,000	アブラムシ類
5（中）	アミスター10フロアブル ダーズバンDF	1,000 3,000	黒星病 モモハモグリガ，ハマキムシ類
5（下）	インダーフロアブル カスケード乳剤	5,000 4,000	黒星病 モモハモグリガ，ハマキムシ類
6（上）	ベルクートフロアブル ダーズバンDF	1,000 3,000	黒星病 カイガラムシ類，シンクイムシ類
6（中）	バリアード顆粒水和剤	4,000	シンクイムシ類，ハマキムシ類，モモハモグリガ
6（下）	イオウフロアブル サムコルフロアブル10	500 5,000	黒星病 シンクイムシ類，ハマキムシ類，モモハモグリガ
7（上）	ダーズバンDF	3,000	カイガラムシ類，シンクイムシ類
除袋直後	ベルクートフロアブル スピノーエースフロアブル	1,000 5,000	灰星病 ミカンキイロアザミウマ
9（上）	スプラサイド水和剤 アプロードフロアブル	1,500 1,000	カイガラムシ類，モモハモグリガ

万円程度の少ない負担ですんでしまう。さらに，この仕組みがあるお陰で，生産者が万が一，体調不良で栽培ができなくなっても，作業依頼により営農を継続できる。「モモの栽培を続けたいけど防除ができない」といった悩みも解消され，個人ではできないことを地域内のできる人が助ける仕組み（果樹専作地域での集落営農）となっている。

こうしたことから，防除（第4表）なども適期に一斉に行なわれるようになり，また散布ムラを減らすことができるため病害虫の防除効果も高くなり，ロス果の大幅な減少につながっている。資材（農薬，肥料）の共同購入によるコスト削減効果も大きい。

5. 出荷販売方法

「らくらく農園」で栽培されたモモは地元JAに系統出荷されている。収穫，出荷は個々に実施している。一果ごと熟度に応じた手作業による収穫だが，どこからも自由に軽トラックが圃場の奥まで乗り入れられるので，運搬の苦労もない（第7図）。

また，樹高約2.5mの超低樹高仕立てなので手を伸ばした範囲でおおむね収穫できる（第8図）。疎植で枝の重なりも少ないため樹冠内部にまで光が十分入り，着色仕上がりもよく揃い，ロス果率は少なくなっている。

出荷先となるJAフルーツ山梨大藤支所集出荷施設はフリートレー式の光センサーを備え，「大藤ブランド」の高品質モモを安定出荷する体制を整えている。

第7図 軽トラックが圃場の奥まで乗り入れられ，運搬もラク

第8図 超低樹高仕立てなので手を伸ばした範囲でおおむね収穫できる

〈取組みの成果と今後の課題〉

1. 次世代につながるモモ栽培

水田地帯で取り組まれていた集落営農のかたちが，基盤整備によってモモ栽培地帯での取組みとして実現した。これは，全国的にも数少ない事例であり，次世代につながる取組みといえる。

農家後継者がそれぞれの家にいなくても，優良な農地を集約し大規模化することで，集落内に専業，兼業，年齢を問わず幅広い担い手がいれば，世代を継いで耕作可能であり，農地も保全できる。まさに果樹栽培における次世代につながる営農モデルといえるだろう。

2. 取組みの評価と今後

①果樹地域における基盤整備のモデル事例

サポート園（大苗育苗園）の設置は基盤整備を行なううえでモデルとなり，既存果樹園の基盤整備を身近なものにした。実際に，山梨県内で新たに基盤整備に取り組む産地も出てきている。

②規模拡大と遊休農地の解消

地域内の遊休農地は年々増加傾向であったが，耕作放棄地が解消され，整備により作業性が向上し，作業に余裕が生まれることにより，別の耕作放棄地を解消するなどの規模拡大もみられている。

③担い手の育成

「らくらく農業運営委員会」の取組みは他の栽培者へのよい刺激となり，モモ栽培に意欲的に取り組む者が増えている。「楽（らく）」に栽培できるモモづくりは，委員会メンバーの農家子弟にも大きな影響を与え，新規に4名が後継者として就農し，後継者育成の取組みにつながっている。

④やればできるという誇り

産地を次世代につなげたいという気持ちがつくり上げた果樹園の団地化，農作業の共同化が担い手確保につながり，「やればできる」という生産者自らの誇りへとつながっている。

3.「第3らくらく農園」の造成

「第1らくらく農園」と「第2らくらく農園」が成園となり（第9図），生産量と品質も安定

第9図 第2らくらく農園と整備された農道

	1月	2月	3月	4月	5月	6月	7月	8月	9月	10月	11月	12月
生育・生態	←休眠→				←果実肥大期→							
						←成熟期→						
						(早生)	(中生)	(晩生)				
	自発休眠	他発休眠	催芽	開花 展葉	新梢伸長			花芽分化 伸長停止 養分蓄積	養分蓄積	養分蓄積	落葉	自発休眠
おもな作業	整枝・剪定		摘蕾	摘花	予備摘果 仕上げ摘果	見直し摘果 袋かけ	袋かけ 除袋 収穫	収穫	秋季剪定	施肥		整枝・剪定
				草刈り ―――――――――――――――――――――――→							草刈り（法面）若手10名で1日	
	防除			防除 ―――――――――――――――――――――――→								

第10図　年間の生育と作業

してきたため，2017年から隣接するエリアを「第3らくらく農園」とすべく，2019年9月造成に着工する計画で取り組んでいる。この整備は，2020年3月には完成見込みであり，完成と同時に大苗定植を目指している。計画では，2021年には収穫開始となる予定である。すでにサポート園での苗木養成を始める一方で，整備の設計や換地計画を「らくらく農業運営委員会」および県，市を含めて進めている。

苗の育成から定植，土壌改良までの作業を共同で行なうことは，共同化のメリットを改めて確認し，理解しあう機会となっている。共同作業は，強制的な出労ではなく，オペレーターに労働報酬を払いながらやる方式が，むりやむだのない運営を続けるうえで重要と考えている。

執筆　曽根英一（山梨県果樹試験場）

2018年記

ウメ‘露茜’栽培と加工のポイント

露　茜

1. 従来のウメにない特性をもつ果実

近年ウメの消費量は減少傾向にあり，とくに梅干しの購入数量はピーク時の7割程度まで落ち込んでいる（総務省家計調査，2015）。ウメの新たな需要を拡大するためには，梅干し以外の加工品開発を進めることが重要な課題となっている。

近年では，消費者ニーズの多様化や健康志向への要望に応えるため，公設の研究機関において，色や香りなど新しい特徴を有したウメの新品種育成が進められている。なかでも現・農研機構果樹茶業研究部門で育成され，2009年に品種登録された‘露茜’は，これまでのウメ品種にない赤色色素を豊富に含む特徴があり（八重垣ら，2012），果実を加工すると鮮やかな赤色の製品ができることから食品加工メーカーから商品性が注目され，原料果実の安定供給が望まれている。

しかし，‘露茜’は一般的なウメ品種とは異なる特性をもつため，栽培特性の解明と高品質果実の早期安定供給に向けた技術の確立が課題となっている。

2. 鮮やかな赤色を活かす加工利用に期待

‘露茜’はニホンスモモ（♀‘笠原巴旦杏’）とウメ（♂‘養青’）の種間雑種で，成熟に伴って果皮および果肉とも赤色に着色する。

果実の大きさは‘南高’より大きく40～70g程度となり，果面には光沢がある。また，‘南高’に比べ，果肉歩合が高く，酸含量は少ない。

‘露茜’を加工原料に用いると，赤色色素が豊富なため，果実のみで鮮やかな赤色の加工品をつくることができる。梅酒，梅シロップなど飲料のほか，ジャムや菓子類など新しい商材として利用が期待される。

3. 安定生産のポイント

(1) 切返しにより着果性が向上

‘露茜’は樹勢が弱く，しだれ状の枝が発生したり，スモモ様の花束状短果枝が着生したりするなど，従来のウメ品種とは異なる枝梢発生の特性を示す。また，強めの斜立した発育枝に着果しやすい点も，下垂した枝への着果が良好な‘南高’とは異なる。

着果しやすい条件をあきらかにするため，発生の角度が異なる枝（斜立枝，水平枝および下垂枝）に対し枝先を切り返した場合の着果性を調査したところ，1年生発育枝では，いずれの発生角度の枝とも切返しにより着果数が増加することが確認された（第1図）。とくに，斜立した枝では切返しの効果が高く，もっとも着果性が優れた（第2図）。一方，花束状短果枝が着生した2年生枝では，枝の発生角度による着果程度に差はなかった。以上のとおり，‘露茜’は枝先の切返しにより着果性が向上し，玉揃いも良好となる（第3図）ことから，斜立した強めの発育枝も活用しながら結果枝を配置する。

なお，2年生枝に着生する花束状短果枝は群状に着果するが，着果後に枝が枯れ込みやすく新梢の発生も少なくなるので，早めに予備枝候補となる長めの新梢発生を促す対策が必要となる。

(2) 予備枝の設定と側枝の育成

前述したように，‘露茜’の花束状短果枝は着果後に枝が枯れ込みやすい特性をもつ（第4

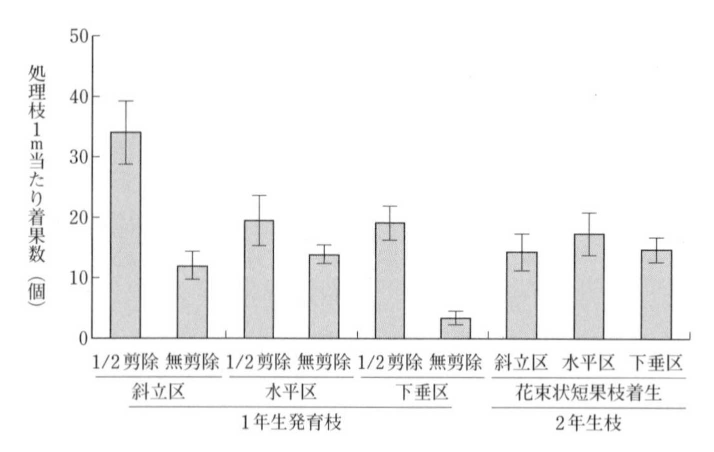

第1図 1年生発育枝および2年生枝の発生角度と，処理枝1m当たり着果数 （和歌山県うめ研究所，2014）

縦線は標準誤差（n＝10）

図）。そのため，年数の経過により樹冠内が枯れ込み，着果部位が枝の先端方向へ移動して枝が下垂し，着果が不良となる傾向がある。したがって，安定生産のためには予備枝設定による結果枝の更新が必要である（下ら，2017）。

3年生以上になった古い花束状短果枝は枯れ込みやすく，新梢の発生も少なくなるため，早めに予備枝の設定を行なう。なお，細い枝は切り返しても新梢が発生しにくいため，枝基部の直径が1.5cm以上の太めの枝を選んで予備枝発生のための剪定を行なう。

具体的な剪定による側枝の育成法を第5図に示す。2年枝の段階では先端の新梢は1本に間引いて，その先端3分の1を切り返し，ほかの長めの新梢は2分の1程度に切り返す。

翌年の3年枝では前年と同じように，先端の新梢を1本として3分の1を切り返し，ほかの新梢は2分の1程度に切り返す。この段階で予備枝候補とする長めの新梢を決め，その先端は3分の1切り返す。

その翌年の4年枝では前年に決めた予備枝を新たな側枝として育成する。数年間の生育により伸長し，基部が枯れ込んできた枝は切り戻し，次の予備枝候補となる長めの新梢発生を促す。

第2図 切り返した斜立枝への着果

(3) 受粉対策が必要

‘露茜’は自家不和合性のために受粉樹を混

第3図 枝の切返しの有無と着果状況

左：枝先を切り返していない枝，右：枝先を切り返した枝

花束状短果枝と開花状況

受粉が良好の場合，群状に着果する

花束状短果枝は着果後に枯れ込みやすい

第4図　花束状短果枝が着生した2年生枝の特徴

第1表　露茜の開花期

品　種	始　期	盛　期	終　期
露　茜	2月27日	3月1日	3月11日
南　高	2月9日	2月18日	2月24日

注　2008～2010年の和歌山県うめ研究所における観測値

植する必要があるが，‘南高’など一般的なウメ品種より開花期がおそいため（第1表），受粉対策が重要となる。

‘露茜’との交配親和性は，アンズ‘ニコニコット’および‘信月’，ウメ‘南高’‘鶯宿’および‘月世界’が高いことがあきらかとなっ

〈2年目の剪定〉

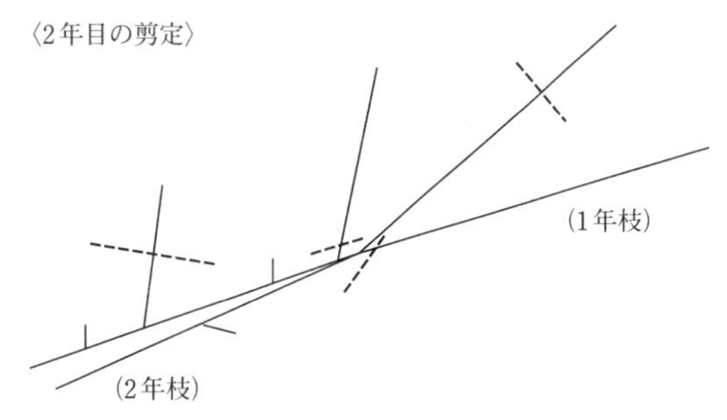

・新梢の先端は1本にして，先端は3分の1切返し処理を行なう
・その他の長めの新梢は2分の1程度に切返し処理する

〈3年目の剪定〉

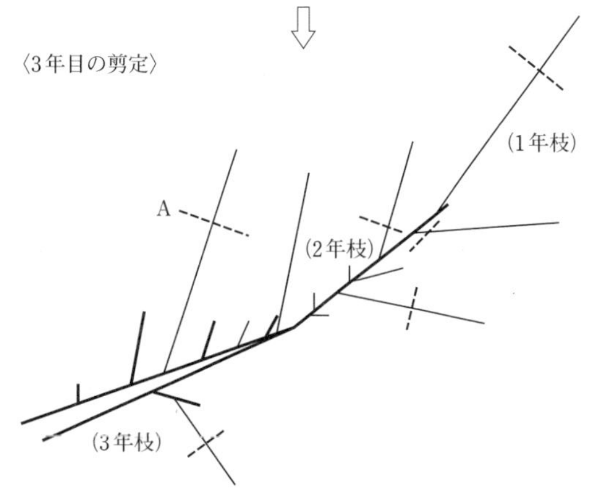

・前年と同様に新梢の先端は1本にして先端3分の1を切り返し，ほかの新梢は2分の1程度に切り返す
・3年枝以上の枝は枯れ込みやすいため，予備枝候補の新梢（A）を決め，3分の1切返し処理する

〈4年目の剪定〉

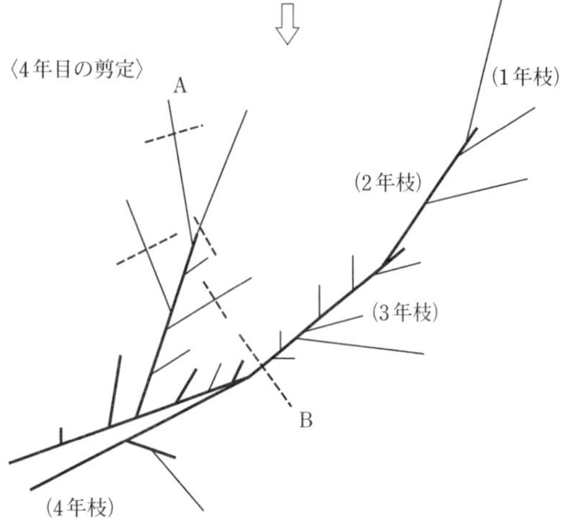

・古い枝は枯れ込みやすいため，予備枝（A）を中心とした側枝づくりを行なう
・年数が経ち，長くなった枝は長めの新梢発生が少なくなるため，Bまで枝を切り戻し，予備枝候補となる新梢発生を促す

第5図　予備枝の設定と側枝の育成法

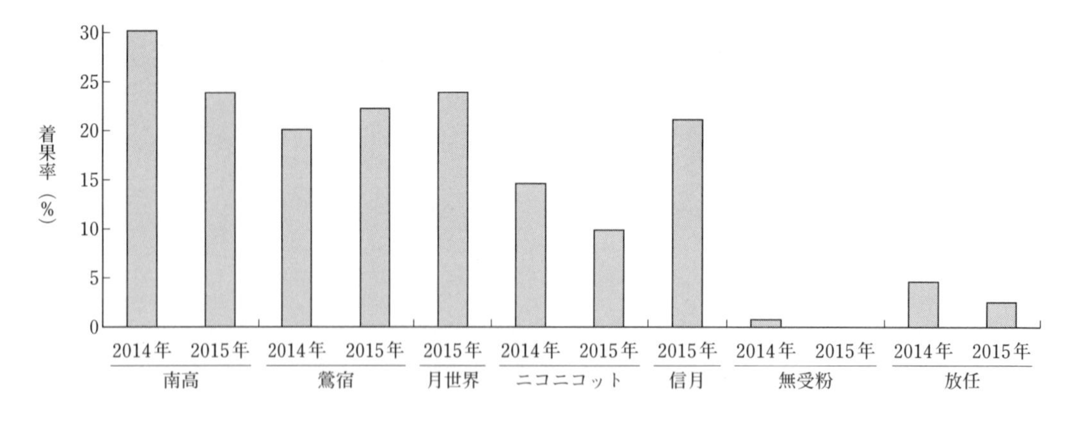

第6図 ウメおよびアンズの花粉が露茜の着果率に及ぼす影響

（徳島県立農林水産総合技術支援センター上板，2014・2015）

第7図 露茜を高接ぎした南高の発育枝を利用した受粉対策

ている（第6図）。上記のうち，アンズは開花期が‘露茜’と比較的近いため慣行栽培で受粉品種として活用できる。

一方，ウメは開花期が早いため，発育枝を剪定時に切除せずに残し，その先端付近に着生する遅れ花を利用する。残した発育枝は，開花が終了したあとに剪除する。

高接ぎによって‘南高’の亜主枝の部位を‘露茜’に更新する場合，主枝の先端部に‘南高’を残すことで，‘南高’の発育枝を受粉枝として活用することも可能である（第7図）。

なお，受粉樹は，‘露茜’と親和性が高く開花期の近い品種を複数導入することにより，受粉効率を高めることができる。

4. 早期多収のポイント

(1) 高接ぎ更新が有利

‘露茜’は苗木から育成した樹では樹冠の拡大がおそく，成木でも樹高が2m程度のコンパクトな樹形にとどまる。一方，高接ぎ樹では樹勢が強めとなり，苗木育成樹より樹冠の拡大が優れる傾向にある（第8図）。

そこで，同一樹齢の6年生樹における収量性を検討したところ，高接ぎ樹が1樹当たりで約9倍，樹冠1m^{2}当たりで約1.3倍，それぞれ苗木育成樹を上回った（第2表）。また，10a当たりに換算した収量は，コンパクト樹形となる苗木育成樹の植栽本数を高接ぎ樹に比べ3倍多く密植した場合でも，高接ぎ樹のほうが約3倍多くなると試算された。

以上のことから，早期の樹冠拡大，成園化を目指すには苗木から育成した樹を密植栽培するより高接ぎ更新したほうが効果的であると考えられる。

第8図　育成法が異なる樹の樹冠拡大の状況

左：苗木育成樹（10年生），右：高接ぎ樹（5年生）

第2表　育成法が異なる露茜樹の同一樹齢（6年生樹）における収量性

育成法	収　量 (kg/樹)	樹冠面積 (m^2/樹)	収　量 (kg/樹冠1m^2)	植栽本数 (樹/10a)	収　量 (kg/10a)
高接ぎ育成樹	57.6（9.3）	12.6（7.2）	4.6（1.3）	30（0.3）	1,728（3.1）
苗木育成樹	6.2（1）	1.8（1）	3.5（1）	90（1）	558（1）

注　高接ぎ育成樹は南高7年生樹に露茜を7～12枝高接ぎした樹，苗木育成樹は露茜2年生苗木を定植した樹で，いずれも和歌山県みなべ町現地園の6年生樹

1樹当たりの収量および樹冠面積は，高接ぎ育成樹，苗木育成樹とも8樹の平均値

（　）は，苗木育成樹の値を1とした場合に対する高接ぎ育成樹の値に対する比

苗木育成樹の植栽本数は，高接ぎ育成樹より3倍の密植栽培に設定

10a当たり収量は，1樹当たり収量×植栽本数により試算

(2) 開心自然形より主幹形

樹勢が弱い‘露茜’を苗木から育成する場合，一般的なウメの整枝法である開心自然形では樹冠拡大が遅れる傾向にある。そこで，‘露茜’に適する樹形を検討した結果，主幹形仕立てが，幹が太めとなり樹勢を維持しやすく，樹冠拡大および収量性にも優れることがあきらかになっている（第9図）。

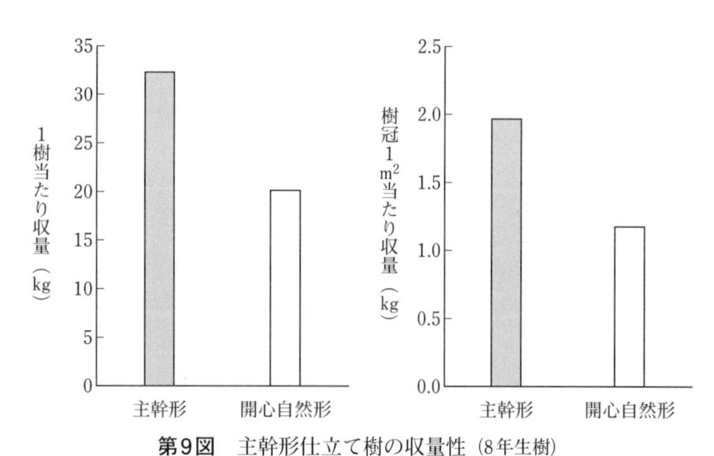

第9図　主幹形仕立て樹の収量性（8年生樹）

（宮崎県総合農業試験場，2014）

主幹形に仕立てる場合の留意点は，定植時には1年生苗木をやや長い1m程度の充実した位置で切り返して定植する。目標とする樹高（主幹長）を2.0～2.5mとし，主幹と競合する発育枝は剪除して，先端の発育枝を垂直方向に誘引するとともに切返しを行なって強い主幹に数年をかけて仕立てる。側枝は主幹を中心として20～30cm間隔に螺旋状に配置し，第5図を参考に側枝の育成を図る。

現地への植栽は，主幹形仕立ての密植栽培（10a当たり植栽本数80～100本）として初期収量の確保に努める（第10図）。なお，受粉樹は植栽本数の2割程度を混植する。

第10図　主幹形仕立ての現地園

5. 追熟効果を高める果実収穫の適期

‘露茜’は色鮮やかな赤色の果皮と果肉が特徴であり，加工品の原料とする場合は赤色色素を豊富に含んだ果実が高品質な果実といえる。

‘露茜’果実は樹上で熟度が増すにつれ赤色着色が進むが（大江ら，2013），年による着色程度のバラツキや鳥獣による被害が問題となる。そこで，若めの果実を収穫し，エチレン処理により追熟する方法を検討し，安定的に赤みを高める手法を開発した（大江ら，2016）。しかし，収穫する果実の熟度については，若すぎると着色が不完全となる一方，熟度が進みすぎると濃い着色が得られないことが判明した。そのため，エチレン処理でもっとも追熟効果が高まる果実の熟度を検討した結果，果皮表面の着色が1～4割程度着色した段階で収穫した果実がもっとも優れることがあきらかとなった。

実際の圃場で収穫期の目安とするため，前述の結果をもとにカラーチャートを作成して適期収穫を推奨している。また，収穫果実の熟度を揃えるため，樹冠の小さい苗木では一斉収穫，樹冠が比較的大きくなった高接ぎ樹では外層と内層に分けて2回収穫を実施して，エチレン処理を行なう。

執筆　竹中正好（和歌山県西牟婁振興局農業水産振興部）

参考文献

大江孝明・竹中正好・櫻井直樹・根来圭一・古屋挙幸・岡室美絵子・土田靖久．2013．ウメ‘露茜’果実の熟度と着果条件がアントシアニンの蓄積およびその他の機能性成分含量に及ぼす影響．園学研．12，411—418．

大江孝明・竹中正好・根来圭一・北村祐人・松川哲也・三谷隆彦・赤木知裕・古屋挙幸・岡室美絵子・土田靖久．2016．ウメ‘露茜’果実の追熟条件がアントシアニンの蓄積とその他機能性成分含量に及ぼす影響．園学研．15，439—444．

下博圭・竹中正好・北村祐人・佐原重広・川村実．2017．ウメ‘露茜’の安定生産のための剪定法の確立．和歌山県農林水産試験研究機関研究報告．5，99—105．

八重垣英明・山口正己・土師岳・末貞佑子・三宅正則・木原武士・鈴木勝征・内田誠．2012．ウメ新品種‘露茜’．果樹研報．13，1—6．

露茜果実の品質向上技術

‘露茜’の最大の特徴は，果皮，果肉ともに赤く着色する点であるが（八重垣ら，2012），和歌山県では年により赤色着色の程度に変動がみられ，着色程度の小さい果実を加工した製品では十分な赤い色調が得られない。ここでは，赤色着色の向上方法を中心に，栽培方法と果実品質との関係について紹介する。

(1) 品質向上のための栽培要因

まず，熟度や栽培環境の違いが，‘露茜’果実の赤色着色および成分含量に及ぼす影響について述べる。

①熟度との関係

アントシアニン，有機酸および糖含量は熟度進行とともに増加傾向となる（第1図）。有機酸はリンゴ酸が主体であり，クエン酸が主体の‘南高’などとは異なる。ポリフェノール含量は熟度進行とともに減少傾向となる。

②果実の受光環境との関係

果実を遮光すると果皮はほとんど赤色着色せず，光が当たる条件であると熟度が進むにつれ着色が進む（第2図）。果肉の着色は遮光した果実でも認められ，光以外の要因も関係するが，果皮を含む果肉のアントシアニン量は遮光した果実が無処理果実に比べて3分の1以下となる。よって，果実全体のアントシアニン含量を高めるためには受光環境を良好に保つほうがよい。

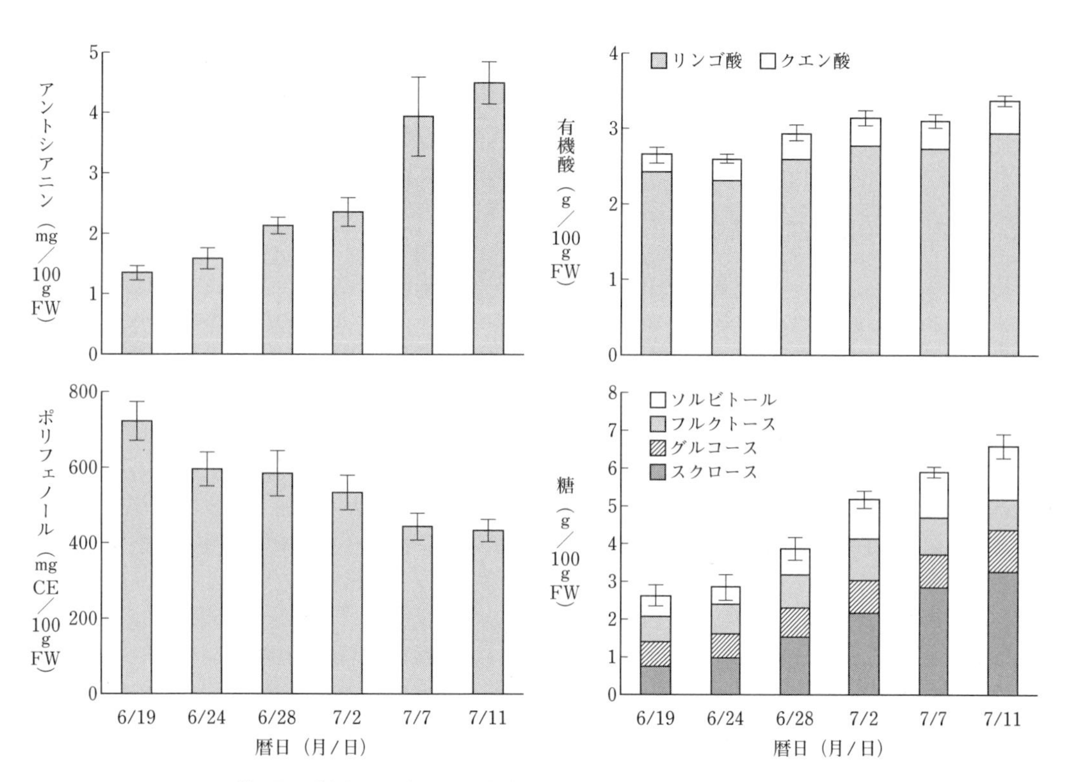

第1図 採取日の違いと果皮を含む果肉の品質成分含量（2011年）

アントシアニンはシアニジン-3-グルコシドとシアニジン-3-ルチノシドの総和を，ポリフェノールのCEはクロロゲン酸相当量を示す

バーは標準誤差を示し，有機酸および糖のバーは総量の標準誤差（n＝3）

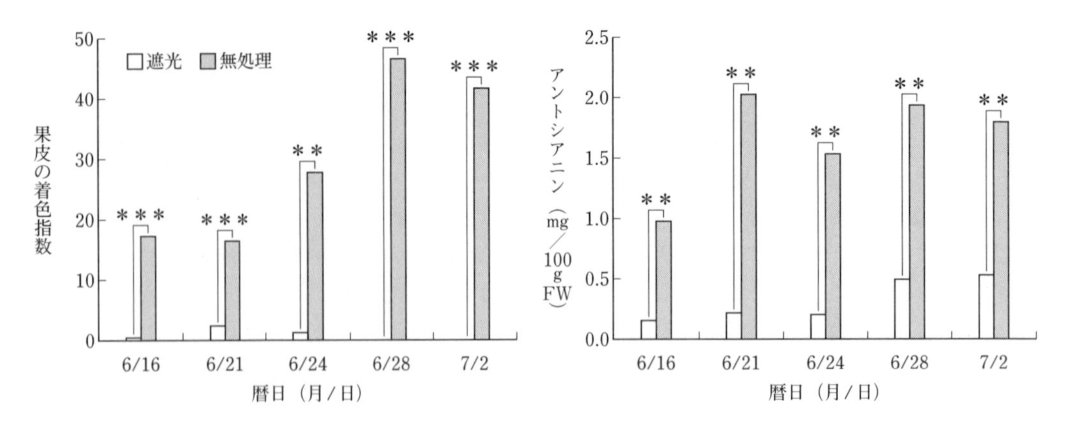

第2図 光条件，採取日の違いと果皮の着色および果皮を含む果肉のアントシアニン含量（2010年）
着色指数は濃さを0（無着色）～5（濃く着色）として，各濃さの部分が果実表面に占める割合を5%刻みで調査し，それぞれa～f%として，(b+2c+3d+4e+5f)/5の式で算出。アントシアニンはシアニジン-3-グルコシドとシアニジン-3-ルチノシドの総和

③着果程度との関係

着果の多い樹の果実は少ない樹の果実に比べて果実が小さくなるとともに，光環境が良好でも果皮の着色程度および果皮を含む果肉のアントシアニン含量が少なくなる（データ略）。よって，過度な着果は着色の低下につながるため，着果状況によっては摘果による調節が必要である。

(2) 追熟による着色向上技術

前述のとおり，‘露茜’の赤色着色は成熟，光環境および着果量に左右されることがあきらかになったが，従来のウメ品種と比べて赤く目立つことや酸含量が少ないことなどから，山間部では鳥獣被害が見受けられる。そこで，やや若めで果皮に緑色が残る果実を収穫し，追熟により赤色色素を増加させる技術を開発した。

①異なる温度条件下での追熟による赤色着色促進効果

収穫した果実をそのまま置いても着色は促進されない（第3図）。一方で，ある濃度以上のエチレン存在下で追熟すると赤色着色が進む。この着色進行の程度は追熟時の温度などに影響を受ける。色づき始めの果実を用いて調査したところ，15～30℃で4日以上追熟させると，赤く着色し，とくに20～25℃でもっとも濃く赤色着色する。追熟4日時点のアントシアニン量は，20～30℃で増加程度が大きいが，温度が高いほど果実の劣化が速く，酸の減少も速い傾向であるため，20℃での処理がもっともよいと判断される（第4図）。

②異なる熟度での追熟による赤色着色促進効果

前述のとおり，アントシアニン含量は樹上で着果している状態では緩やかに増加するが，収穫してエチレン存在下で追熟すると大きく増加する（第5図）。ただ，追熟果実でも通常の適熟期（果面の8割が赤く着色）に収穫した果実のアントシアニン量の増加は緩やかな一方，反対に未着色期（若い果実で赤色着色なし）の果実も着色が淡いものや果実の片側が色づかないものがみられる（第6図，以下，不完全着色果と呼ぶ）。つまり，‘露茜’果実のアントシアニン含量を効率よく増加させるには，赤く色づき始めるころの「やや未熟な果実」をエチレン処理によって追熟するのが適当と判断された。

このように，やや未熟な果実に20℃でエチレン処理し4日以上追熟することで，収穫後果実を安定的に着色させられ，樹上で完熟した果実よりアントシアニン含量が多いと結論づけ，この技術は和歌山県と近畿大学との共同で特許登録している（「梅類果実の赤化法」，特許第5796825号）。追熟に用いる果実は赤く色づく前に収穫するため，鳥獣害を大幅に抑えるこ

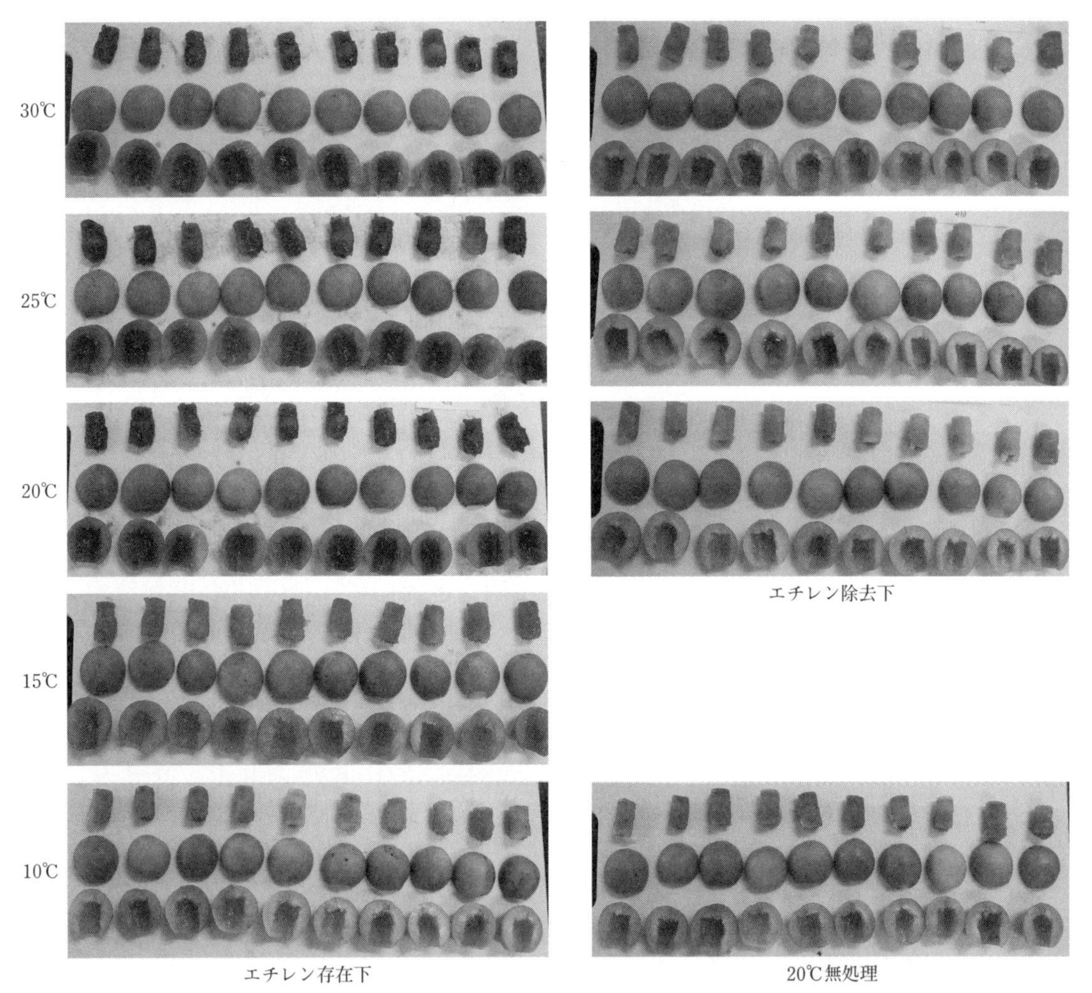

第3図　貯蔵温度，エチレン処理の有無の違いと追熟後の果皮および果肉の着色
着色開始期の果実を追熟して4日後の状態
エチレン存在下はエチレン発生剤，エチレン除去下はエチレン除去剤をそれぞれ同封して追熟
各写真の上段：核周辺，中段：果皮，下段：果肉

とができる。なお，追熟した果実は樹上で着色した果実とアントシアニン成分の組成が異なるが，加工品の色調に対する影響はみられない。

(3) 追熟に適した果実の収穫基準

前述のとおり，追熟にはやや未熟な果実を用いるのがよいが，その熟度を判断する指標について次に述べる。

①収穫熟度に基づく指標

着色の濃さを0（無着色）～5（濃く着色）とし，各濃さの部分が果実表面に占める割合を目視で5％刻みで調査し，それぞれa～f％として（b＋2c＋3d＋4e＋5f）/5の式で収穫時の果皮の着色指数（指数の範囲は0～100）を算出すると，着色指数は成熟とともに増加傾向を示す。まったく着色していない着色指数0の果実ばかりのときに収穫すると，追熟後に不完全着色果が多くみられる。追熟後に果面全体が着色した果実（以下，完全着色果）のみでアントシアニン含量を比較すると，収穫時の着色指数が10程度の果実で最大となる（第7図）。また，収穫時の着色指数が10を超えた時期から不完

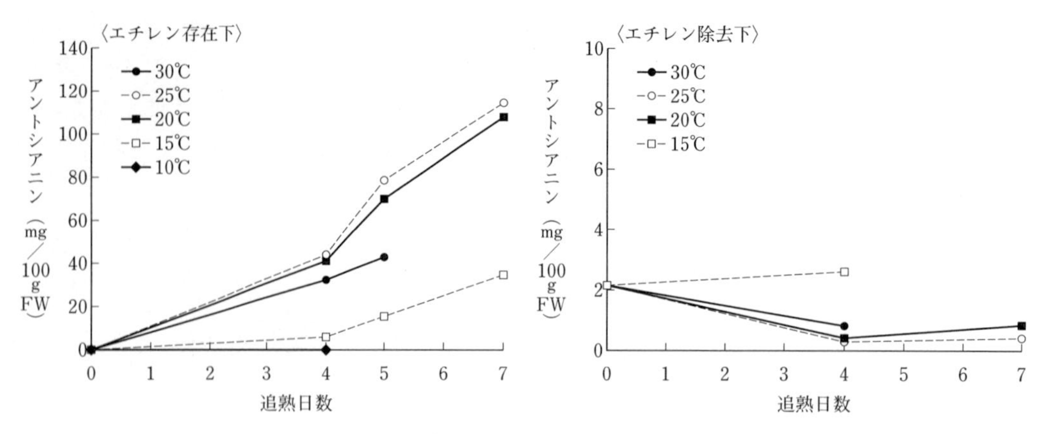

第4図　貯蔵温度，エチレン処理の有無の違いと果実のアントシアニン含量の変化

着色開始期の果実を追熟

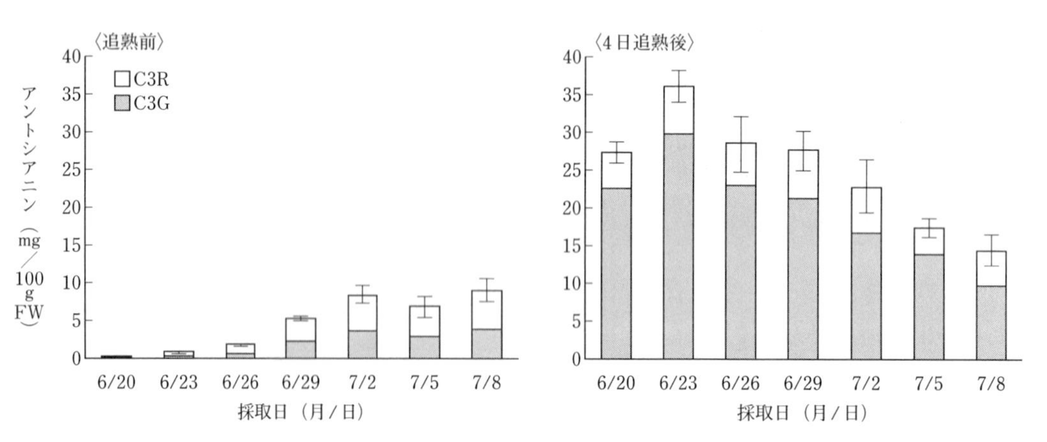

第5図　採取日の異なる果実における追熟前後のアントシアニン含量（2012年）

C3Gはシアニジン-3-グルコシド，C3Rはシアニジン-3-ルチノシドを示す

着色した果実で比較

樹上での適熟期（8割着色）は7月8日

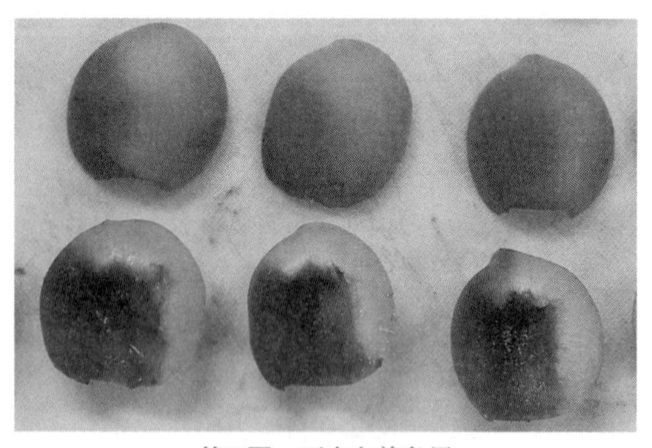

第6図　不完全着色果

全着色果率が大きく減少する。一方，収穫時の着色指数が40を超えると追熟後のアントシアニン含量が少なくなる。

この結果を踏まえ，生産現場で簡易に収穫適期を判断できるよう，収穫時の果皮の着色程度と追熟後の果肉の着色程度との関係を段階的に示したカラーチャートを作成している。実際に，カラーチャート値を基準に収穫することで十分に着色した追熟果実を得られることが確認されたため，生産者に対しカラーチャートに基づいて収穫するよう推進している。

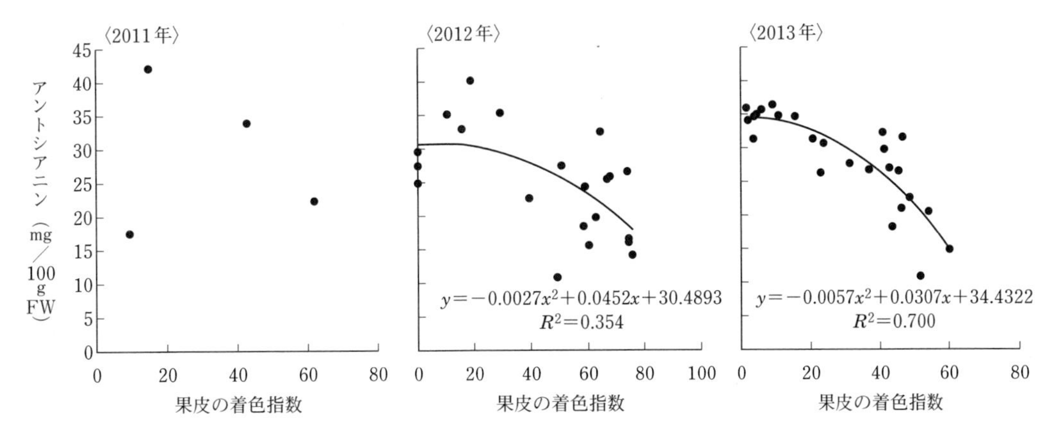

第7図 果皮の着色指数と追熟後のアントシアニン含量との関係

追熟日数は4日

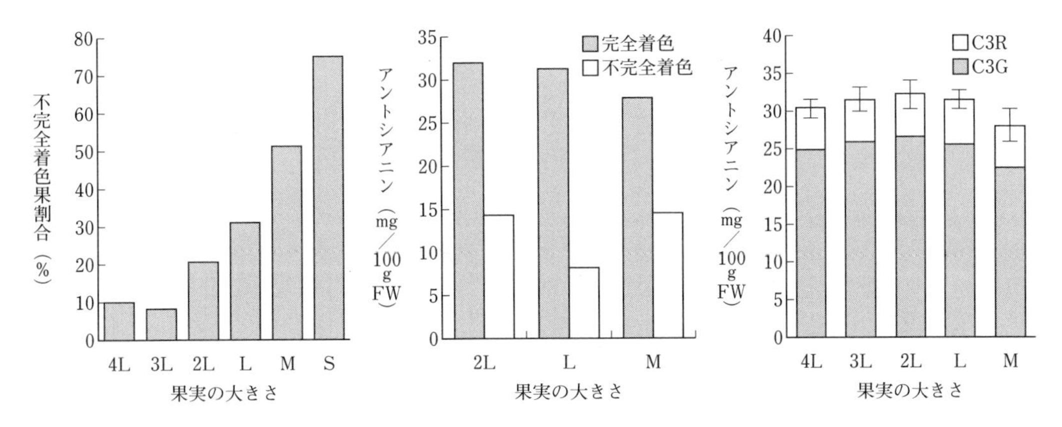

第8図 果実の大きさと追熟後の不完全着色果割合およびアントシアニン含量

C3Gはシアニジン-3-グルコシド，C3Rはシアニジン-3-ルチノシドを示す

右端の図は着色した果実で比較

②果実階級に基づく指標

着色指数が0の時期に収穫し，出荷階級M～4Lの大きさ別に分けて追熟すると，各階級とも不完全着色果がみられる。そのうち4Lおよび3Lでは不完全着色果の割合は10％以下であるが，2L以下の果実では21％以上で，階級が小さくなるにつれて割合が高くなる傾向である（第8図）。不完全着色果は完全着色果に比べてアントシアニン含量が少ない。一方，完全着色果のみでの比較ではアントシアニン含量は階級による差はない。よって複数回に分けて収穫する場合は，最初は大きさを目安に収穫するとよい。

(4) 生産量に応じた処理方法

少量であれば通気性の低い容器とキウイフルーツ追熟用のエチレン発生剤（初期濃度が500ppm以上となる量）を用いて追熟が可能であるが，容器内の果実が多いと酸素不足となり着色が進みにくくなる。100kg程度の生産量であれば収穫用コンテナを用いた方法が簡便である。コンテナに容量の7割程度まで果実を入れて数段重ね，コンテナ当たり5袋程度のエチレン発生剤とともにビニールで被覆して密封する。この方法の場合，過湿による腐敗を防ぐために，処理2日後に被覆したビニールをはずして2日間放置する。

なお大規模に追熟する場合は，プレハブ式処理庫とエチレンガスを用いた方法が和歌山県の産地で実用化されており，一度に2tの果実が追熟可能である。

執筆　大江孝明（和歌山県果樹試験場うめ研究所）

参考文献

八重垣英明・山口正己・土師岳・末貞佑子・三宅正則・木原武士・鈴木勝征・内田誠．2012．ウメ新品種‘露茜’．果樹研報．13，1—6．

ナシ，リンゴ　果実障害の発生と対策

◎ナシ……155 p
◎リンゴ……191 p

ナシの生理障害

ニホンナシは，古来より日本で栽培され，日本の気象に適応した果樹である。しかし，栽培する年の気象，園地により果実の生理障害が多発することがあり，その種類も大きく異なる。さらに，樹勢や樹齢によって発生程度が変動することも的確な対策を講じることをむずかしくさせている。たとえば，ユズ肌症は果実と葉の水分競合によって生じることが知られているが，園地あるいは樹によっては干ばつ年には発生せず多雨の年に多発しやすいというケースも実在する。また，近年では多くの品種が育成・公表されているが，品種によっても生理障害の発生は大きく異なる。

そこで，栽培現場で問題となるさまざまな生理障害の原因を特定するためのアプローチを明確にするため，ナシ果実の生理障害発生と果実の形態的ならびに生理・生化学的特性との関連について整理する。

1. 生理障害の分類

ニホンナシに発生する果実の生理障害は，症状とおもな原因によって以下のように分類できる。すなわち，1）果肉障害としては，①果肉が水浸状となる「みつ症」および「水浸状果肉障害」，②果肉ならびに果皮の硬化が生じる「ユズ肌症」（石ナシ），③果肉の一部がコルク化する「コルク状果肉障害」などである。次に，2）表皮と果肉表皮の裂開症状として，①果実が大きく裂開する「裂果」，②軽度な裂果症状である「列皮」，③果梗基部と梗あ部の間が離脱する「軸抜け」，④果実内部の「内部裂果」があげられる。また，3）青ナシの果面汚損果としては「サビ果」が，原因が不明なものとしては果芯部に生じる「果芯褐変症」や「変形硬化症」があげられる。

以上の症状は，品種によって発生が大きく異なる。これまでにあきらかになっている点についてまとめると第1表のとおりである。

2. 果肉障害

(1) みつ症

①症　状

みつ症は主要品種では‘豊水’に発生しやすく，リンゴのみつ症状に類似した果肉の水浸状障害であることから命名された（第1図）。本

第1表　ニホンナシ品種の果実の生理障害発生の多少

	みつ症	ユズ肌症（石ナシ）	コルク状果肉障害	果芯褐変症	裂　果	その他
幸　水	—	—	△	—	○	
豊　水	○	△	△	—	—	
新　高	○	—	○	○	△	裂皮○，水浸状果肉障害
二十世紀	△～○	○	△	△	—	サビ果△，水浸状果肉障害
長十郎	△	○	○	△	—	
あきづき	—	—	○	—	—	水浸状障害○
王　秋	—	—	○	—	—	
甘　太	—	—	—	—	—	サビ果○
新甘泉	—	—	—～△	—	—	変形硬化◎
にっこり	—	△	△	△	△	水浸状障害○
彩　玉	△～○	—	—	△	—	裂皮○

注　○：発生，△：微～少，—：発生しない

症は，ていあ部に発生が多く，症状の進行とともに帯状に拡大する。水浸状を呈するのは細胞間隙に多糖類を含む水分が蓄積することによる。品種によって発生の多少が異なり，主要品種では‘豊水’‘二十世紀’および‘新高’に見られるが，‘幸水’は発症しない。

②環境要因

‘豊水’および‘二十世紀’においてみつ症は冷夏に多発しやすく，開花80～100日ころの低温と発生程度との関連が深いことが指摘されている。また，果実の蒸散抑制や8月の遮光によって誘導されることもあきらかである。一方，‘新高’においては9月の高温が引き金になっている。

③発生機構と対策

Kajiura *et al.* (1976) によれば，ニホンナシ品種は過熟になると果肉が水浸状になるタイプと粉質化する（ボケる）タイプに分かれ，前者がみつ症を発症する品種といえる。このみつ症発症タイプの品種では，細胞壁のセルロースやヘミセルロースの低分子化とそれに伴う細胞間隙の拡大，およびそこへの水溶性多糖類の蓄積が見られる。また，発症部分ではイオン漏出（細胞内のK，Caなどが漏れ出る）などの生体膜機能の低下が認められる。したがって，みつ症は，細胞壁および細胞膜の老化に伴い生じる細胞間隙への細胞中の溶液の漏出によって生じるといえる。

植物ホルモンのなかでエチレン，あるいはジベレリン処理によってみつ症が助長されることが明確であるが，これらはいずれも果実成熟をも促進する。過熟状態を早めることがその主因といえる。

‘秋栄’においては，夏季剪定を行なうとみつ症が抑制される。また‘豊水’では摘果によって葉果比を高めるとみつ症と果実肥大がともに促進される。さらに，夏季剪定によって果肉の細胞壁多糖類の低分子化が遅れることもあきらかである。つまり，葉果比を低くすると何らかの理由によって果実の老化が抑制され，本症の発症が抑制されるといえよう。その可能性としては果実と葉との水やCaの競合の軽減があげられる。

(2) 水浸状果肉障害

①症　状

みつ症と同様，果肉が水浸状となるが，おもに梗あ部に発生すること，ならびに維管束部分を中心とした水浸状の小斑点が発生し，さらに褐変するものもある点で異なる。‘あきづき’‘新高’‘二十世紀’‘にっこり’など多くの品種に見られる（第2図）。

②環境要因

これまでの研究では，本症が生じる明確な環境要因はあきらかになっていない。筆者の‘二十世紀’‘新高’に関しての観察によると，成熟期に急激な高温となった場合に発生が見られた。この場合，陽光面ではなくむしろ逆の陰側の梗あ部に多く，とくに果そう葉の多い短果枝で多発するようである。したがって高温と同

第1図　秋栄のみつ症状

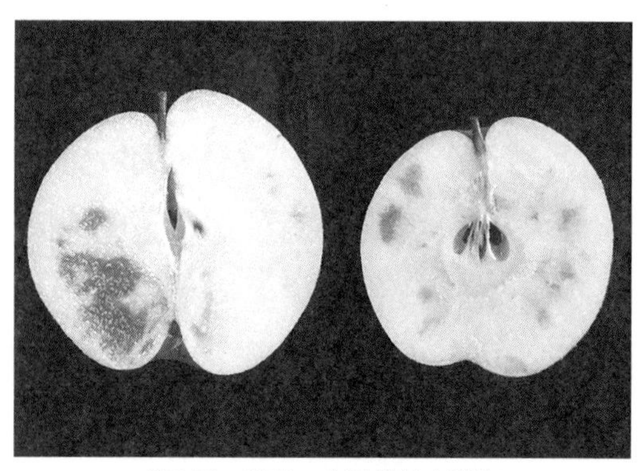

第2図　新高の水浸状果肉障害

時に，葉との水分競合が原因と思われる。

③発生機構と防止技術

本障害は，今後，温暖化に伴い頻発が予想されるが，これまで明確な機構については特定されていない。発生の多少には年次，地域間差が大きいため，これらの点から検討を進める必要がある。

(3) ユズ肌症

①症　状

ユズ肌症は果肉の硬化障害であり，重篤な場合に果皮がユズのように凹凸が生じることから命名された。主要品種では‘二十世紀’‘新興’に顕著な症状が見られる。‘豊水’には軽度の症状が見られるが，‘幸水’は発症しない。また，‘長十郎’に発生する石ナシもユズ肌症と同一の果肉硬化障害である。

②環境要因

ユズ肌症と気象との関連を見ると，干ばつのきびしい年には，耕土の浅い粘質土壌に多発する。まれに，多雨年には耕土が深いが排水不良の園で発生することもある。一方，断根を多く伴う深耕や何年ぶりかの全面中耕，夏季の中耕により多発すること（林，1968）が指摘されている。石ナシに関しても同様に排水不良や土壌間隙が少ない園に多いことが示されている。

③発生機構と対策

ユズ肌症果は，果皮近くの果肉に石細胞が多数存在し，また果肉細胞のリグニン化を含む細胞壁の肥厚が認められる。また，細胞壁中のセルロースおよびヘミセルロースの分解が進んでいないことが成熟期に至っても果肉硬度が低下しない原因といえる。その理由として，夏季の乾燥に伴う果実と葉の水分競合があげられる。徒長枝の多発する樹および側枝で発生が多いことが，この点を裏付ける。

対策としては，暗渠排水，ボーリング処理（田中ら，1986），夏季剪定に加え，台木にマメナシならびにホクシマメナシ優良系統の使用が推奨されている。

(4) コルク状果肉障害

①症　状

コルク状果肉障害は，果肉の一部がコルク化する症状で，甚だしい場合はコルク部分が広がり，さらに崩壊して空洞化する（第3図）。近年，‘あきづき’および‘王秋’に多発しているが，類似したあるいは同一と思われる症例として，‘菊水’の「果肉崩壊症」，‘二十世紀’の「ス入り」「コルクスポット」があげられる。

②環境要因

‘王秋’に関する障害発生例を見ると，多発樹では健全樹と比較して着果量が少なく，しかも徒長枝が多発していることが報告されている。‘二十世紀’における果肉にコルク組織が発生する障害発生園の特徴に関しては，耕土が浅く，干ばつを受けやすいことがあげられている。

③発生機構と対策

‘二十世紀’では，夏季の水ストレスによって維管束周辺の果肉細胞がコルク化することが知られており，本症の一因と考えられる。また，‘あきづき’および‘王秋’については，いずれも大きな果実で発生しやすく，果実肥大を助長するジベレリン処理によってコルク発生が促される。また，成熟促進に有効なエテホンにより抑制され，果そう内では成熟が早まる低い番花に由来する果実で発生が少ない。‘王秋’に

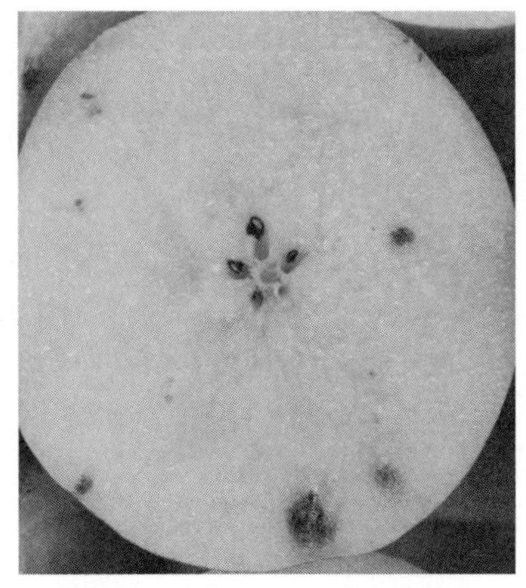

第3図　王秋のコルク状果肉障害

ついてコルク状果肉障害を発生軽減できた例として，主幹近くの土壌改良によって発生抑制が可能であるという報告がある（井戸ら，2012）。

3. 裂果，裂皮，内部裂果

裂果，裂皮ならびに内部裂果はいずれも果実発育に伴い発生する症状であるため，以下に一括して解説する。

①症　状

裂果はニホンナシの主要品種のなかで‘幸水’に多く発症する障害で，‘二十世紀’においては，ジベレリン＋エテホン処理によって発生が見られる。果肉の裂開のしかたによって，ていあ部を中心に円状に裂開するタイプ，果肉が縦横に裂開するタイプに分けられる（第4図）。また，果梗基部と梗あ部の間の「軸抜け」，果実内部の「内部裂果」も広い意味での裂果といえる。

裂皮は，軽度の裂果であり，ていあ部に発生しやすい。‘新高’‘にっこり’‘彩玉’などの晩生の品種に多く見られる。

②環境要因

裂果の顕著な例としては，‘幸水’を西南暖地でハウス栽培行なった場合があげられ，その果実肥大期から成熟期が梅雨末期に多雨となった場合に多発する。なかでも排水の悪い水田転作園に多く見られる。また。裂皮についても秋雨のさいに発生することが多い。

第4図　幸水の裂果

（写真提供：池田隆政）

③発生機構と対策

裂果，裂皮ともに降雨に伴う果実の急激な肥大に伴って生じるが，ニホンナシの場合，おもにていあ部に発生しやすい。成熟期に近づくと，果実肥大は果実全体に一様に起こらず，細胞の浸透ポテンシャルの高いていあ部で顕著となるからである。一方，果梗基部と梗あ部の間の「軸抜け」，果実内部の「内部裂果」は，いずれも維管束とその周辺がリグニン化して肥大しにくくなった部位と，周辺の果肉細胞の急激な肥大との間のひずみによるものといえる。

また，裂果が‘幸水’に多く見られる一因は，他品種と比較して果皮組織の引っ張り強度が弱いことである。また，その原因は‘幸水’の果皮の細胞分裂が他品種と比較しておそくまで続くため，急激な果肉細胞肥大に対応できないことがあげられる。

以上のように，これらは急激な果実肥大に伴い肥大する部分，また力学的に一番弱い部分の組織が裂開する障害であり，ビニルマルチ，暗渠の排水設備を整えるなどの対策が有効といえる。

4. サビ果

①症　状

青ナシの場合，表皮にコルクが部分的に高密度で発生した場合サビ果となり，商品性が低下する（第5図）。青ナシのなかでも‘二十世紀’は比較的発生が多いほうであり，‘八雲’‘新世紀’などでの発生は少ない。サビの様相は多種であり，1）果点コルクが大きくなる，2）果点

第5図　二十世紀のサビ発生

以外の部位にコルクが発生することに大別できるが，2）の場合はさらに，薬害やすれキズによるものと，それ以外の生理的なものに分けられる。

②環境要因

青ナシのサビはおもに多雨年に発生しやすい。なかでも排水，通風の悪い園に発生が多く，近年では中山間地園での周囲の山林の管理不足もこれらの一因となっている。‘二十世紀’では，袋内の湿度と関連が深く，おもに果実発育盛期の7月に湿度が高いことがもっとも関連している。

③発生機構と対策

青ナシは成熟するまでクチクラ層が維持されるが，風雨や傷害，さらに急激な果実肥大によってその一部が損傷すると，コルクが発達したサビとなり果面を汚損する。また，前述のようにサビの発達は，果点コルクとそれ以外の果実表面とも湿度が高いと助長されるが，その原因としてカビなど微生物の繁殖が盛んになるとそれが引き金となり，コルク化が助長される。したがって，同一樹の近隣部位であっても果実袋の種類によって大きく発生が異なることがある。袋内湿度は紙質によって大きく異なるからである。また，除草や果樹園周辺の環境整備による通風の確保も重要である。

成熟期に秋雨によりサビの多発が見られるのは，裂果と同様に，果点コルク部位の急激な肥大によるものである。さらに，肥料のおそ効きによってもサビが助長され，ていあ部を中心に発生しやすくなる。果実発育中の施肥量をひかえることも対策となる。

5. 原因の不明な障害

(1) 果芯褐変症

ニホンナシの場合，フォモプシス属菌の感染以外にも同様の果芯部分の水浸状褐変が生じる場合がある。原因と対策は不明であるが，‘二十世紀’で干ばつ年に樹勢が衰弱した老木に対してエテホン処理を行なった場合に多発した経緯がある。また，再現試験を行なった場合，成熟期の高温に加え，何年ぶりかの全面中耕との関連が示唆された。

また，多くの品種で長期貯蔵中に発生するが，おもに熟度が進んだ果実を貯蔵した場合に多く見られる。その一因として成熟した種子の休眠が低温によって破られ，呼吸活性が上昇するため周囲の酸素が用いられ，嫌気状態になることがあげられる。

(2) 変形硬化症

果肉と果皮に併発する障害としては「変形硬化症」があげられる。‘新興’に多く見られた症状であるが，最近育成された品種では‘新甘泉’に多く見られる。生育初期のカーバメート系殺虫剤との関係が示唆されたが，明確にはなっていない。

執筆　田村文男（鳥取大学）

参 考 文 献

林真二．1968．ナシの生理障害Ⅰナシのユズ肌病．219―249．鳥潟博高編著．果樹の生理障害と対策．誠文堂．東京．

井戸亮史・吉田亮・角脇利彦．2012．ニホンナシ‘王秋’のコルク状障害発生低減に関する研究．園学中四国支要旨．**51**，9．

Kajiura, I., S. Yamaki, M. Omura and I. Shimura. 1976. Watercore in Japanese pear (*Pyrus serotine* Rehder var. ‘Culta’ Rehder). I. Description of the disorder and its relation to fruit maturity. Sci. Hortic. **4**, 261―270.

田中道宣・田辺賢二・浦木松寿・谷本英明・神野雄一・田村文男・下田篤・桑村雅義．1986．ボーリング排水・通気処理によるナシ‘二十世紀’のユズ肌病発生の防止．園学中四国支部要旨．**25**，14．

あきづき，王秋のコルク状果肉障害

(1) 発生様相

ニホンナシの‘あきづき’および‘王秋’は，ともに果肉が柔軟多汁で糖度が高く食味良好であり，ナシ生産地域において栽培面積が増加している。しかし，栽培が拡大するにつれ果肉組織の一部が褐変する障害の発生が認められるようになり，このうち果肉および果皮直下に見られる乾いたコルク状の斑点が発生することを「コルク状果肉障害」(第1図)，また果肉の一部が水浸状となり褐変する障害を「水浸状果肉障害」と呼んでいる（中村，2011)。これまでニホンナシで報告されている果肉障害では，‘菊水’で見られる果肉崩壊症や，‘二十世紀’でのコルクスポットと呼ばれる障害がコルク状果肉障害と類似のものと考えられる。

コルク状果肉障害の有無は，果皮直下に陥没をともなうものを除いて果実の外観から判別できないことが多く，発生した場合には商品性を失い，果実を購入した消費者からクレームがつくこととなる。コルク状果肉障害の発生に対する気象環境や土壌条件の影響はこれまでにあきらかになっておらず，障害発生要因の解明や対策技術の開発が強く望まれている。

①果実での発生部位

‘あきづき’および‘王秋’の果実について，梗あ部からていあ部の方向に8つの部分に分けてコルク状果肉障害の発生位置を調べると，果実全体で発生が見られたものの，2つの品種とも赤道部から梗あ部側で発生が多くなっている(第2図)。

②発生時期

コルク状果肉障害は収穫始期より半月から1か月早い8月上旬に発生し始め，このあと経時的に発生が増えることがあきらかにされている。

③収穫時期との関係

‘あきづき’について，果色3.5（‘あきづき’

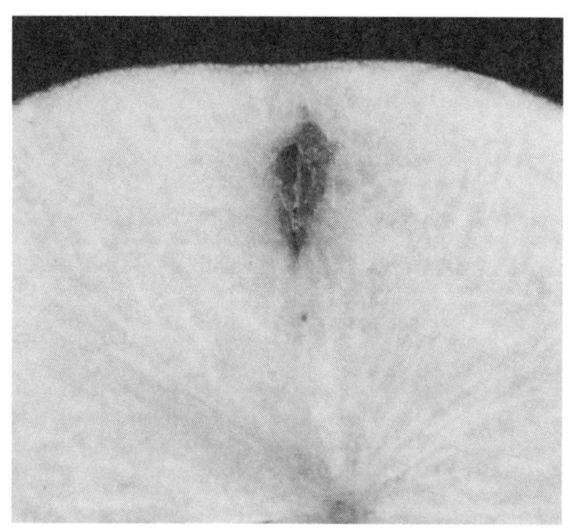

第1図　王秋に発生したコルク状果肉障害

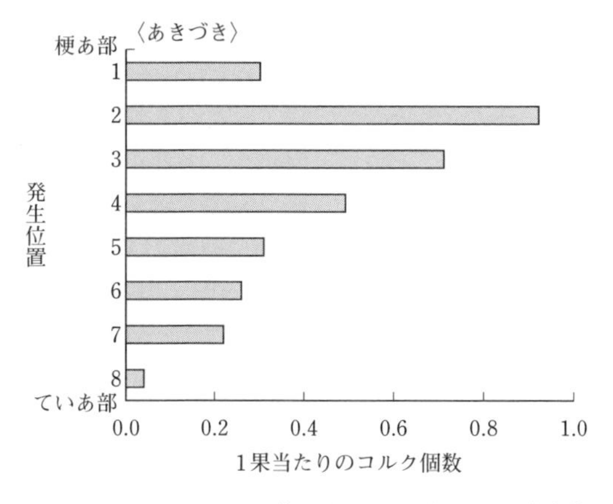

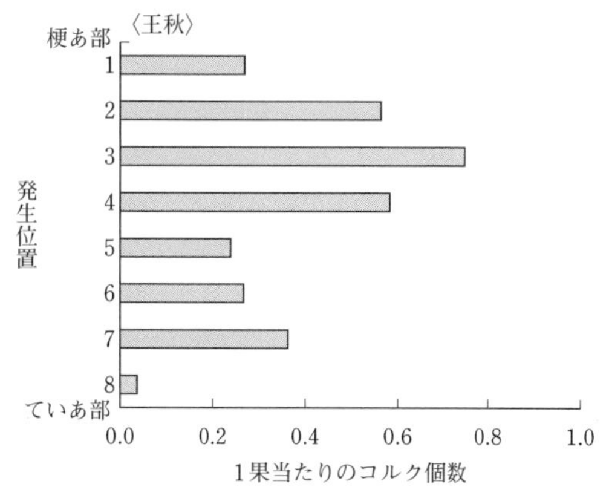

第2図　あきづきおよび王秋でのコルク状果肉障害発生位置

用カラーチャート・石川県作成）を目安に2回に分けて収穫すると，2回目に収穫した果実のほうがコルクの発生個数が多くなっている。‘王秋’でも2回に分けて収穫し比較したが，‘王秋’では果色による収穫適期の判断が困難なこともあり，‘あきづき’ほど明確な差は見られなかった（第3図）。

④果実重との関係

コルク状果肉障害について，各果実で発生しているコルクの数や大きさによって無，少，中，多の4段階で発生程度を評価し，発生程度ごとに果実品質を比較すると，果実が大きくなるほど，障害が重症化（中および多）する傾向が見られた（第4図）。

(2) 発生に及ぼす要因

①水分ストレス

生産現場での発生状況から，夏季の高温乾燥年に果肉障害の発生が多いため，水分ストレスが果肉障害の発生に影響すると推察された。そこで，‘あきづき’および‘王秋’に水分ストレスを付与し，果肉障害発生への影響を調査した。

盛土式根圏制御栽培法により育成された‘あきづき’および‘王秋’を用い，1年目はpF2.7程度の乾燥状態（強ストレス）を，5月下旬，6月下旬，7月下旬に各1週間継続した。この処理で‘あきづき’では5月下旬よりも6,

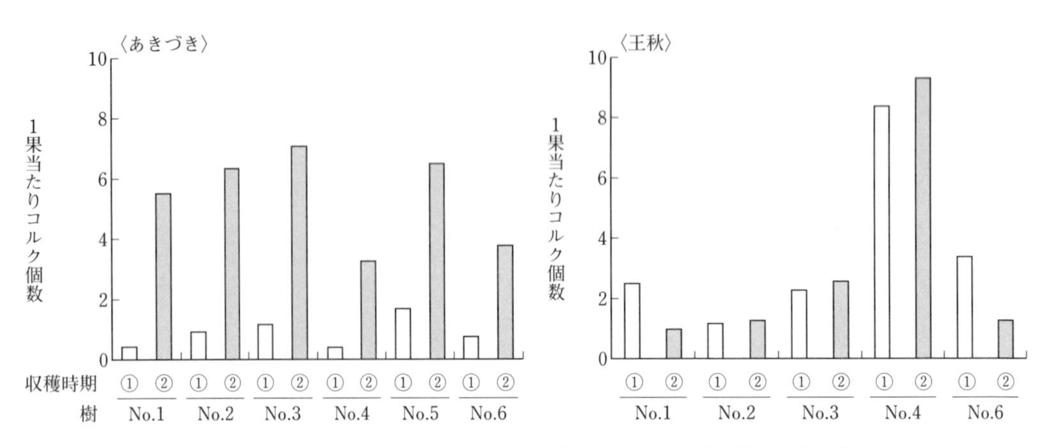

第3図　あきづきおよび王秋の収穫時期ごとのコルク状果肉障害発生個数

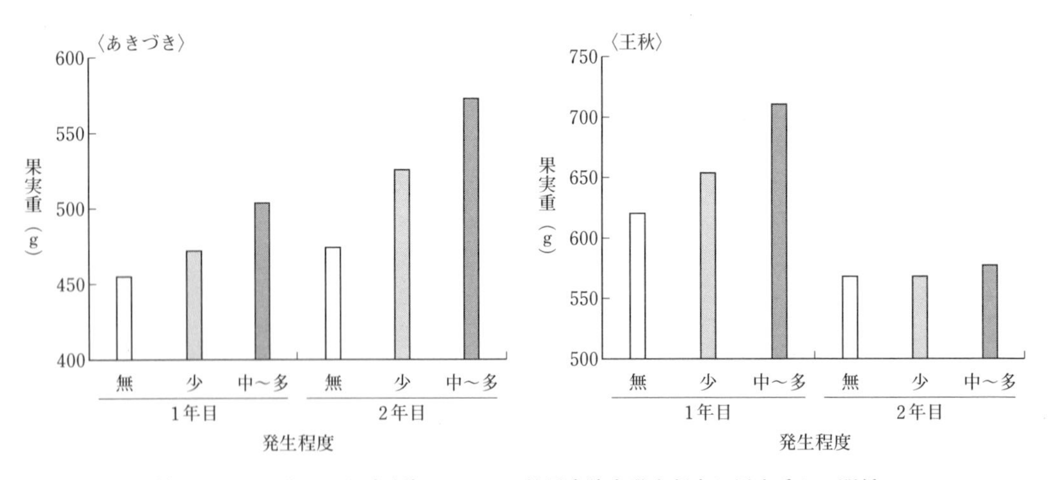

第4図　あきづきおよび王秋でのコルク状果肉障害発生程度と果実重との関係

7月下旬の葉の最大水ポテンシャル値が低下したが，コルク状果肉障害は6月下旬の乾燥で多く発生した（第5図）。‘王秋’では水分ストレスと果肉障害との関係があきらかとならなかった。2年目は8月上旬の1週間に強ストレス，また6月から7月，7月から8月の各4週間にpF2.4程度の乾燥状態（弱ストレス）を与えた。この結果，‘あきづき’では1年目よりも糖度が高く，1年目にはほとんど発生しなかった水浸状果肉障害が多く発生した（第5図）。‘王秋’では8月上旬の強ストレスでコルク状果肉障害が多くなった。

以上のことから‘あきづき’では6月下旬の強い水分ストレスがコルク状果肉障害の発生に関与していること，また長期の水分ストレスでは水浸状果肉障害の発生が助長され，水浸状果肉障害が多発する条件ではコルク状果肉障害が発生しにくくなると考えられた。

②ジベレリン処理の影響

ニホンナシの栽培では熟期促進および果実肥大促進を目的としたジベレリンペーストの使用が登録されている。果実が大きいほうが果肉障害が重症化しやすいことから，ジベレリンペースト処理がコルク状果肉障害の発生に及ぼす影響を調査した。

‘あきづき’や‘王秋’では満開50日ころから140日後までの期間はジベレリン処理した果実のほうが大きかったものの，収穫時の果実重には効果はなかった。一方，ジベレリン処理によってコルク状果肉障害の発生果率には大きな影響がなかったものの，コルク状果肉障害が発生した果実についてはコルクの数がより増えており，ジベレリン処理がコルク状果肉障害の発生した果実において障害をより重症化する可能性が示唆された（第6図）。

③開花の早晩および番花

同一樹内で果実の成熟時期によってコルク状果肉障害の発生に違いが生じた要因として，開花の早晩や花そう内の着生位置（番花）が考えられた。そこで開花の早晩や番花の違いが果肉障害の発生に及ぼす影響を2か年調査した。

1年目は，2樹の花そうから，満開3日前に5番花まで咲いている花そうの4～5番花，満開日にすべての花が咲いている花そうの2～3番花，4～5番花，6～8番花，および満開3日後に6～8番花が完全に開いていない花そうで開花している4～5番花（1年目のみ）をそれぞれ1花選び，花そう内の他の花を摘花した。

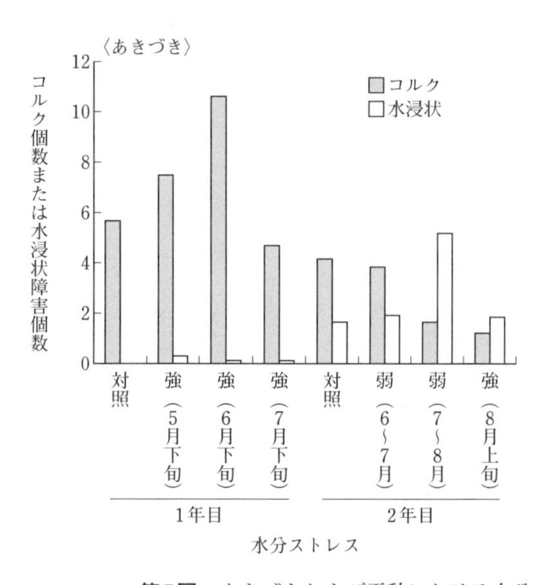

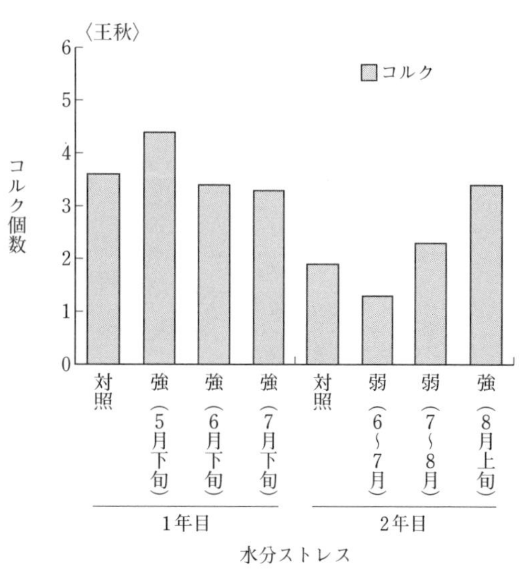

第5図　あきづきおよび王秋における水分ストレスが果肉障害の発生に及ぼす影響

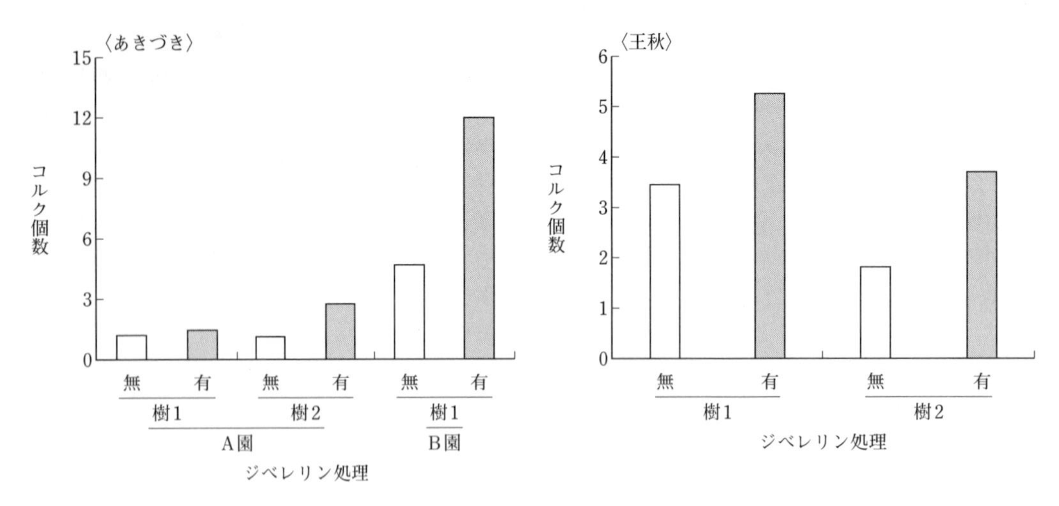

第6図　あきづきおよび王秋におけるジベレリン処理の有無とコルク発生個数との関係

なお，樹全体の約80％の花が咲いた日を満開日とし，使用した花そうは腋花芽，短果枝に関係なく無作為に選んだ。それぞれ残した花に由来する果実を収穫し，果実品質と果肉障害発生程度の調査を行なった。

1年目は，満開日6～8番花の果実のコルク状果肉障害発生個数がもっとも多く，コルク状果肉障害発生果率も高かった（第1表）。果実品質に関しては糖度でわずかに差が見られたが，その他はほとんど差がなかった。収穫日を比較すると，満開日に咲いた花では2～3番花，4～5番花，6～8番花の順に収穫が早く，4～5番花で比較すると満開3日前の4～5番花の果実で収穫の早い果実の割合がやや高かった。果皮色を揃えて収穫した果実の収穫日ごとのコルク状果肉障害の発生程度は，4回の収穫のうち1～3回目の果実はコルク状果肉障害がほとんど見られなかったが，最終の10月8日に収穫した果実は発生程度が無であった果実は1割以下となり，4割以上の果実が中または多となった（第7図）。

2年目でも1年目と同様，満開日6～8番花の果実でコルク状果肉障害発生個数がもっとも多く，また発生果率は75.9％ともっとも高かった（第1表）。一方，2年目は果実重に差が認められ，満開日6～8番花の果実が満開3日前の

第1表　あきづきの開花時期・番花が収穫日，果実重およびコルク状果肉障害の発生に与える影響

	処理区		平均収穫日（月/日）	果実重（g）	糖　度（°Brix）	コルク発生個数（1果当たり）	コルク発生果率（%）
	開花時期	番　花					
1年目	満開3日前	4～5	9/28	524	14.3	1.5	20.7
	満開日	2～3	9/29	548	14.2	0.8	16.0
	満開日	4～5	9/30	532	14.1	0.8	20.0
	満開日	6～8	10/3	516	14.2	4.4	53.1
	満開3日後	4～5	10/1	521	14.8	2.1	37.5
2年目	満開3日前	4～5	9/23	533	13.5	1.6	51.4
	満開日	2～3	9/22	492	14.1	2.0	50.0
	満開日	4～5	9/26	471	14.0	2.0	59.4
	満開日	6～8	9/28	448	13.5	2.8	75.9

4～5番果に比べて小さかった。収穫日については前年同様満開日で2～3番花，4～5番花，6～8番花の順に早く，4～5番花では満開3日前が満開日よりも早かった。収穫日ごとの果肉障害発生については，9月11日および16日に収穫した果実はすべて障害程度が無であったが，10月2日および6日に収穫した果実の8割以上にコルク状果肉障害の発生が観察された。

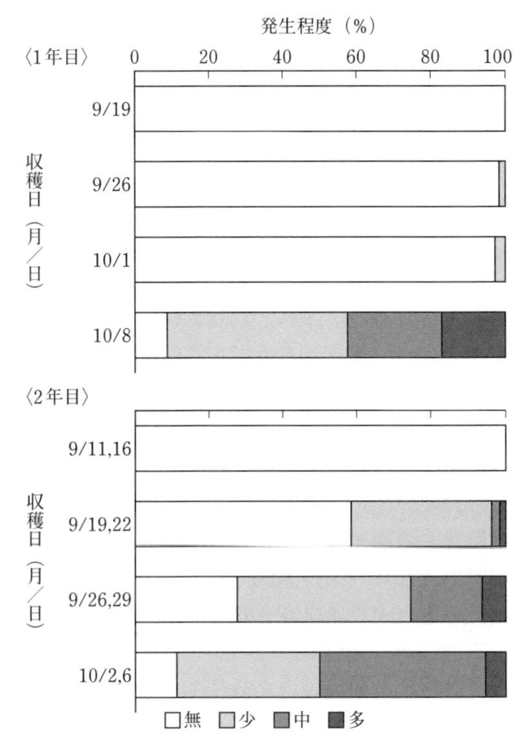

第7図 あきづきでの収穫日ごとのコルク状果肉障害発生程度

この試験では番花や開花日の由来を確実にするため，試験的に満開日前後に番花を選択してそれ以外の花を摘花した。生産現場でこの知見を‘あきづき’のコルク状果肉障害対策として利活用する場合には，予備摘果を行なう際に高位番花由来の幼果を確実に摘果するなどの管理作業に反映できると考えられるが，コルク状果肉障害低減に係る有効性については今後確認する必要がある。

(3) 各種防止対策

①極端な大玉生産は避ける

‘あきづき’や‘王秋’の着果管理に関して，粗摘果を行なう時期や仕上げ摘果での結果数がコルク状果肉障害の発生に及ぼす影響を調べた。

‘あきづき’では，粗摘果を満開15日後と45日後に行なって比較すると，満開15日後のほうが果実が大きく，コルク状果肉障害の発生も少なくなっていた（第8図，平本，2017）。

‘王秋’では，満開20日後と70日後に行なって比較するとともに，着果量についても検討した。満開20日後に行なったほうがコルク状果肉障害の発生が少なくなっており，また側枝1m当たり8果着果させた場合のほうが4果の着

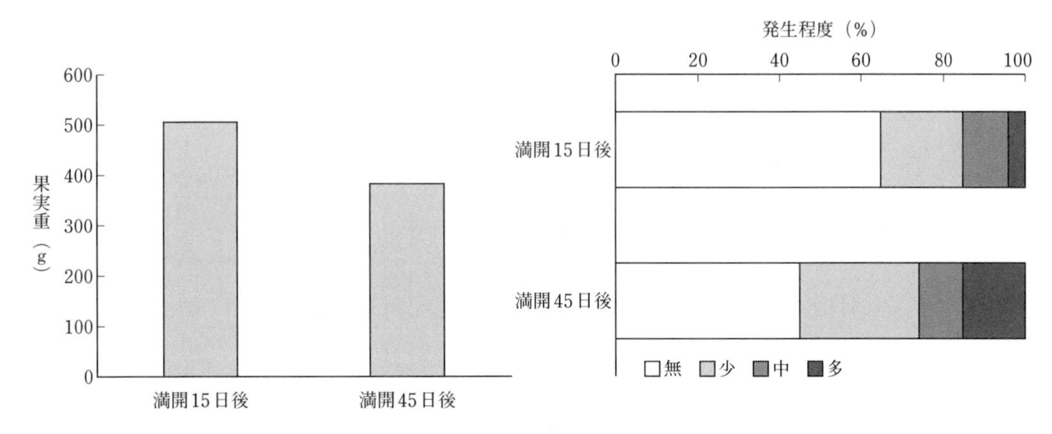

第8図 あきづきの粗摘果時期と果実重（左）およびコルク状果肉障害発生程度（右）との関係

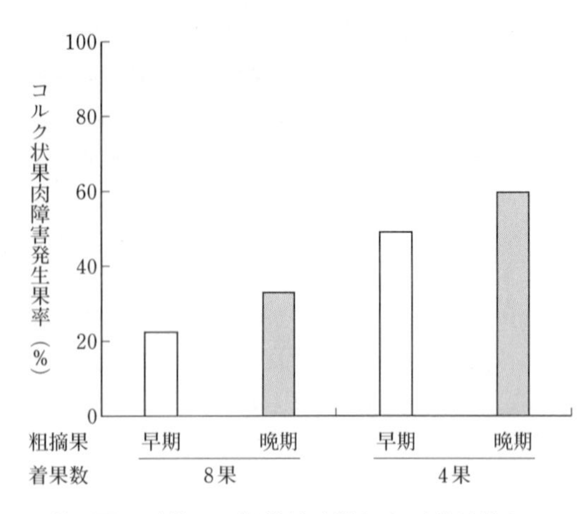

第9図　王秋での粗摘果時期および着果数とコルク状果肉障害発生果率との関係
早期：満開20日後，晩期：満開70日後

果よりもコルク状果肉障害が少なくなっていた(第9図，井戸ら，2017)。

果実が大きいとコルク状果肉障害が発生しやすいことから，極端な大玉の生産は‘あきづき’‘王秋’ともに避けたほうがよいと考えられるが，適度な果実重を目指す場合，粗摘果は早期に行なうべきである。また着果数を少なくするとコルク状果肉障害の発生が多くなるが，着果数が多すぎても糖度などの果実品質や翌年の貯蔵養分に悪影響があると考えられる。

②土壌管理

窒素施肥量や窒素以外の施肥成分などが‘あきづき’の果肉障害に影響することが示唆されている。

窒素については多施肥により果実が肥大しコルク状果肉障害が増加し，その一方で少施肥であると果実肥大が抑制され，成熟が早まることによって水浸状果肉障害が増加することが報告されている（島田ら，2013）。

果肉障害の発生が多い圃場の土壌成分を調査したところ，リン酸およびカリウムが過剰でマグネシウム/カリウム比が小さい傾向にあること，また，カルシウム資材の葉面散布により果皮直下のコルク状果肉障害が少なくなり，マグネシウム資材の葉面散布ではコルク状果肉障害の発生に影響がなかったことから，カリウム過剰によって塩基バランスが崩れ，カルシウム吸収が抑制されることがコルク状果肉障害の原因と考えられる（島田ら，2016）。

③エテホン散布はあきづきで効果

エテホン（2-chloroethylphosphonic acid）を散布した‘二十世紀’で収穫が3週間早まることから，ニホンナシ栽培において早期出荷や収穫労力の分散を図る観点からエテホンの使用が実用化されている。‘あきづき’ではこれまで使用できなかったが，同一樹内の果実のうち成熟がおそい果実にコルク状果肉障害が多く発生することから，果実の成熟を人為的に早めることでコルク状果肉障害を低減できないか検討した。

‘あきづき’のエテホン散布は1年目に満開100日後に，2年目は満開93日後に行なった。9月上旬から10月上旬にかけて収穫し，果実品質と果肉障害の調査を行なった。1年目は無処

第2表　あきづきおよび王秋へのエテホン散布が果実品質および果肉障害の発生に与える影響

	年　次	処理区	平均収穫日（月/日）	果実重（g）	硬　度（N）	糖　度（°Brix）	コルク発生個数（1果当たり）	コルク発生果率（%）	水浸状発生果率（%）
あきづき	1年目	無処理	9/22	508	20.2	14.5	3.6	57.9	23.7
		満開100日後散布	9/14	478	20.8	13.6	1.3	35.0	12.5
	2年目	無処理	9/17	504	20.4	12.6	4.6	88.6	8.6
		満開93日後散布	9/8	493	20.2	13.1	0.4	20.5	20.5
王　秋	1年目	無処理	10/21	613	20.7	13.4	1.8	79.2	15.1
		満開99日後散布	10/18	567	20.1	13.5	1.3	64.9	37.8
	2年目	無処理	10/30	682	20.2	13.4	1.6	66.7	60.0
		満開94日後散布	10/23	687	20.2	13.7	1.0	56.9	81.0

理でコルク状果肉障害発生果率が57.9％であったが，散布した樹では35.0％と有意に少なく，エテホン散布によるコルク状果肉障害発生の低減効果があった。また水浸状障害の発生も無散布より少なかった。2年目もコルク状果肉障害発生個数は少なく，発生果率も無処理の88.6％に対し20.5％と低くなっていた（第2表）。エテホン処理では無処理と比べ地色の値と糖度が高かった。2か年ともエテホン散布により収穫が前進し，8～9日早くなった。

‘王秋’には1年目に満開99日後，2年目に満開94日後に散布した。両年ともコルク状果肉障害発生果率がエテホン処理が無処理よりも低く，また発生個数もエテホン処理により低くなっていたが，水浸状果肉障害の発生果率が2か年とも高くなっていた。

エテホン散布に関する2品種での効果の違いは，無散布の果実では‘王秋’は‘あきづき’よりもコルク状果肉障害発生が少なく，エテホン散布による低減効果が小さい，また，‘王秋’が‘あきづき’よりも成熟期がおそいため，満開日を基準としてエテホン散布を行なった場合に成熟時期までの期間がより長い‘王秋’ではエテホンの効果が弱い，などの可能性が考えられるが，‘王秋’では2か年とも水浸状障害の発生果率が後期散布によって高くなっており，‘王秋’での散布は注意を要すると考えられる。

ニホンナシでの熟期促進を目的としたエテホンの満開後100日ころの散布は，従来は使用可能な品種が限定されていたが，農薬登録の変更により2016年12月に全品種で使用が可能となっている。

‘あきづき’の満開90～100日後ころのエテホン散布では成熟が約10日早まり，主要品種の‘豊水’の収穫時期と重なる場合も想定されるが，‘あきづき’を栽培・販売体系の中心にするならば，エテホン散布は果肉障害を抑制し，収穫作業労力を分散し，販売可能な時期を拡大するのに有効な手段になると考えられる。収穫後の果実の日持ちに関しては，無散布と差がないことを確認している。

(4) 基本の栽培管理を怠らない

栽培現場で問題となっているコルク状果肉障害の発生に関しては，(2) で述べた発生要因を生じないように栽培管理を行なったり，(3) で述べた防止対策を講じたりすれば，部分的には発生を軽減できるものと考えられる。しかしながら，これらを実施してもコルク状果肉障害を完全に抑えることができない場合もあり，まずは土壌改良や水分管理，整枝・剪定，樹勢維持といった基本的な管理を怠らないことが肝要である。

土壌管理に関しては，‘王秋’で土壌硬度が高いほどコルク状果肉障害が多く見られ，障害の多発する圃場で深耕を行なうと障害が減ることがあきらかとなっている（井戸ら，2012）。水分管理については，水分ストレスがコルク状果肉障害の発生を助長するため，灌水管理に留意し，とくに夏季は適期に灌水を行なうことが必要である。また樹勢に関しては，果樹では一般的に窒素の多施肥が樹勢を強くするとともに果実の成熟を遅らせることが知られている。‘あきづき’および‘王秋’のコルク状果肉障害は強樹勢の樹において発生が多いことがわかっており，強樹勢樹では早期に収穫しても果肉障害が発生していると考えられ，さらに果実が十分に成熟せず適熟の果実よりも品質が劣ることがあるため，樹勢を落ち着かせる栽培が望ましい。

古くから知られている水ナシ，ユズ肌，みつ症といったナシの生理障害と同様の対策がコルク状果肉障害発生の抑制につながると考えられるが，コルク状果肉障害特有の発生要因はあきらかになっていない。まずは‘あきづき’や‘王秋’の栽培に適した環境であるか検討を行ない，土壌管理などの基本的な栽培管理を怠らないようにすべきである。

執筆　三谷宣仁（農研機構果樹茶業研究部門）

参考文献

羽山裕子・三谷宣仁・山根崇嘉・井上博道・草場新之助．2017．ニホンナシ‘あきづき’と‘王秋’に発生するコルク状果肉障害の特徴．園学研．16（1），79―87．

平本恵．2017．摘蕾および早期摘果によるナシ「あきづき」果実のコルク状果肉障害発生軽減．熊本県農業研究成果情報．794．

井戸亮史・吉田亮・角脇利彦．2012．ニホンナシ‘王秋’のコルク状障害発生低減に関する研究．園芸学会中四国支部要旨．51，9．

井戸亮史・田邊未来・池田隆政．2017．粗摘果時期および着果密度の違いが‘王秋’のコルク状果肉障害の発生に及ぼす影響．園学研．16（別2），103．

三谷宣仁・羽山裕子・山根崇嘉・草場新之助．2017．果実成熟時期を左右する番花・開花期およびエテホン処理がニホンナシ‘あきづき’と‘王秋’のコルク状果肉障害に及ぼす影響．園学研．16（4），471―477．

中村ゆり．2011．ニホンナシ‘あきづき’‘王秋’における果肉障害発生調査報告．果樹研報．12，33―63．

島田智人・片野敏夫・大庭恵美子・井上博道・羽山裕子・山根崇嘉．2013．施肥量がニホンナシ‘あきづき’の果肉障害の発生に及ぼす影響．園学研．12（別1），47．

島田智人・井上博道・片野敏夫．2016．土壌の化学性および施肥条件がニホンナシ‘あきづき’の果肉障害の発生に及ぼす影響．園学研．15（別1），73．

田村文男．2017．ニホンナシの果肉障害発生とこれまでの研究成果．園学研．16（4），373―381．

ユズ肌症

ユズ肌症は，ナシ特有の果肉硬化症の一つで，‘二十世紀’‘新興’などに発症する。症状が軽い場合には，ていあの張りや窪みが少なくなるなどの発育不全が見られ，同時に果肉が著しく硬くなる（第1図）。田辺ら（1982）の調査結果では，障害部位の果肉硬度は健全果実の2倍以上となる。症状が重くなると，硬化が赤道部以上にまで達し，さらに果実表面がユズのような凸凹を生じる場合がある。このため，ユズ肌症と命名された（第2図）。

ナシにはユズ肌症以外にも‘長十郎’などの「石ナシ」，西洋ナシの「ハードエンド」といわれる果肉硬化症が知られているが，本症はこれらと同じ症状と考えてよい。一方，‘新興’などの変形硬化症は，梗あ部からていあ部にかけて縦溝状に陥没する果肉硬化が見られるが，障害発生部位においても比較的硬度が低く，ユズ肌症とはあきらかに異なる症状である。

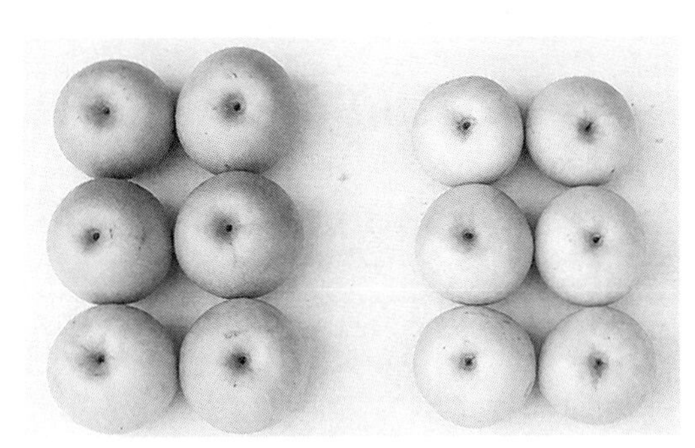

第1図　二十世紀のユズ肌症（右）と健全果（左）のていあ部

第2図　二十世紀の重篤なユズ肌症果実

(1) 発生の様態

①品種間差異

ユズ肌症の発症の有無は，品種によって異なる。発生する品種のなかでは‘長十郎’‘二十世紀’および‘新興’は重篤な症状を呈する。これらに対して，‘新水’と‘豊水’では症状が見られるものの軽微であり，とくに後者では商品性に問題のあるレベルの発生はない。

さらに‘幸水’ではほぼ発生せず，重篤な症状を示す他品種樹に高接ぎしても障害発生は見られない。近年育成された品種の多くは‘幸水’の後代にあたり，ユズ肌症の発生を報告するものは少ない。一方，‘二十世紀’と‘新水’の後代である‘真寿’には軽微であるが，発生が認められる。

②発生樹の特徴

樹勢の強弱　ユズ肌症は，同じ園内でも特定の樹に発生する。これまでの多くの観察結果を総合すると，発生樹は徒長的な樹相を示すこと，また同じ樹のなかでも強大な徒長枝が発生しやすい主枝基部に多く，比較的落ち着いた先端部には少ない。しかし，極端に衰弱した場合に発生しやすいこともあきらかである。

樹齢による差異　鳥取県における‘二十世紀’のユズ肌症の発生消長をふり返ってみると，幼木期に問題になることはなく，ほぼ成木期に達したころから多発するようになったことがわかる。さらに，樹齢の進行や技術改善によってユズ肌症発生が減少した。これらの樹の成木到期当時の特徴として，1）計画的な間伐が進んでおらず，植栽密度が過密，2）主枝，亜主枝といった骨格枝が太くなり，それらに直接着生した短果枝を結果部位としていたが，その部位から徒長枝が多発，3）施肥窒素量が多く，徒長的な生育を助長していた，ことがあげられる。以上の問題点は，おもに側枝剪定の導入と施肥体系の見直しによって改善され，同時に徒長枝およびユズ肌症発生は減少した。この点は，先に述べた徒長的な樹相を示す樹に発生が多いこととの関連を裏付ける。

③発生園の特徴

鳥取県における‘二十世紀’のユズ肌症発生の年次間差を見ると，多くは干ばつのきびしい年に発生することがあきらかである。そのなかでも梅雨後期に長雨が続き，しかも梅雨明け後の数日が急激に高温・多日照へと変化した年に多発する。このタイプの発生園に共通した点は，耕土が浅く，第三紀層に代表される粘土質で，土壌間隙が少ないことがあげられる。以上の条件に加えて，南西面向きの園でより発生が助長されやすい。このような園では，健全果においても糖度は高いものの，肉質が粗くなり，また日焼け果も発生しやすい。これに対して，土壌保水性の高い黒ボク土園ではユズ肌症の発生は少ない。

一方，干ばつ年タイプとは逆に，冷夏長雨年に発生しやすい園，あるいは樹もある。このような園の共通点として耕土は深いが平坦地で，排水不良であることがあげられる。また，水田転換園では，いずれの年においても比較的ユズ肌症が多く見られる。

また，土壌管理に関しては，断根を多く伴う深耕，何年ぶりかの全面中耕，夏季の中耕により多発する。同様に，石ナシに関しても排水不良や土壌間隙が少ない園に多いことが示されている。

④台木による発生の差異

これまで，林・脇坂（1957），および田辺ら（1982）によってホクシマメナシ台木ではニホンヤマナシ台木よりユズ肌症発生が少ないことが報告されている。一方，筆者らはマメナシの優良系統もユズ肌症の発生を明確に抑制することを証明している（（3）発生抑制技術の「③ホクシマメナシおよびマメナシ優良台木系統の利用」で後述）。

（2）症状の特徴と発生機構

①発生時期と障害部組織の特徴

ユズ肌症の発生時期に関しては，研究者によって若干の差はあるものの，いずれも夏季に発症することで一致している。鳥取県での‘二十世紀’に関する詳細な調査によると，8月になると肉眼で症状が認められることがあきらかである。

ユズ肌症果は著しく硬度が高くなる。組織学的にみると，健全果と比較して果皮直下の亜表皮層を中心にした細胞の細胞壁が肥厚し，加えてその周辺の果肉に大型の石細胞が多数存在することが原因としてあげられる。ナシの細胞壁を構成する多糖類の生体重あたり重量はおもに5月下旬までに蓄積し，その後，果実肥大に伴い低下する。すなわち細胞壁の密度が低下し，薄くなっていくのだが，ユズ肌症の場合，このような変化が起こりにくくなるといえる。一方，石細胞はナシ特有の細胞で，5月下旬から発生が見られる。そのさい，一部の細胞の細胞質が消滅して細胞壁へのリグニン蓄積が進み，非常に厚い細胞壁をもつ石細胞となる。健全果の石細胞はおもに5月から6月に果肉中の数がほぼ決定し，それ以降増加することはないが，本症の場合は，夏季に何らかの原因で石細胞が増加，あるいは大型化するといえる。

②障害部の生化学的特徴

第1表に示すように，‘二十世紀’のユズ肌症では不溶性固形物（細胞壁の総量）が高い。ユズ肌症の果実が固く，「粗くカスの多い」食味となる原因である。前述のように細胞壁多糖類は，おもに生育前半に蓄積する。ユズ肌症を発症しやすい品種は，基本的に生育初期の可溶性固形物すなわち果肉に占める細胞壁の割合が

第1表　ユズ肌症二十世紀の細胞壁多糖類含量

	ペクチン（mg/gFW）			ヘミセルロース（mg/gFW）		セルロース (mg/gFW)	不溶性含量 (g/100gFW)
	水溶性	CDTA[1]	Na_2CO_3[1]	4% KOH[1]	24% KOH[1]		
ユズ肌症	55.0	320.3	578.1	140.1	677.0	2,790.4	0.57
健全果	39.3	207.4	405.9	101.3	304.5	2,206.3	0.44

注　1)：可溶性

高い（第1表）。さらに，健全果と比較してユズ肌症発症果は，リグニン，セルロースならびにヘミセルロース含量も非常に高い。健全果において細胞壁多糖類は成熟期にかけて分解され，低分子化し細胞壁の強度が低下するのに対し，ユズ肌症発症果はこのような変化がおこりにくいものと思われる。

第2表　時期別乾燥処理とユズ肌症の発生　（林，1955）

乾燥処理時期／果実	5月下旬	6月下旬	7月下旬	8月下旬	標準樹	
					A	B
結果数（個）	15	20	19	12	22	18
健全果（個）	13	5	0	11	20	17
疑問果（個）	1	2	1	0	1	1
ユズ肌症果（個）	1	13	18	1	1	0
ユズ肌症果発生率（%）	7	65	95	8	5	0

注　7年生，ニホンヤマナシ台二十世紀，コンクリート鉢栽植

また，上記のようにリグニンの特異的な蓄積からユズ肌症発症果ではリグニン生成が高まっているものと思われる。リグニンの蓄積にはペルオキシダーゼが関与しており，石細胞の合成時にも細胞壁で特異的に活性の上昇が見られる。‘二十世紀’に対して，7月に水ストレスを与えるとユズ肌症が増加するが，同様の水ストレス処理によって通常の細胞壁部分のペルオキシダーゼ活性が高まることがあきらかであった。

③障害発生の生理

水ストレス　以上のような果肉の硬化障害が生じる原因を明確にしようとした研究として，吸水や土壌乾燥に着目した例が多い。そのなかで‘二十世紀’成木の細根（2mm以下）を冬季に取り除いた結果，その程度に応じてユズ肌症発生が増加したことが指摘されている。これらの結果と干ばつを受けやすい園で発生しやすいことをふまえて，林（1968）は時期別に乾燥処理を行ない，7月の処理が著しくユズ肌症発生を助長することを認めている（第2表）。一方，浸透ポテンシャルが低く乾燥に強いホクシマメナシ台木のユズ肌症抑制効果が認められている。

林・脇坂（1957）は乾燥処理を行なうと発生果実と葉の水分競合が生じ，ユズ肌症が発症すると結論づけている。これに対して，筆者らが行なった‘二十世紀’に対する土壌の乾燥，ならびに湛水処理試験では，両処理区で午前中から水ポテンシャルが低下し始め，午後には極度の水ストレス状態になることがあきらかであった（第3図）。乾燥下のみならず湿害によっても根の活性が下がり，その条件下で高温乾燥状態にあうと樹体は極度に水ストレスを受ける。そのさい，果実より葉の水ポテンシャルのほうが低いため果実の水ストレスが高まり，ユズ肌症を誘発すると考えられる。この点は，夏季の徒長枝の剪除や蒸散抑制剤によるユズ肌症発生の抑制効果からも証明されている。

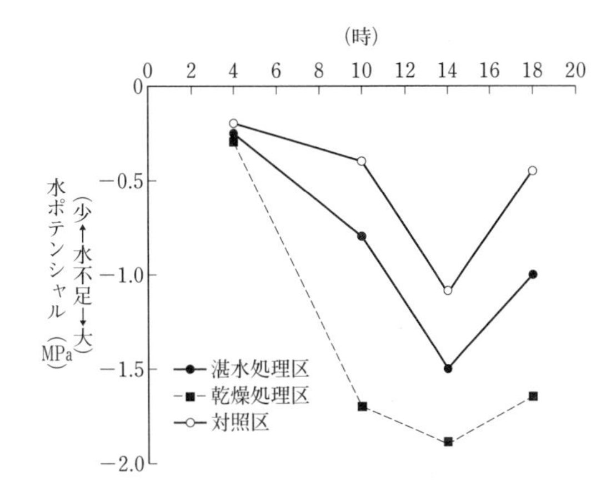

第3図　二十世紀樹への乾燥および湛水処理に伴う葉の水ポテンシャルの日変化（1994年）

無機成分蓄積の異常　ユズ肌症の発生機構として，カルシウムの吸収減とカリウムおよびマグネシウムの細胞壁への蓄積が細胞壁の厚化を引き起こし，肉質低下につながることがあきらかにされている。湛水処理を行なうと極度の根の活性低下が起こり，そのような条件ではカルシウムの吸収は抑制されるが，カリウムの吸収は抑制されにくい。さらに，カルシウムの吸収が低下するとその代わりにマグネシウムが細胞壁のペクチン質に多く含まれるようになる。その結果，成熟期になっても低分子化が進まず，

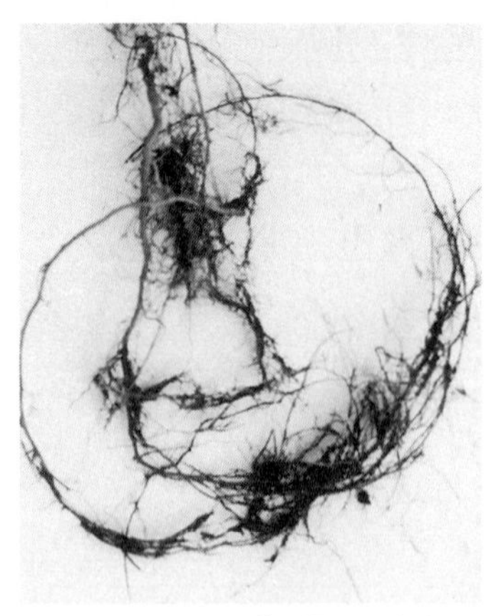
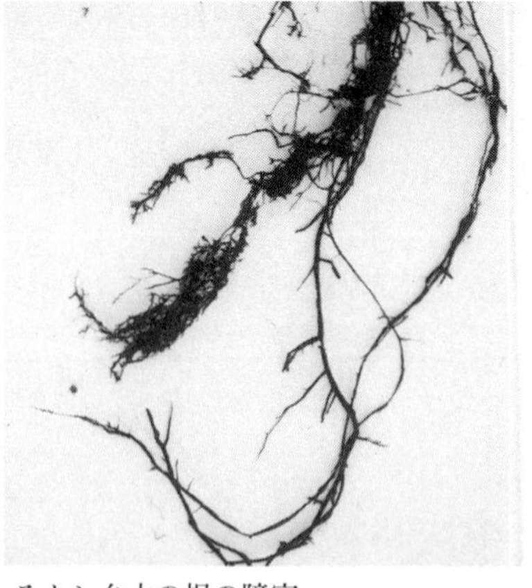

第4図　二価鉄によるナシ台木の根の障害
左：正常，右：二価鉄により黒変

の水ストレスを助長するわけである。

④**障害発生の機構**

これまで述べた点を総括すると，ユズ肌症が出やすい品種とほとんど発生しない品種があり，果肉細胞の細胞壁多糖類の蓄積が多いものに起こりやすい。発生する品種では水ストレスによって細胞壁の分解が抑制され，さらに石細胞の発達を含むリグニン蓄積が生じる。同時に細胞壁へのカルシウム蓄積が抑制され，成熟期になっても低分子化しにくい細胞壁多糖類となるため本症が引き起こされる。そして，これら果実の水ストレスを助長するのが，1）排水不良を主因とする根いたみ，2）徒長枝の多発による葉と果実との水分競合である。

細胞壁の強度が保たれ果肉硬度が低下しにくくなる。この点は，ユズ肌症状を示す果実がカルシウム不足を生じていることならびにカルシウム施用と適度な灌水によって症状が改善されることからも立証されている。さらに多発園ではカリウムの土壌ならびに葉中でカルシウムが少なく，カリウムが多いことが示されている。

本症状の抑制とは直接関連しないが，ナシ果実に開花後20～60日に塩化カルシウム溶液を散布処理すると石細胞の発達が抑制できることが示されており，以上の点との関連が示唆される。

根の活性低下　水ストレスならびに無機成分吸収の乱れは，根の活性低下がその引き金となっている。根の活性低下に伴い十分な吸水ができないため，地上における水ストレスが助長される。この根の活性低下の原因の多くは湿害によるものである。ナシの根は果樹のなかでは比較的湿害に強い部類に属するが，1週間程度土壌が滞水状態になると著しく活性が低下する。その一因として，湛水によって嫌気状態になると，1）体内でアルコール発酵が始まり，エタノールが蓄積する，2）同様にシアン化合物も生成する，ためである。さらに，地温の高い夏季においては土壌微生物の呼吸活性が高く，土壌自体が還元状態になり，硫化水素や二価鉄などの毒性物質が生じ，直接根をいためる（第4図）。梅雨期の根いたみが，その後の干ばつ時

(3) 発生抑制技術

①**排水と土壌改良**

これまで述べた理由から鳥取県においては排水の重要性が指摘され，暗渠排水が園内敷設されて，ユズ肌症軽減に効果が認められた。また，深耕と有機物施用は有効な作土を増やすので，基本的にはユズ肌症軽減に有効であるが，十分な排水を確保したうえでの施工が必須となる。すなわち，水がたまるようなかたちでの深耕に加え，有機物が土中に施用されると，滞水時に土の嫌気状態をより助長するからである。また，傾斜地であっても土壌は一様ではなく，不透水層が中下層にある場合はこれを破る必要がある。

一方，暗渠を敷設しにくい成木園でもっとも効果が得られた技術は，田中の開発したボーリング処理（田中ら，1986）である。これは，高圧水流によって直径10cm，長さ5m程度の排水穴を掘る技術で，粘質土壌園で高いユズ肌症発生軽減効果を有している。さらに，この工法は根をいためないため通年にわたって施工できる

という利点も有している。

②**適切な地上部管理**

徒長枝を夏季剪定することでユズ肌症が軽減することは古くから認められてきた。しかし，新梢が二次伸長を起こすと，黒斑病菌の密度が上昇する危険性が高まるため，‘二十世紀’ではあまり行なわれていない。加えて，果実肥大と糖度向上のためには，早期展葉と新梢生長の早期停止が理想的である。すなわち‘二十世紀’では，間伐と側枝整枝・剪定技術の改良，さらには窒素施肥量の抑制によって徒長枝発生の少ない中庸な樹勢を保つ技術が必須といえる。

具体的な管理としては，1）間伐によって主枝先端部を十分伸ばし，高い位置に誘引することで主枝基部からの徒長枝発生を抑制する，2）側枝剪定のさいには，主枝同様に先端を立てて強化する，また，側枝の強さによって残す短果枝花芽の数を調整するとともに徒長枝の出ないような花芽を残す，3）主枝・亜主枝の背面ならびに側枝基部から発生する不定芽の春季の除芽，である。

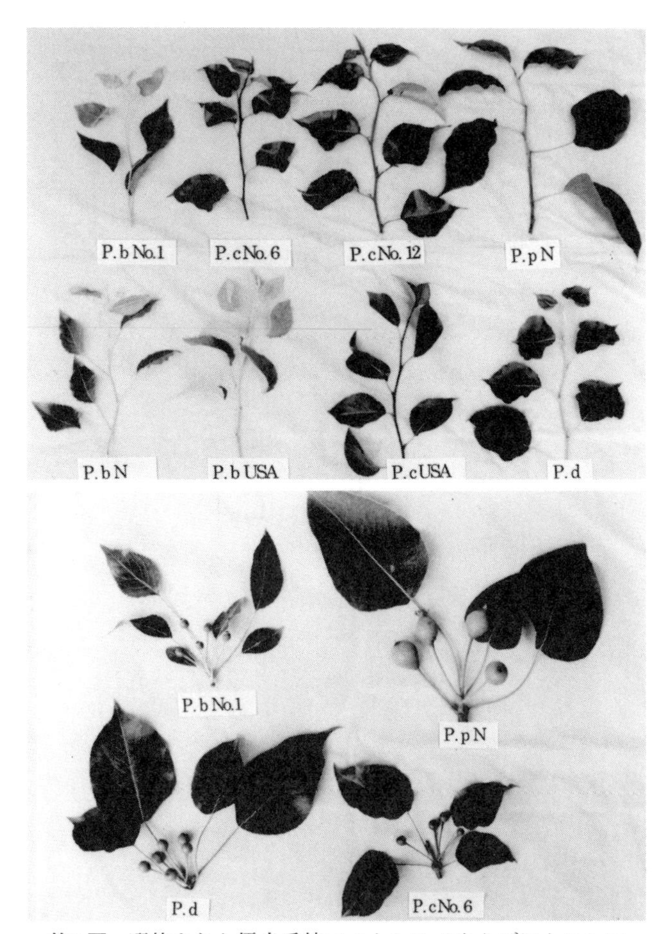

第5図　選抜された優良系統マメナシNo.6ならびにホクシマメナシNおよびほかのナシ属野生種

P.b：ホクシマメナシ，P.c：マメナシ，P.p：ニホンヤマナシ，P.d：ミニヤマナシ

試験的には，夏季の蒸散抑制剤散布もユズ肌症抑制に効果が認められているが，コスト面で実用化に至っていない。また，干ばつが予測される場合には十分な灌水も効果が高い。

③**ホクシマメナシおよびマメナシ優良台木系統の利用**

すでに示したように，林（1968）と田辺（1992）はユズ肌症抑制に効果が高いとして，ニホンヤマナシよりホクシマメナシの使用を推奨してきた。しかし，苗の生産現場ではマメナシ類より茎径が太く，1年で接ぎ木しやすいヤマナシ類に代表される大果系ナシ類が台木として用いられることが多い。さらに，国内に現存するマメナシ類には果実だけではホクシマメナシと見分けにくく，しかも耐乾性が弱い「チョウセンマメナシ」や「ミエマメナシ」も多い。また，ホクシマメナシと栽培品種との雑種も存在するが，これは純粋なホクシマメナシより耐乾性が弱いことが確認されている。ちなみに，マメナシ類と大果系の栽培種との交雑種は3～4心室になり，めしべの数で確認できる。

筆者らは台木種の耐乾性と耐水性系統の選抜を行ない，優良系統としてホクシマメナシN，マメナシNo. 6，No. 8を選抜し（第5図），これらを用いた‘二十世紀’成木においてユズ肌症抑制の効果を実証している。鳥取県では，すでに1990年代後半からマメナシNo. 6，No. 8

とホクシマメナシNが‘ゴールド二十世紀’の台木として用いられており，これらにユズ肌症が大きな問題となっていないことは特筆すべき点といえよう。

執筆　田村文男（鳥取大学）

参考文献

林真二・脇坂聿雄．1957．二十世紀梨の柚肌病に関する研究（第3報）柚肌発生の解剖学的考察．園学雑．26，178—184．

林真二．1968．ナシの生理障害Ⅰナシのユズ肌病．219—249．鳥潟博高編著．果樹の生理障害と対策．誠文堂．東京．

田辺賢二・林真二・村山信美．1982．ニホンナシにおけるユズ肌病発生程度の品種間差異と果肉中の無機成分との関係．園学雑．50，432—435．

田辺賢二．1992．ニホンナシ栽培の問題点と展望．園学平4秋シンポ要旨．1—11．

豊水のみつ症

(1) 豊水の育成経過とみつ症

豊水は二十世紀の血を濃く受け継いでいる。二十世紀は完熟期においてみつ症が発生しやすい品種であり，それは水ナシと呼ばれてきた。

二十世紀のみつ症は，主産地で発生が少ないことや，みつ症が発生する前に早どりするために，大きな問題とならないが，年によって発生がみられる。しかし，豊水は二十世紀より発生しやすく，主産地である関東地方で発生が多い。さらに未熟果でも年により発生するなど，経営上問題となっている。

江戸時代に栽培された品種のみつ症発生率は27％程度であるのに対して，二十世紀の血をひく，近年の品種・系統を主とした交配実生は72％と高い発生率である。さらに，晩生品種のみつ症発生率20％に対して早生品種は77％と，早生品種ほどみつ症の発生が多い。

肉質の柔らかい早生・中生品種を育成するために，二十世紀を中心に近親で交配を続けた結果，みつ症の発生率が高まったと考えられる。このように，みつ症は子孫にまで遺伝する。

(2) みつ症は生理障害の1つ

ナシのみつ症は長十郎の果肉褐変や菊水の果肉崩壊症と同じ果肉障害であり，ニホンナシの重要な生理障害の1つである。また，ナシのみつ症は基本的に果肉の過熟現象であり，リンゴのみつ症と同じ生理障害である。

みつ症の症状は，リンゴでは果芯部から果肉に発生するものが多いが，豊水では果皮直下から果肉部に帯状に発生するもの（第1図）が多く，果肉の維管束周囲にスポット状に発生するもの（第2図）もある。

初期には境界不明瞭な水浸状がしだいに明瞭になり，拡大する。さらに進むと褐変化し，果肉が崩壊して空洞ができる（第3図）。年によっては鬆入り症状と合併して発生する。

みつ症の発生部位は果実のていあ部に多い。

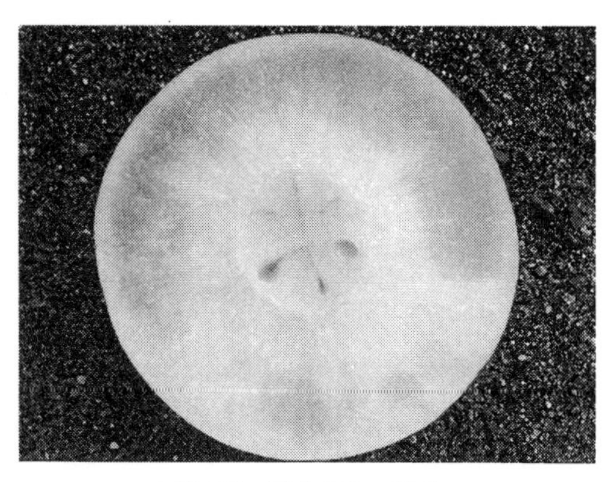

第1図　豊水のみつ症状

第2図　豊水の維管束周囲にスポット状に発生したみつ症状

第3図　豊水のみつ症状が進行し，果肉が崩壊して空洞化した状態

症状がかなり進んだものは，ていあ部が潤んだようになり，外観からわかるようになるが，症状の軽いものは外観から判定することは難しい。

第4図のように，豊水のみつ症発生程度は指数化されているが，みつ指数2および3の果実は商品価値がない。

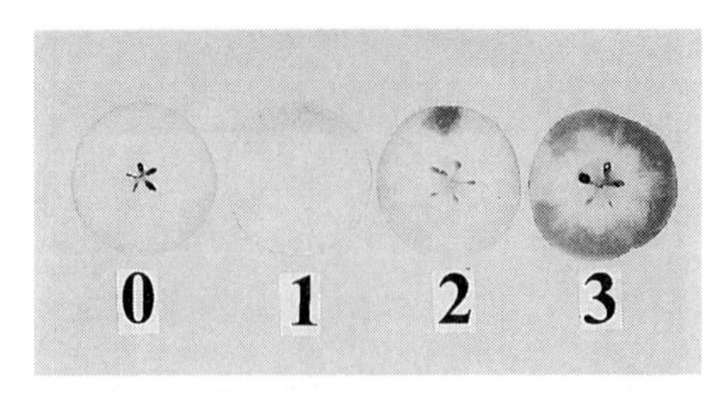

第4図　豊水のみつ症の指数化
指数2と3の果実は重症果で商品価値がない

みつ症部には糖アルコールであるソルビトールが健全部より多く蓄積し，またショ糖の蓄積も多く，健全部より甘く感じられる。

(3) みつ症発生の仕組み

①みつ症部にソルビトールが蓄積

バラ科植物の多くがそうであるように，ナシでも葉で同化された光合成産物は，主にソルビトールとして篩部を通り，果実に送られる。果実に移行してきたソルビトールは，幼果のうちはフラクトースやグルコースなどに代謝された後，果実が成熟するにしたがって，ショ糖に転換される。

みつ症部にソルビトールが蓄積することは，次のように考えられる。ソルビトールをフラクトースやグルコースに転換するソルビトール脱水素酵素やソルビトール酸化酵素の活性が低下する。また，細胞壁や細胞膜の活性が失われ，ソルビトールが細胞内外に漏出する。ショ糖の蓄積については，インベルターゼ酵素活性が低下して，分解が抑制される。こうしたことが原因と考えられる。

②細胞壁の分解，細胞膜の透過性上昇

ナシが成熟する過程では，セルラーゼの活性が高まって，細胞壁を構成するセルロースが分解され，さらにアラバナーゼやキシラナーゼの活性が高まってヘミセルロースが分解される。最後にポリガラクチュロナーゼやベータ・ガラクトシダーゼの活性が高まってペクチンが分解され，細胞壁が分解される。その結果，細胞間の接着が弱まり，肉質が柔らかくなる。

みつ症部では，これらの細胞壁分解酵素の活性が健全部より高まるか，または細胞壁そのものの充実が悪いために，分解されやすくなり，より成熟が進んで過熟になったものと考えられる。

果実の発育は，細胞分裂期（S_1），細胞肥大準備期（S_2），細胞肥大期（S_3），成熟期（S_4）の4期に分けられる。第5図のように，細胞肥大準備期に細胞壁を構成する多糖類が蓄積される。したがって，この時期に細胞壁構成多糖類が十分蓄積されないと，みつ症の発生が助長される。

みつ症果は細胞壁が分解されるばかりか，細胞膜が障害を受け，膜の透過性が高まってカリウムイオンが溶出しやすくなる。7月に低温処理した果実は，直後からカリウムイオンの溶出が多くなる。低温によって細胞の老化が進み，細胞膜の透過性が高まったためである。

(4) みつ症の発生要因

①低温の影響

豊水のみつ症発生には，園地・樹体・年次間差がみられる。過去において，昭和55，57，63年および平成5年は発生が特に多かった。各年次において共通的なことは，第6図にみられるように7月が低温に経過していることである。低温により果肉細胞の老化が進み，果肉が成熟に向かうのに対して，果色の進みがその割には遅く，果肉先熟型となる。果実の着色を待っていると果肉の老化が進み，みつ症が発生する。

7月が低温の年は豊水の収穫期が早まり，また5月の高温も収穫を早める。さらに豊水を簡易被覆栽培により生育を早めただけで，露地よりみつ症の発生が多くなる（第1表）。

第2表からわかるように，みつ症が発生した昭和55，57，63年および平成5年は，発生がなかった62年より満開後日数で9〜12日早く収穫

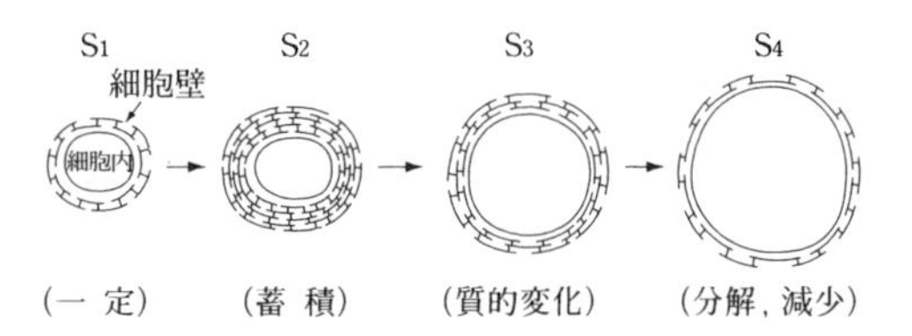

第5図　ニホンナシ果実肥大にともなう細胞壁伸展のモデル　（山木，1982）

が始まっている。

②植物生長調節物質などの過不足

ナシやリンゴではエチレンが成熟期前に発生し，成熟を誘導する。エチレンは成熟ホルモン，傷害ホルモンとして知られている。夏季の低温や，湿害による根の傷害によって，エチレンが樹体に蓄積し，みつ症の引き金となると考えられている。

成熟期前にエスレルやACC（1―アミノシクロプロパン―カルボン酸＝エチレンの前駆物質）を散布処理することにより，みつ症の発生が助長される（第7図）。

また満開後4，6，8週間に，ジベレリンを果梗にペースト処理することによって，みつ症発生が助長された（第8図）。この時期の果実発育は細胞肥大準備期にあり，ジベレリン生成量が低下するときであり，細胞壁を構成する多糖類が蓄積されるときである。ジベレリン処理によって，細胞が急激に肥大して多糖類の蓄積が不十分になるため，またはジベレリンによって成熟が促進されるために，みつ症が発生しやすくなると考えられる。

カルシウム欠乏がみつ症発生の要因となると考えられている。細胞の中でカルシウムがカルモジュリンというタンパク質と結合して，種々の重要な生理作用を行なうことが明らかにされている。カルシウム不足によって，カルシウムとカルモジュリンの結合が行なわれずに，みつ症が発生するとされる。また，カルシウムはエチレンの作用を抑制し，みつ症発生を抑制すると考えられている。

③土壌および栽培上の要因

現在のところ，遺伝（品種）および温度（夏季の低温）以外に有力な要因は明らかでないが，実態調査結果では，豊水のみつ症と栽培要因の間に次のような関係が認められた。

火山灰土壌園で発生が多く，沖積土壌園で少ない。萎縮症や紋羽病などにかかった樹勢の悪い樹で発生が多い。古い側枝の多い樹で発生が多い。排水不良地に発生が多い。しかし，常時湛水状態にあ

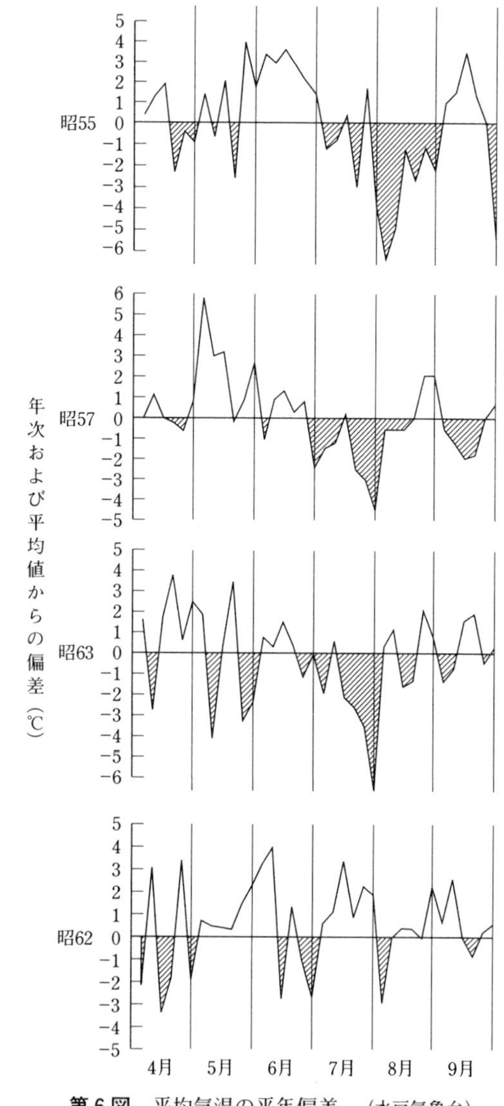

第6図 平均気温の平年偏差 （水戸気象台）

みつ症多発生年の昭和55年，57年，63年と少発生年の昭和62年と平均気温の平年値からの偏差比較

第1表 樹体または果実のビニール被覆処理が豊水のみつ症発生に及ぼす影響

処理方法	果実重(g)	比重	地色	硬度(lbs)	糖度(%)	pH	平均みつ指数	重症果率(%)
樹体[1]	488	1.014	3.7	3.7	13.6	4.66	0.90	23.7
無処理	416	1.016	4.0	3.1	13.0	4.66	0.10	0.0
果実[2]	465	1.013	3.7	2.6	10.6	4.73	1.20	32.5
無処理	400	1.016	3.9	2.9	12.6	4.65	0.20	5.0

注 1）3月5日から7月2日まで樹冠全体をビニール被覆した
2）5月9日から9月8日まで果実のみをビニール袋で被覆した

第2表　みつ症発生年における豊水の発育ステージ

（茨城園試）

年次	開花期（月.日）			収穫期（月.日）			備考
	始	盛	終	始	盛	終	
昭和55年	4.21	4.26	5.2	9. 5 (132)	9.16 (143)	9.22 (149)	みつ症発生多
57年	4.14	4.17	4.22	9. 1 (137)	9. 8 (144)	9.16 (152)	〃　多
63年	4.19	4.21	4.29	9. 5 (137)	9.13 (145)	9.26 (158)	〃　多
62年	4.14	4.17	4.21	9.10 (146)	9.16 (152)	9.28 (164)	〃　少

注　（　）内は満開後日数

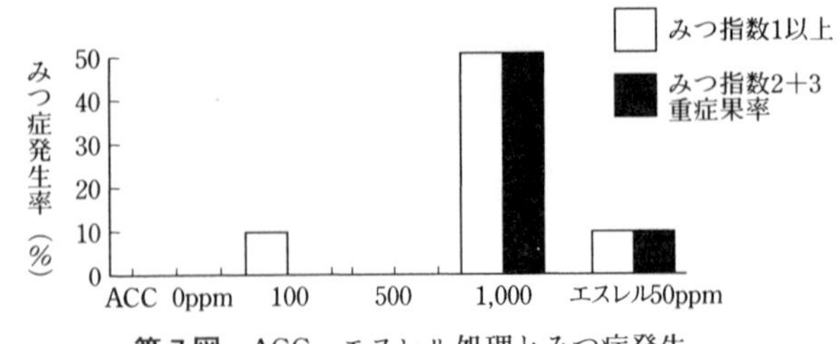

第7図　ACC，エスレル処理とみつ症発生

（茨城園試，1989）

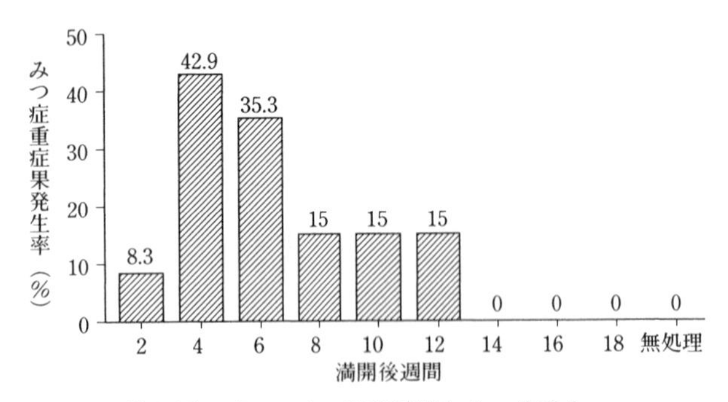

第8図　ジベレリン処理時期とみつ症発生

った沖積土壌園で発生がみられなかったことから，乾燥・多湿の繰り返し，土壌水分の変動が，みつ症の発生を助長すると考えられる。

また，逆に樹勢が強く，新梢伸長が旺盛な樹や，着果数に対し葉枚数が多すぎる樹，着果数の少ない大玉果生産園にみつ症発生が多くみられた。

さらに，断根処理や過剰施肥，強摘果によっても，みつ症発生が助長された（第3表）。

(5) みつ症の防止対策

①適期収穫

豊水のみつ症は，例年では収穫初期に，古い側枝で，葉数の少ない短果枝上の日焼け果に発生が多く，収穫盛期には少なくなり，収穫後期の過熟果にまた多くなる。

豊水は満開後150日を過ぎると，過熟果にみつ症が発生しやすくなる。糖度や酸度，みつ症発生を考慮して，満開後145～155日の収穫適期に収穫する。市場からは，完熟果の出荷が求められており，遅取りの傾向がある。しかし，みつ症発生の危険性が高まるので，注意が必要である。

みつ症発生の予測は，7月の気温や，果実の比重・硬度の低下から可能である。冷夏年には豊水果実の比重が急激に低下する（第9図）。

冷夏年には，未熟果で，地色が2～3といった早い時期から終わりまで，みつ症が発生する。したがって，例年は地色3.5～4.5程度で収穫するが，みつ症の発生が予想されるときは，地色3前後で収穫し，みつ症果の出荷を避ける。しかし，このような消極的な回避策では不十分であり，しかも早どりの豊水は酸味が強く，品質が劣る。

西洋ナシで行なわれている方法では，ヨー

第3表　摘果強度が果実品質・みつ症発生に及ぼす影響（1991）

処理	調査日	反復	果実重（g）	比重	地色	硬度（lbs）	糖度（%）	pH	平均みつ指数	重症果率（%）
少着果（4果/m²）	満開後141日	2	460	1.015	4.1	2.9	13.0	4.82	0.63	20.0
	満開後145日	1	391	1.001	4.7	2.7	13.5	4.78	0.96	23.3
		2	463	1.020	4.2	2.7	12.9	4.85	0.83	30.0
	満開後152日	1	456	0.981	4.4	2.3	12.9	4.74	1.36	46.7
		2	540	1.001	4.2	2.3	12.4	4.88	1.30	43.3
標準着果（12果/m²）	満開後141日		457	1.010	4.7	3.0	13.0	4.72	0.40	6.7
	満開後145日		489	1.011	4.6	2.8	13.0	4.81	0.53	13.3
	満開後152日		478	1.006	3.9	2.7	12.3	4.64	0.13	0

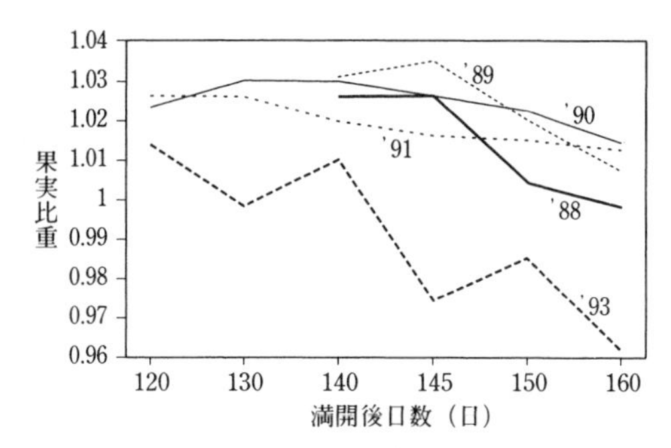

第9図　豊水の果実比重の変化
（茨城園研，1993）

ド・ヨードカリ反応によってデンプンの消失程度を知り，果色（表面色）にとらわれず，適熟果を収穫することができる。

また，高感度カメラを使用した透過光測定システムにより，非破壊的にみつ症果を判定できる可能性があり，選果の過程でみつ症果を除くことが考えられる。

②耕種的防止

基本的には樹勢の維持，整枝剪定，土壌改良，排水対策，適正な着果管理など，一般の栽培管理を適切に行なうことによって，耕種的にみつ症発生を抑制することが重要である。特に近年，豊水は樹勢が低下しているので，樹勢の回復・維持が必要である。また逆に，大玉果生産をねらって強摘果し，着果数を減らし過ぎる傾向もあるので，注意が必要である。

火山灰土壌で長十郎に高接ぎして10～15年経過し，樹勢の低下した樹に，みつ症の発生が多いことから，老木園では改植が必要である。また，豊水は花芽がよくついて豊産性であることから，着果過多となり樹勢が低下している。さらに，短果枝中心の栽培のため側枝がかなり古く，葉枚数が少ない。

これらのことから，土壌改良によって有機物や石灰・リン酸を補給して細根の発生を多くするとともに，2～3年生の若い側枝を中心に，葉枚数確保のため予備枝を利用して樹勢を回復させる。また，排水対策を十分に行なうとともに，乾燥を防ぎ，土壌水分の変動を少なくする。そのために，春先から生育期をとおして灌水対策が必要である。

しかし，樹勢が強すぎてもみつ症発生がみられるので，樹勢，新梢伸長を適切に管理する。1年枝・腋花芽利用を多すぎないようにし，土壌改良による断根を避け，過剰施肥を行なわない。さらに，適正着果につとめ，極端な大玉果や小玉果の生産を避ける。

樹勢の強い樹では，夏季剪定や摘葉によってみつ症発生を抑制することもできるが，樹体に与える影響も大きいので，さらに検討が必要である。

第4表　炭酸カルシウムの処理時期別みつ症果発生防止効果　（梅谷，1993）

処理区		満開後日数	重症果[1]（2以上）	発生果[2]（1以上）	みつ指数	果重平均（g）	地色平均	硬度平均	糖度平均	対無処理[3]区みつ指数
炭酸カルシウム散布	A樹	50	2/30	6/30	0.3	295	4.4	3.0	11.2	47
		80	1/30	2/30	0.1	290	4.0	3.4	11.0	18
		100	0/30	2/30	0.1	279	4.1	3.4	11.2	14
		無処理	5/30	11/30	0.6	301	4.4	3.2	11.4	100
	B樹	50	2/30	7/30	0.3	313	4.6	2.9	12.2	81
		80	1/30	4/30	0.2	307	4.6	2.8	12.2	46
		100	1/30	8/30	0.2	295	4.3	3.0	12.0	43
		無処理	3/30	8/30	0.4	309	4.8	2.8	12.2	100

注　1）みつ指数2以上のみつ症発生果
2）みつ指数1以上のみつ症発生果
3）無処理区みつ指数を100とした場合の指数値比較

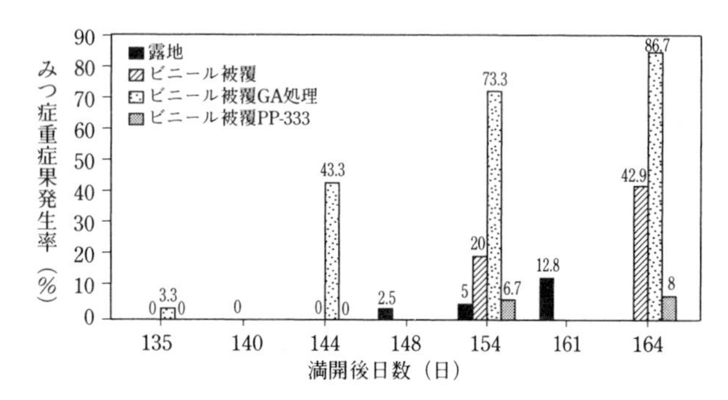

第10図　ビニール被覆，ジベレリン処理がみつ症発生に及ぼす影響
（1990）

③植物生長調節物質などの利用

リンゴでは，カルシウム剤の散布によってみつ症発生を抑制し，貯蔵性を増している。豊水でもカルシウム剤散布によって，みつ症発生を軽減できる。第4表は，満開後80日および100日に炭酸カルシウム（クレフノン）3％溶液を樹冠全面に散布することによって，みつ症の発生を軽減した例である。また，キレート石灰を果梗に塗布することによって，みつ症の発生を軽減できる。しかし，カルシウムの効果については，年によって差がみられ，不安定である。

満開30日後や満開80日後にジベレリン生合成阻害剤であるPP－333（パクロプトラゾール）を散布した結果，安定的に高率で，みつ症発生を抑制できた（第10図）。PP－333は，新梢伸長を抑制して短果枝が多くなることや，果実の肥大を抑制するなど，使用時期によっては問題もあるが，今後みつ症の発生防止技術として期待できる。しかし，まだナシに対しては適用が未登録なので使用はできない。

執筆　佐久間文雄（茨城県農業総合センター生物工学研究所）

④挿し木苗の利用

ナシ‘豊水’は，気象条件などにより果実生理障害が発生し，多発年は廃棄果実が増えるなど大きな問題となる。

栃木農試場内の‘豊水’は，みつ症が多発する樹と，多発年でも発生しない樹が存在し，樹体間で差がみられる。ナシはヤマナシまたはマメナシの実生を台木に，穂品種を接ぎ木して苗木を育成しているが，両台木とも実生苗を利用しているため遺伝的に不均一なために，樹の生育やみつ症の発生などに個体差が生じると考えられる。そこで，樹体間差をなくすため‘豊水’の挿し木苗を育成（日本製紙（株）の光独立栄養培養法（特許登録：02990687，03861542）による発根培養）し，挿し木苗‘豊水’が果実品質および果実生理障害に及ぼす影響を，栃木農試で開発した盛土式根圏制御栽培法（以下，根圏）を用いて検討した。

果重は，移植後4年目の2012年に挿し木苗の2処理が豊水/ヤマナシよりも大きかったが，他の年次に差はみられなかった。糖度に処理間差はみられなかった。みつ症は，発生程度を調査した5年間は発生自体が少なく差はみられなかったが，水浸状果肉障害は挿し木苗の2処理が2010年および2012年に豊水/ヤマナシよりも発生が少なかった（第5表）。‘豊水’挿し木苗は果実障害軽減効果があると考えられた。なお，挿し木苗の2処理間に差がなかったことから，穂木の違いではなく，台木への接ぎ木により障害発生が助長されていると示唆された。

⑤台木利用による発生軽減

ニホンナシなど果樹の苗木増殖は，穂木品種を台木に接ぎ木する方法が一般的である。台木は，種子を播種して育成（増殖）するため，生育にバラツキがみられ，接ぎ木した穂品種の生育にも影響を及ぼしていると考えられる。そこで，台木の種類別に穂品種を接ぎ木することで樹体特性，生産性および果実特性を解明し，‘豊水’‘にっこり’などで収量性に優れ，生理障害の少ない台木系統を選抜した。

台木は，マメナシ（Pc8，Pc（新潟選抜）），マンシュウマメナシ（Pb（N）），ニホンヤマナシ（Pp）を用いた。それぞれの特性は次のとおりである。

・マメナシ（系統8：Pc8）：*Pyrus calleryana*，アジア原産マメナシ類（2心室），耐水性が強い

・マメナシ（新潟系統:Pc（新潟選抜））:*Pyrus calleryana*，アジア原産マメナシ類（2心室），新潟園試で選抜した系統

・マンシュウマメナシ（N系統：Pb（N））：*Pyrus betulaefolia*，アジア原産マメナシ類（2心室），（国研）果樹茶業研究部門で保存している系統，細根が多く耐乾性が強い

・ニホンヤマナシ（Pp）：*Pyrus pyrifolia* var. *pyrifolia*，日本原産（5心室）

根圏で栽培した移植後5か年（移植2～6年目）の平均果重および収量は，Pb（N）台およびPc8台で優れる傾向がみられ，糖度は挿し木苗で高かった。みつ症および水浸状果肉障害の発生は，Pb（N）台で少なく，Pc8台で多かっ

第5表　挿し木苗（品種：豊水）の根圏における果実生理障害発生程度の推移

処理区	みつ症発生程度[1]						水浸状果肉障害発生程度[1]					
	2010年 2年目	2011年 3年目	2012年 4年目	2013年 5年目	2014年 6年目	平均	2010年 2年目	2011年 3年目	2012年 4年目	2013年 5年目	2014年 6年目	平均
みつ症少樹（挿し木苗）	0.0	0.1	0.2	0.1	0.0	0.1	0.0b[2]	0.0	0.4b	0.0	0.0	0.1
みつ症多樹（挿し木苗）	0.0	0.1	0.2	0.0	0.0	0.1	0.1b	0.0	0.5b	0.0	0.0	0.1
豊水/ヤマナシ（実生苗）	0.2	0.2	0.1	0.0	0.0	0.1	0.6a	0.1	1.2a	0.1	0.1	0.4
有意性[3]	＋	ns	ns	ns	—	—	**	ns	**	ns	—	—

注　1）みつ症は0：無～3：多に，水浸状果肉障害は0：無，1：1～2個，2：3～4個，3：5個以上に分類し，Σ（発生程度×発生果数）/（調査果数）で産出した

2）多重比較はTukey法により同符号間に5％水準で有意差なし

3）分散分析により**は1％，＋は10％水準で有意，nsは有意差なし，—は統計解析をしていない

第6表　台木別（品種：豊水）の移植後2～4年目の果実生理障害の推移（根圏制御栽培法）

処理区	みつ症発生程度[1]						水浸状果肉障害発生程度[1]					
	2012年	2013年	2014年	2015年	2016年	平均	2012年	2013年	2014年	2015年	2016年	平均
豊水/Pb（N）	0.3b[2]	0.0	0.0	0.0	0.2	0.1	0.0	0.1b	0.1	0.1	0.1	0.1
豊水/Pc8	1.4a	0.1	0.0	0.1	0.3	0.4	0.2	0.3a	0.1	0.2	0.2	0.2
豊水/Pc（新）[3]	0.6b	0.0	0.0	0.0	0.1	0.2	0.0	0.1b	0.1	0.3	0.1	0.1
豊水（挿し木苗）	0.7b	0.1	0.0	0.0	0.5	0.2	0.0	0.0b	0.0	0.0	0.1	0.0
有意性[4]	**	ns	ns	ns	ns	—	ns	**	ns	ns	ns	—

注　1）みつ症は慣行により0：無～3：多に，水浸状果肉障害は0：無，1：1～2個，2：3～4個，3：5個以上に分類し，Σ（発生程度×発生果数）/（調査果数）で産出した
2）多重比較はTukey法により同符号間に5％水準で有意差なし
3）2015年の豊水/Pc（新）2樹のうち1樹は生育不良のため，データは1樹のみ
4）分散分析により**は1％，＋は10％水準で有意，nsは有意差なし，—は統計解析をしていない

第7表　みつ症およびす入りと気象要因との相関係数

	みつ症	す入り
す入り	0.937***	
収穫盛	−0.405	−0.462
満開0～38日の平均気温	0.214	0.212
収穫前60～41日の平均気温	−0.738***	−0.762***
満開後100日の果実比重	−0.847***	−0.814***
満開後110日の果実比重	−0.766***	−0.828***

注　＊＊＊は0.1％水準未満で有意。20年間のデータ

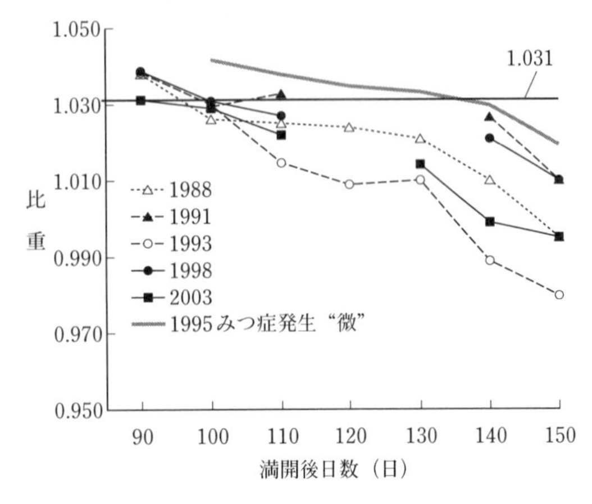

第11図　みつ症多発年の果実比重の推移

みつ症発生指数（Y1）
$Y1 = 0.3111X1 - 0.4359X2 + 6.9866$
$(r = 0.7799^{***})$
す入り発生指数（Y2）
$Y2 = 0.3432X1 - 0.4982X2 + 7.9979$
$(r = 0.8026^{***})$
X1：満開日から38日間の平均気温
X2：収穫前60～41日の平均気温

＊指数2.0以上の場合：みつ症およびす入りの発生が，中～多の予測
＊指数1.5以下の場合：発生が，無し～少の予測
＊指数1.5～2.0の場合：満開後100日の果実比重を調査し，1.031以下の場合，発生が多となると予測

第12図　豊水の果実生理障害予測式

た（第6表）。また，落葉後の地上部体積および総新梢長はPb（N）台が大きい傾向であった。4か年平均の腋花芽着生率は挿し木苗で高かった。

以上から，みつ症および水浸状果肉障害などの発生はPb（N）台および挿し木苗で少なく，これらの苗で果実生理障害軽減効果が高いと考えられた。

なお，同様の台木を用い地植え栽培において，挿し木苗，マンシュウマメナシ台木（Pb（N）系統の挿し木苗に‘豊水’を接ぎ木）およびニホンヤマナシ台木（Pp実生に‘豊水’を接ぎ木）の試験をしており，根圏と同等に挿し木苗およびマンシュウマメナシ台木（Pb（N）系統）で果実生理障害が少なかったという結果を得ている。

⑥みつ症の発生予測

‘豊水’のみつ症やす入りなどの果実生理障害は，夏季が低温の年に果肉先熟になりやすく，収穫の初期から発生する。そこで，早期に障害発生を予測し，発生軽減対策につなげるために‘豊水’の果実生理障害の発生を，高い確

立で予測できる新しいプログラムを開発した。

1）豊水の果実生理障害予測式

‘豊水’のみつ症およびす入りの発生程度と気象要因，成熟特性との関係を解析した結果，収穫前60～41日の平均気温が低いほど，満開後100日の果実比重が低いほど発生が多いことが明らかとなった（第7表，第11図）。果実比重は，満開後100日の値が1.031を下回る年に発生が多かった。また，2005年に栃木農試で開発した収穫期予測同様，満開後38日間の平均気温を計算式に用いることで重相関係数が高くなったことから，第12図のとおり‘豊水’の果実生理障害予測式を作成した。

予測式の結果が，発生指数2以上の場合はみつ症およびす入りの発生が中～多となり，1.5以下の場合は発生が無～少と予測される。また，1.5～2.0の場合は満開後100日の果実比重を調査し，1.031以下の場合，発生が中～多となると予測できる。

2）豊水の果実生理障害予測プログラム

また式1をもとに，満開後100日時点での予測プログラムも開発した（第13図）。このプログラムは，満開日から38日間の平均気温，収穫前60～41日の平均気温を入力することにより，みつ症，す入りの発生を予測できる。なお，発生指数が1.5～2.0の場合は満開後100日の果実比重を入力する。

収穫前40日は，栃木県でおおむね7月下旬であり，収穫1か月以上前に予測が可能となる。このため市場などへの情報戦略に活用できる。

第13図は2007年の予測であるが，この年はみつ症，す入りとも発生が多いとの予測になり，栃木県で行なっている「なし生育診断予測事業」などを通じて，情報提供した。それを受け，産地では樹上選果の実施，収穫のカラーチャートを例年より下げて行なう，選果を徹底するなどに取り組んだ結果，‘豊水’のみつ症果などの混入による問題は発生しなかった。

3）塩水選による簡易予測法

予測プログラムを使えば，アメダスデータを

収穫期および豊水の果実生理障害
予測プログラム（2007年7月30日現在）

農業試験場の収穫期予測

品種		予測日	予測日との差 準平年差	予測日との差 昨年差	満開日からの日数 生育日数	満開日からの日数 準平年差
幸水	収穫始	8/21	2日	−2日	119	−1日
	収穫盛	9/1	2日	2日	130	1日
豊水	収穫始	9/4	−2日	−7日	137	−3日
	収穫盛	9/17	−2日	−5日	150	−2日

※平年値は1997年～2006年の平均値

農業試験場の豊水果実生理障害予測

	項目	予測値	発生程度	平年	昨年	多発年予測（2003年）
果実生理障害予測	みつ症	2.6	多	1.4	1.6	2.5（多）
	ス入り	2.8	多	1.4	1.7	3.6（多）

※予測に用いた要素

品種		予測に用いた要素	本年	平年差
幸水	収穫始	満開日から38日間の平均気温	17.2℃	0.2℃
	収穫盛	満開日から38日間の平均気温	17.2℃	0.2℃
豊水	収穫始	満開日から38日間の平均気温	17.0℃	0.4℃
		収穫前70日～41日の平均気温	22.4℃	−1.9℃
	収穫盛	満開日から42日間の平均気温	17.0℃	0.2℃
		収穫前60日～31日の平均気温	23.3℃	−2.1℃
豊水	みつ症およびス入り	満開日から38日間の平均気温	17.0℃	0.4℃
		収穫前60日～41日の平均気温	22.1℃	−2.8℃
		満開後100日の果実比重	1.0295	−0.002

※7月31日以降の気温は、平年値を用いた

第13図　豊水の果実生理障害予測プログラムの表示画面

第14図　比重1.031の塩水を用いた簡易な果実生理障害予測法（2007年の結果）

もとに産地ごとの果実障害予測が可能となるが，現地で簡易に果実生理障害の発生を予測できるよう果実比重を用いた簡易予測法を検討した。

水稲などで用いる塩水選と同様の方法で比重1.031の塩水をつくり，塩水に満開後100日の果実を入れ，果実が浮くようであれば比重が1.031よりも小さいことから果実生理障害の発生が懸念される。この方法を用いることで，圃場ごとの発生もある程度予測することができる(第14図)。

みつ症などのニホンナシの果実生理障害は，その発生が土壌，施肥，台木などの栽培条件や気温，日照，降水量などの気象要因などさまざまな要因に影響を受ける。このため，同じ地域でも園地によって発生が異なるため，簡易に実施できる塩水選を用いた方法を用いることで，圃場ごとの対策が可能となる。

執筆　大谷義夫（栃木県農政部経済流通課）

参考文献

大谷義夫．2007．気象生態反応に基づくニホンナシの収穫期，果実肥大，果実生理障害予測．栃木農試研報．58，17―30．

にっこりの水浸状果肉障害

(1) 発生様態

ニホンナシ‘にっこり’は，1996年に栃木県が育成した晩生品種で，平均果重800g，平均糖度12％と大果で食味良好な品種である。栃木県内のニホンナシ作付け面積の約10％を占め，‘幸水’‘豊水’に次ぐ基幹品種となっている。年次により‘にっこり’の果実生理障害が発生するため，発生要因の解析と対策技術を検討した（鷲尾ら，2017）。

ニホンナシの果実生理障害は，冷夏の年に発生する‘豊水’のみつ症やす入り症が農家経営を圧迫してきた。また，(国研）果樹研究所（現農研機構果樹茶業研究部門）が育成した‘あきづき’や‘王秋’でも「水浸状果肉障害」や「コルク状果肉障害」の発生が全国的な問題となっている。‘豊水’のみつ症は，果皮直下から果肉部に帯状に発生することが多く，境界不明瞭な水浸状の「みつ」がしだいに明瞭になり拡大するのに対し，‘にっこり’に発生する果実生理障害は，維管束部分を中心とした水浸状の小斑点が発生する障害で，褐変を伴うことが多く，‘あきづき’に発生する「水浸状果肉障害」と類似の症状である（第1図）。

そこで，水浸状果肉障害発生と果実肥大期の温度，土壌条件との関係について明らかにするとともに，発生軽減対策を検討した。

(2) 発生要因

①満開後 90 日以降の高温条件

2012年に，栃木農試場内の16年生マンシュウマメナシ台‘にっこり’を供試し，樹体をポリエチレンフィルムでトンネル被覆し高温条件を再現した。

程度「2」以上の水浸状果肉障害の重症果の割合は，前期高温，後期高温の両処理区とも無処理区に比べ高かった。収穫日別に重症果の発生割合をみると，前期高温区で収穫初期から盛期にかけて高いことから，満開後90～120日

第1図 にっこりの水浸状果肉障害

の高温が本症状発生への影響が大きいと考えられた（第2図）。果実品質として，糖度は後期高温区で高かったが，収穫盛，果重，硬度，酸度は差がなかった（第1表）。これらのことから，満開後90日（7月下旬）以降の高温条件（とくに満開後90～120日）が水浸状果肉障害を助長すると考えられた。

②土壌乾燥

土壌乾燥処理は，樹冠下に7.2m×7.2mの正方形状で深さ100cm，幅30cmの溝を掘り，雨水の流入を防ぐために地表面を厚さ0.1mmのポリエチレンフィルムで覆い，満開後90日から150日まで設置した（第3図）。土壌の水分張力は乾燥区でpF2.5以上と高く推移した（第4図）。無処理区では，晴天が続き一時的にpF2.5になる日もあったが，適度な降雨があり，おおむねpF2.1以下で推移した。

水浸状果肉障害発生程度について，乾燥区では，重症果の割合が65.4％と高く，約3分の2は販売に適さない果実であった（第5図）。乾燥区は，果重が840gと無処理区より264g小さく，糖度が13.3％で同1％高く，乾燥処理の影響が確認できた（第2表）。

③果実温および果実遮光率

2013年に17年生マンシュウマメナシ台‘にっこり’を供試し，果実の環境変化を少なくするため満開後90日から収穫時まで遮光率の異なる果実袋で被袋し，収穫果の水浸状果肉障害発生状況を調査した。一重袋は遮光率54.9％（赤）と66.8％（黄），二重袋は遮光率84.2％（外袋：黄，内袋：桃色）と99.3％（外袋：灰，内

袋：橙色）の4種類を用い，無処理区と比較した。

果実袋を用いた場合の果実温度は，遮光率が高いほど最高温度が低く，温度変化が小さかった。

水浸状果肉障害について，重症果率は遮光率が高いほど低く，とくに99.3％で低かった（第6図）。果実袋により，糖度，酸度などの果実品質に差はなかった。なお，遮光率が高い処理は果皮色の緑色が退色し明度が高かったため（第3表），収穫前の除袋などが必要と考えられた。以上から，遮光率の高い果実袋を満開後90日に被袋することにより，果実温度上昇を抑制でき，水浸状果肉障害の発生を軽減できることが明らかとなった。

④ 2016年産にっこりにおける障害の発生と気象要因

2016年は‘にっこり’において水浸状果肉障害が多発した。そこで，当年の果実特性と多発年（2012, 2014, 2015年），平年（1981～2010年）の気象要因（平均気温，日照時間および降水量）との関係を解析した。

2016年の気象は，春と梅雨期以降の高温（とくに8月上旬，満開後110～119日），8月中旬の寡照多雨が特徴的であった。

果実肥大は，満開後40～60日の肥大が劣ったが，日肥大量が最大となる満開後90～130日は平年より大きく推移した。一方，果実の成熟特性（硬度，比重，糖度）は，おおむね平年並みに推移した。

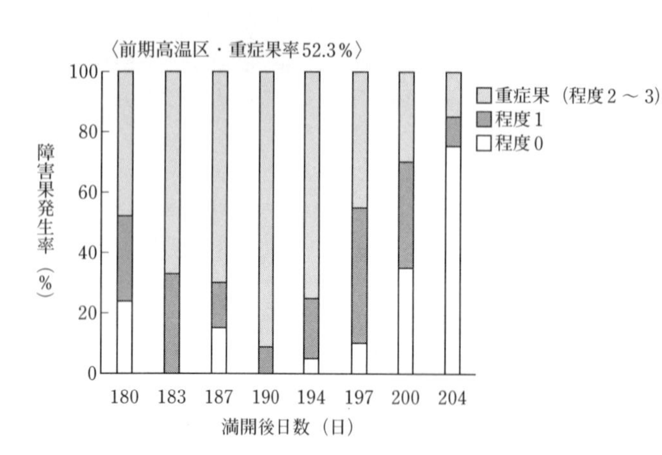

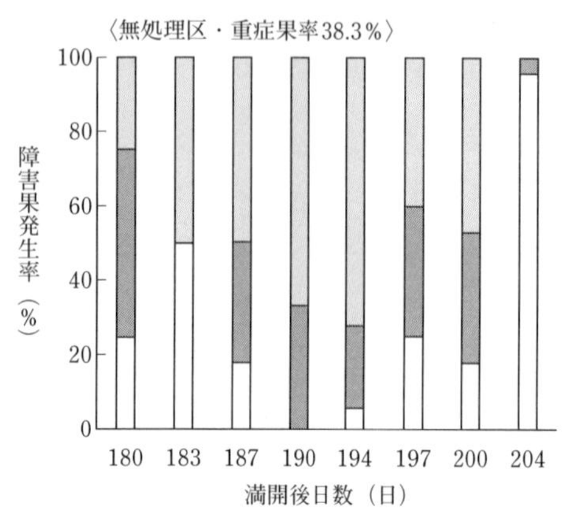

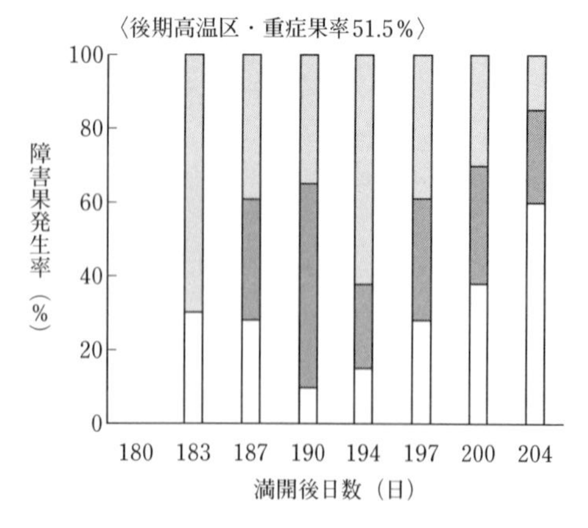

第2図　高温処理が水浸状果肉障害に及ぼす影響（2012年，多発樹）
前期高温区（満開後90～120日まで被覆）
後期高温区（満開後120～150日まで被覆）
無処理区（被覆なし）
水浸状果肉障害の判断基準は，
0：健全果実，
1：障害部位が10mm未満で発生数が1～3個，
2：障害部位が10mm未満で発生数が4～6個，
3：障害部位が10mm以上または発生数が7個以上
の4段階とし，「2」以上を重症果とした

これらの条件から発生要因を推察すると，1）前年の大玉傾向により細胞数が制限された状態で，2）果実生育盛期に急激な果実肥大があり，果実肥大と果肉成熟がアンバランスとなったこと，3）「夏期の高温，乾燥」による果実と葉との水分競合，4）収穫前の「日照不足，多雨」により成熟異常と根の活力低下および光合成能力（蒸散能力）低下など複数の要因が重なり，水浸状果肉障害の多発年になったと考えられた。

第1表　高温処理が果実品質に及ぼす影響（2012年，多発樹）

処理区	収穫盛（月/日）	果重（g）	地色（cc）	糖度（Brix%）	硬度（lbs）	酸度（pH）
前期高温区	11/8	1,102	5.0	12.5	4.7	5.0
後期高温区	11/8	1,065	5.0	13.1	4.9	5.0
無処理区	11/8	1,104	5.0	12.3	4.5	5.0

第2表　土壌乾燥処理が収穫時期果実品質に及ぼす影響（2012年，多発樹）

処理区	収穫盛（月/日）	果重（g）	地色（cc）	糖度（Brix%）	硬度（lbs）	酸度（pH）
乾燥区	11/5	840	4.9	13.3	4.8	5.1
無処理区	11/8	1,104	5.0	12.3	4.5	5.0

第3図　乾燥処理区の設置状況

土壌水分は，テンシオメータを深さ20cmと45cmに設置し，毎日9時に調査

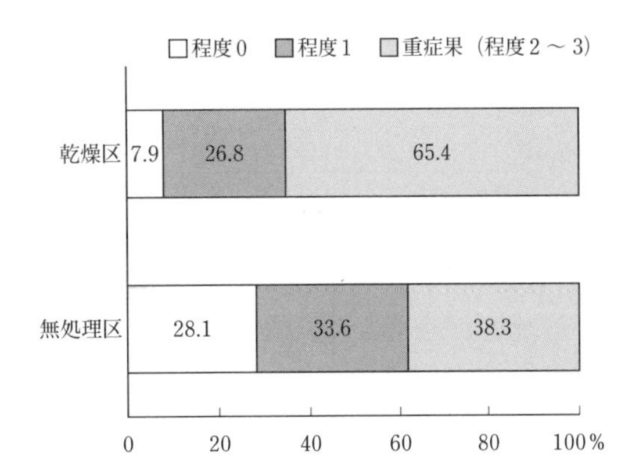

第5図　乾燥処理が水浸状果肉障害に及ぼす影響（2012年，多発樹）

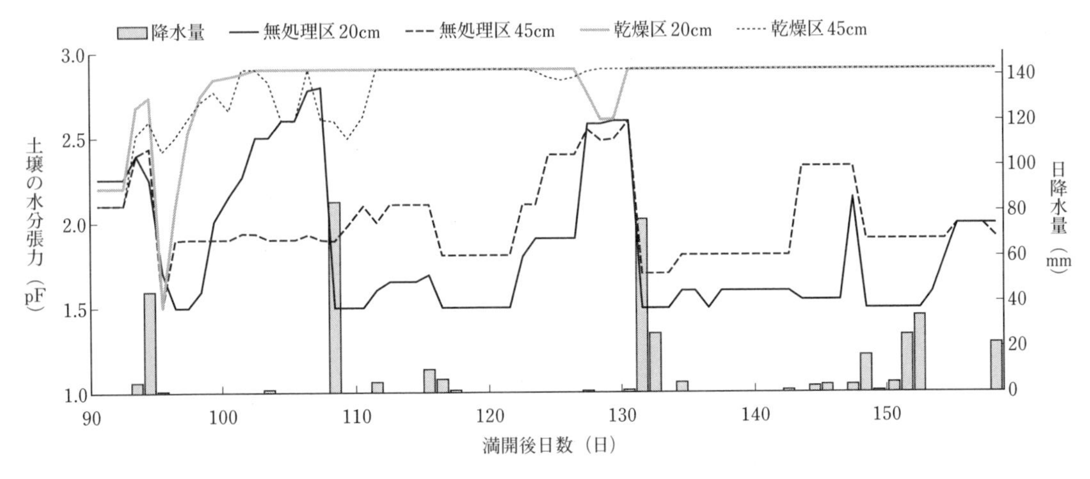

第4図　土壌pFおよび日降水量の推移（2012年）

第3表　被袋処理が収穫時果実品質に及ぼす影響（2013年，多発樹）

処理区	収穫盛（月/日）	果重（g）	地色（cc）	糖度（Brix%）	硬度（1bs）	酸度（pH）	果皮色		
							L*	a*	b*
54.9%	10/20	804	4.9	12.0	4.3	5.0	53.8	6.1	35.3
66.8%	10/20	756	4.8	12.3	4.5	5.0	56.3	4.5	36.7
84.2%	10/20	814	4.9	11.8	4.2	5.0	56.8	2.8	36.4
99.3%	10/20	790	5.0	11.9	4.3	5.1	58.5	4.1	34.2
無処理	10/20	861	4.8	12.1	4.2	5.0	52.8	6.3	34.3

注　果皮色のL*：明度（0は黒，100は白の拡散色），a*：赤～緑（正の値は赤，負の値は緑），b*：黄～青（正の値は黄色，負の値は青）を表わす

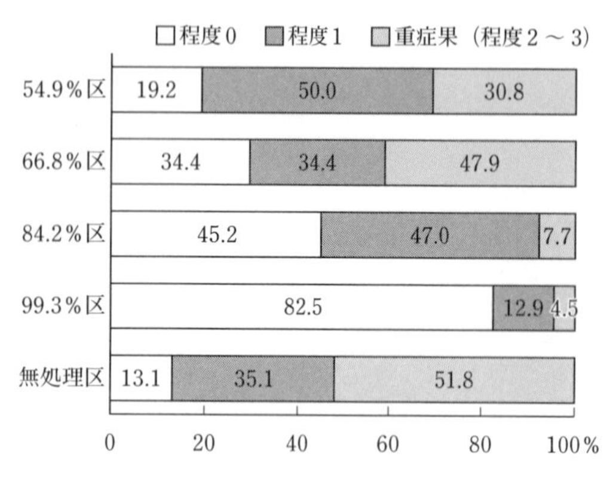

第6図　果実袋が水浸状果肉障害に及ぼす影響（2013年，多発樹）

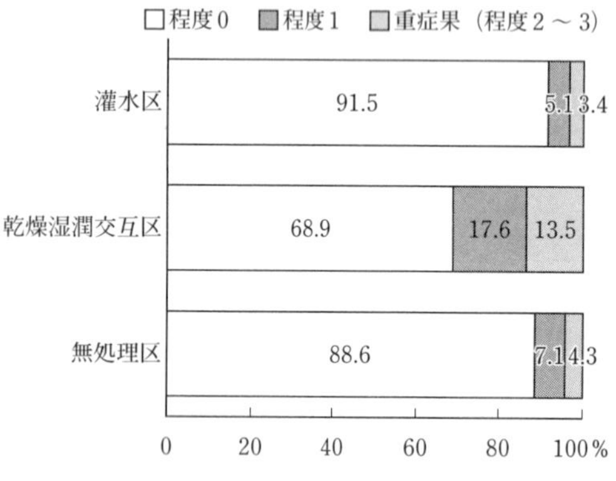

第7図　あきづきにおける灌水処理が水浸状果肉障害発生に及ぼす影響

(3) 発生軽減技術

①土壌灌水処理（あきづきでの成果）

2013年に，満開後90日以降の土壌乾燥を抑制するため，灌水処理（pF2.2以下になるよう適宜灌水）による水浸状果肉障害の発生軽減試験を行なった。当年は定期的に降雨があり，‘にっこり’は無処理区でも障害発生は少なく，処理の影響が明らかとならなかった。同年に実施した‘あきづき’では，灌水区で発生を軽減できた。また，乾燥・湿潤を交互に繰り返すことにより水浸状果肉障害が助長された（第7図）ことから，水浸状果肉障害の軽減には土壌水分変化が少なくなるように定期的に灌水することが有効と考えられた。

②その他の対策

‘にっこり’においては，梅雨明け以降（満開後90～120日）の高温・乾燥条件が水浸状果肉障害の発生を助長する。このため，果実袋を被袋することで果実の温度上昇を抑えたり，定期的な灌水により土壌水分変動を抑えたりすることで，その発生を軽減できることが示された。

また，高接ぎ（中間台品種で異なるが）により発生が助長され，また台木の種類により発生に差がみられるため，適切な台木選抜や，健全な樹づくりのための土つくりやカルシウム剤の散布などが重要である。

さらに，根域を土壌と隔離し，人為的に水分管理できる「盛土式根圏制御栽培法（大谷，2011）」のような栽培方法は，慣行の露地に地植えする栽培に比べて気象的な変化に対応しやすく，果実生理障害に対応できる技術として発展が求められている。

関連技術として，‘豊水’‘あきづき’‘きらり’‘にっこり’などの挿し木苗は，台木との親和性や地上部と地下部の生育バランスなどの問題もないため，生理障害の発生が少なくなる可能性が示唆されている。今後の年次間差や気象変動への対応などの研究蓄積が期待される。

執筆　大谷義夫（栃木県農政部経済流通課）

参考文献

羽山裕子・三谷宣仁・山根崇嘉・井上博道・草場新之助．2017．ニホンナシ‘あきづき’と‘王秋’に発生するコルク状果肉障害の特徴．園学研．16 (1)，79―87．

北原智史・石下康仁・大谷義夫．2016．夏期の高温および土壌乾燥がニホンナシ‘にっこり’の水浸状果肉障害発生に及ぼす影響並びにその発生軽減技術．栃木農試研報．74，1―8．

三谷宣仁・羽山裕子・山根崇嘉・草場新之助．2017．果実成熟時期を左右する番花・開花期およびエテホン処理がニホンナシ‘あきづき’と‘王秋’のコルク状果肉障害に及ぼす影響．園学研．16 (4)，471―477．

中村ゆり．2011．ニホンナシ‘あきづき’‘王秋’における果肉障害発生調査．果樹研報．12，33―63．

大谷義夫．2007．気象生態反応に基づくニホンナシの収穫期，果実肥大，果実生理障害予測．栃木農試研．58，17―30．

大谷義夫．2011．盛土式根域制限栽培によるニホンナシの早期多収に関する研究．東京農工大博論．1―174．

鷲尾一広・北原智史・大谷義夫．2017．ニホンナシ‘にっこり’の果実障害発生要因の解析と対応技術．落葉果樹研究会資料．3，37―40．

リンゴ　裂果（ふじ）

果実の梗あ部（つるもと）に生じる裂果（以下，梗あ部裂果と表記）は，‘ふじ’の育成当初から指摘されていた欠点である。実際に問題視されるようになったのは，‘ふじ’が基幹品種となった1980年代以降である（橋本ら，1988）。俗に「つる割れ」と呼ばれ，外観が劣るだけでなく，貯蔵後に裂果部位周辺が腐敗したりするために商品性は低下する。少発生であれば即売用として消費されてあまり問題とならないが，多発生した場合の経済的影響は大きい。

(1) 発生形態

梗あ部裂果は発生の形態により内部裂果と外部裂果に分類される（第1図）。‘ふじ’ではまず内部裂果が発生し，その亀裂が拡大して外部裂果へと症状が進行する。‘ジョナゴールド’など，品種によっては内部裂果を伴わずに外部裂果が発生する場合もあるが，‘ふじ’ではほとんどみられない。

①内部裂果

つるもとの果肉に発生する微小な亀裂で，外観から判別しにくい（第1図左，矢印）。亀裂が生じる部位は満開60日後ころには表皮細胞が歪んでコルク化しており，これが起点になるものと観察される（第2図）。亀裂はリング状に拡大していくため，海外では「Internal Ring-Cracking」と呼ばれている（Opara，1996）。重度の内部裂果（第1図中）は梗あ部のくぼみが浮き上がった状態となり，判別しやすくなる。

②外部裂果

内部裂果の亀裂が拡大し，梗あ部に亀裂が表面化した裂果である。海外では「Stem-End

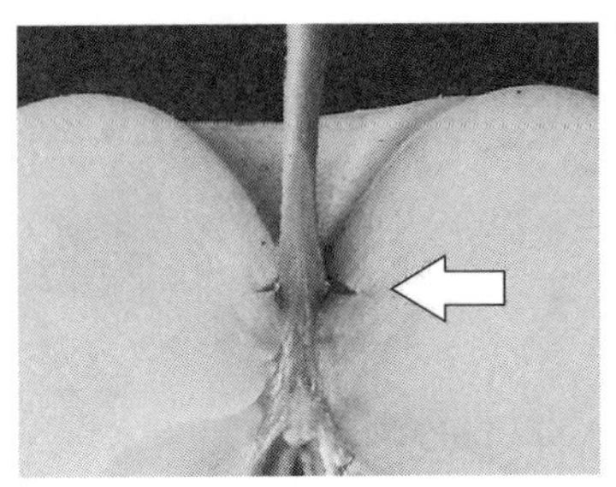
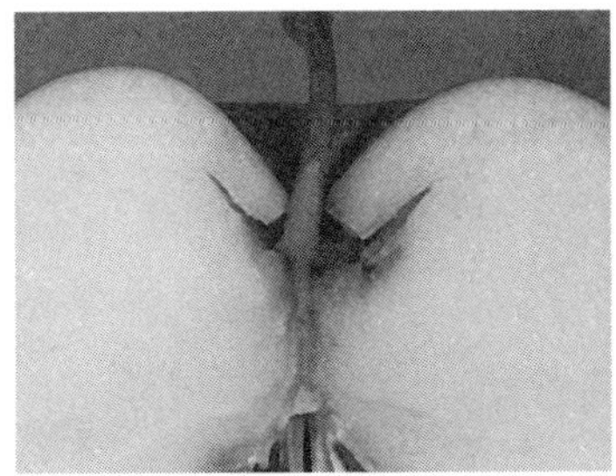
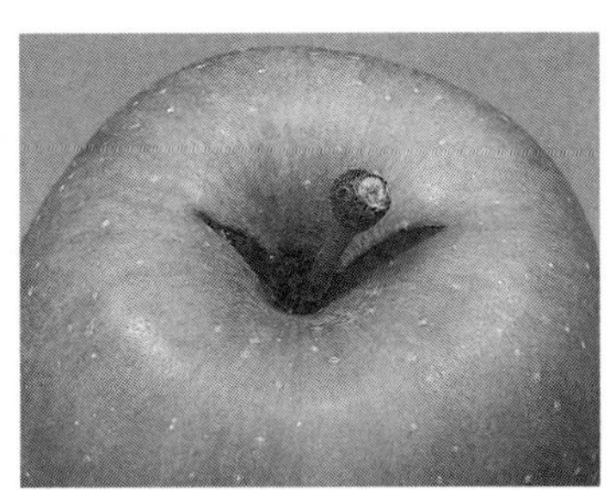

第1図　ふじの梗あ部裂果　（青森産技セりんご研）

左：内部裂果（軽度），中：内部裂果（重度），右：外部裂果

果　柄

果　肉

満開15日後

果　柄

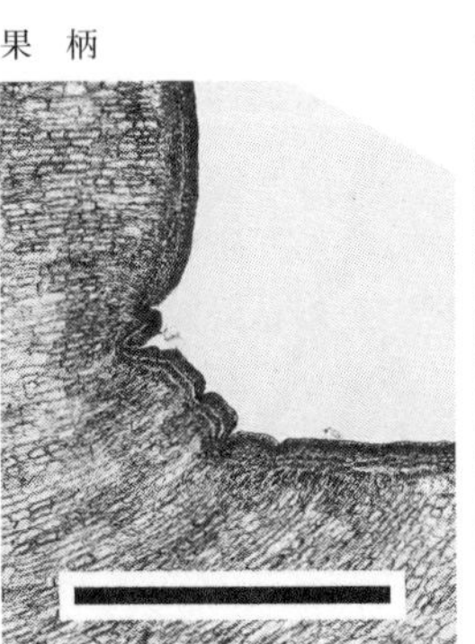

果　肉

満開30日後

果　柄

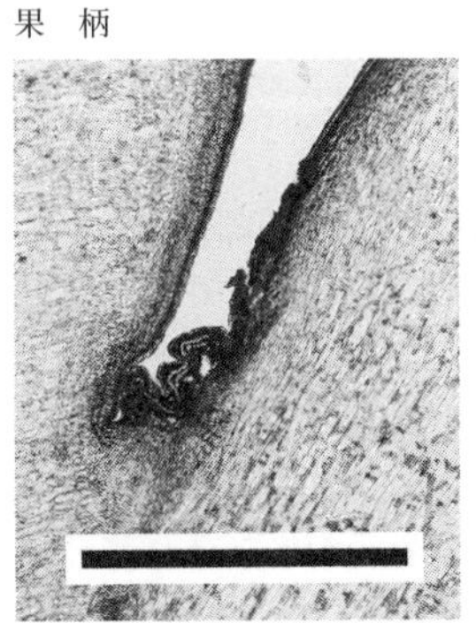

果　肉

満開60日後

果　柄

果　肉

満開92日後

第2図　亀裂部位の形成　（青森産技セりんご研）

スケールバー：1mm

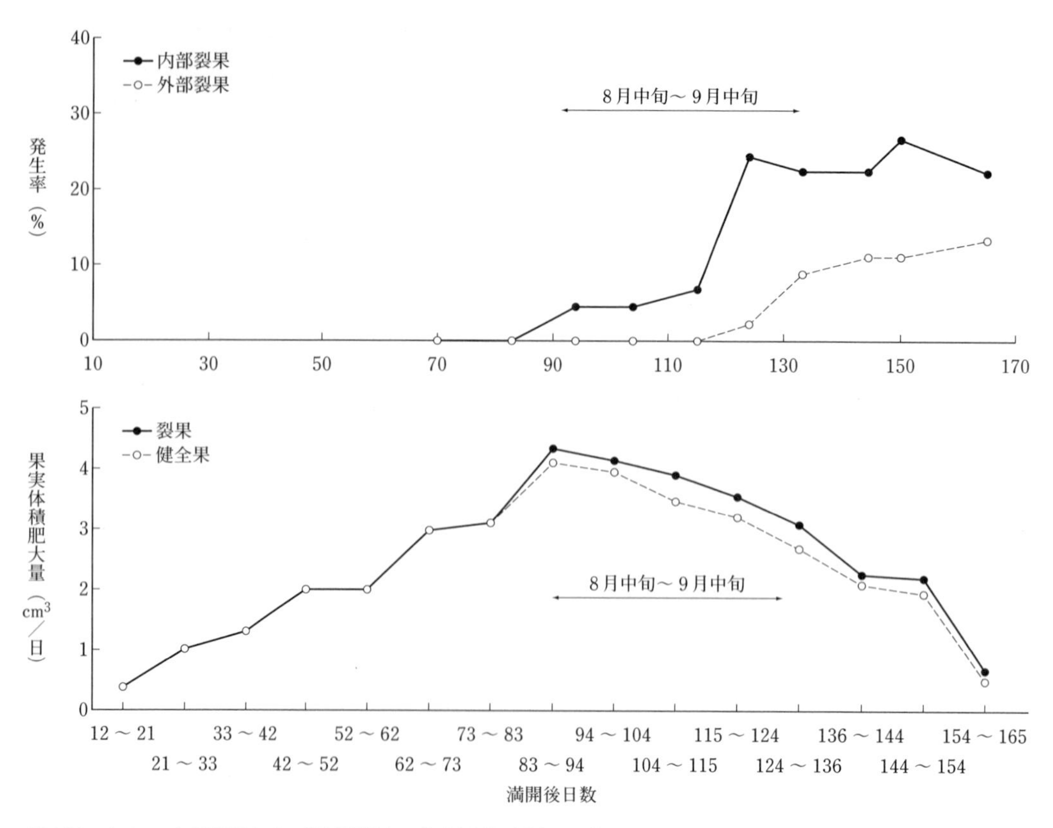

第3図　ふじの内部裂果および外部裂果の発生経過（上）と裂果・健全果別の果実体積肥大量の経過（下）
（青森産技セりんご研）

Splitting」と呼ばれている（Opara，1996）。収穫を遅らせるほど発生量が増加し，裂果の程度も大きくなる。

(2) 発生時期

内部裂果は満開90日後ころから発生し始め，満開120日後ころにかけて増加し，外部裂果はその増加パターンを約1か月遅れで追従する（第3図上）。つまり，外部裂果が樹上で目につく1か月ほど前にはすでに内部裂果が発生している。したがって，梗あ部裂果の特性を知るうえでもっとも重要な時期は，内部裂果の発生時期に相当する満開90～120日後ころ（青森県で8月中旬～9月中旬）である。この時期は果実肥大が旺盛な時期と重なり，肥大量が大きい果実ほど裂果が発生しやすいことが確認されている（第3図下）。また，果実肥大盛期において果肉と果皮の組織間で細胞伸長バランスにズレが生じる可能性が示唆されており（Kasai *et al*., 2008），これが原因で内部裂果が誘発されるものと考えられる。

(3) 発生にかかわる要因

①降水量

りんご研究所（青森県黒石市）での発生実態調査の結果，梗あ部裂果の発生は降雨との関係が深く，満開71～120日後（青森県で7月下旬～9月中旬）の総降水量が多い年ほど外部裂果の発生率が高いことが明らかとなっている（第4図）。また，春季の気温が高く，開花が早まると大玉傾向となりやすいため，このような年は発生リスクが高まる。近年は地球温暖化の影響により気象変動が大きく，長雨や集中豪雨が頻発したり，開花期が異常に早まったりするな

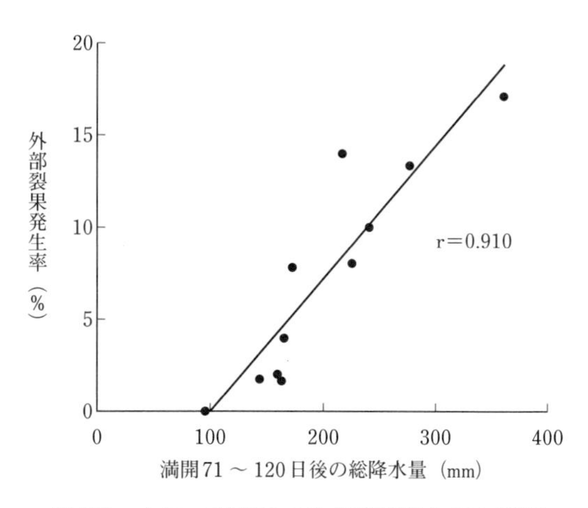

第4図　ふじの収穫時の外部裂果発生率と満開71～120日後の総降水量との関係
（青森産技セりんご研）

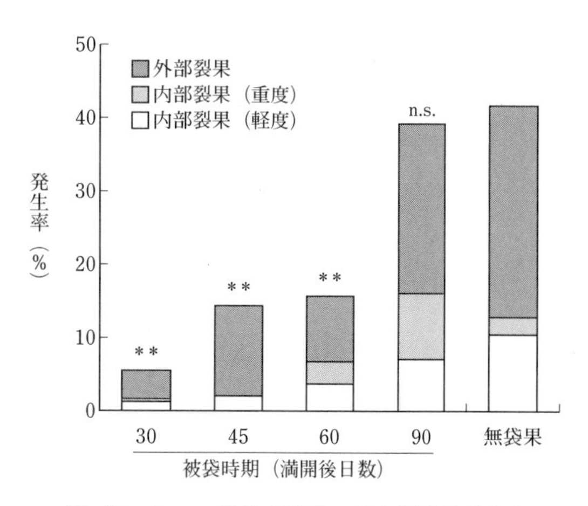

第5図　ふじの被袋時期別の梗あ部裂果発生率
（青森産技セりんご研）
無袋果を対照としたx^2検定により，＊＊は1%水準で有意差あり，n.s.は有意差なしを示す

ど，気象の影響を受けやすくなってきている。

②樹　勢

強剪定や窒素施用の過多など，樹勢が強くなりやすい栽培管理を行なうと，果実肥大が必要以上に旺盛となり，梗あ部裂果が発生しやすくなる。

③着果部位

樹冠内部の下がり枝に着生した果実に梗あ部裂果が発生しやすい傾向がある。花芽の充実度や樹体内の養水分の流動と関係しているものと推測されるが，詳細については不明である。

④土壌透水性

土壌透水性が悪い園地では梗あ部裂果の発生が多い傾向がある（橋本ら，1988）。また，乾燥と多湿を繰り返し，土壌の湿度条件の変動幅が大きいと裂果が助長されるという指摘もある。

(4) 軽減対策

基本的には以下の耕種的対策を講じることにより，日ごろから発生リスクの低減に努める。開花が早い年など，多発生が懸念される場合は，ヒオモン水溶剤を利用すると効果的である。

①耕種的対策

・強剪定を避け，樹勢が強い場合は窒素施用量をひかえるなど，適正な樹勢の維持管理に努める。

・収穫が遅れるほど裂果の程度が大きくなるので，収穫を遅らせないようにする。

・土壌排水性の悪い園地では暗渠施工などを行ない，土壌排水性を改善する。

・有袋栽培は梗あ部裂果の発生を抑制する効果が認められており（第5図），例年発生の多い樹では有袋栽培とすることも有効である。しかし，被袋処理が遅れると効果が劣るので，満開60日後ころ（青森県で7月上旬）までには袋かけ作業を終えるようにする。

②ヒオモン水溶剤の散布

ヒオモン水溶剤の有効成分である1-ナフタレン酢酸ナトリウムは，オーキシン活性を有する植物ホルモンであり，リンゴ栽培では摘果剤や収穫前落果防止剤として世界的に古くから利用されている。本成分による‘ふじ’の梗あ部裂果の発生軽減効果については葛西ら（2011）により見出され，実用化に至った。梗あ部裂果軽減を目的としたヒオモン水溶剤の使用方法は次のとおりである（2018年2月末現在の農薬登録内容に基づいて記載）。

使用時期：満開20～30日後
希釈倍数：3,000～5,000倍
使用液量：300～600*l*/10a
使用方法：立木全面散布

第1表　ヒオモン水溶剤処理がふじの収穫時の外部裂果発生率および果実横径に及ぼす影響　（青森産技セりんご研）

試験年	区	処理日（満開後日数）	外部裂果発生率（%）	果実横径（cm）
2007	処理	29	2.3a	9.0n.s.
	無処理	—	13.4b	9.1
2008	処理1	21	13.1a	9.4ab
	処理2	29	12.5a	9.2a
	無処理	—	20.2b	9.6b
2009	処理1	21	3.7a	9.0n.s.
	処理2	28	3.2a	9.1
	無処理	—	10.3b	9.3
2010	処理1	21	1.3a	8.8n.s.
	処理2	28	3.3b	8.8
	無処理	—	7.5c	9.0

注　ヒオモン水溶剤の希釈濃度は3,000倍である
各試験年のアルファベットは異符号間に5％水準で有意差あり，n.s.は有意差なしを示す

使用回数：1回

青森県では‘ふじ’以外に，その早熟系枝変わりである「早生ふじ」も対象として3,000倍希釈で使用することを勧めている。なお，展着剤は加用しなくても十分な効果が認められている。

2007～2010年にりんご研究所内圃場で‘ふじ’を対象に実施した試験結果は第1表のとおりである。ヒオモン水溶剤の使用により外部裂果の発生をおよそ半減，またはそれ以下に軽減できることが確認されている。一方，年によっては果実の大きさが一回り小さくなる傾向も認められている。本剤の使用時期は果実生育の早い段階であり，予防的な使い方であることから，開花が早く大玉になりやすいと見込まれる場合に使用する。また，本剤の有効成分はオーキシン活性を有し，副次的な作用も生じることから，以下の事項について留意する必要がある。

エピナスティ　本剤の散布後に葉がしおれる症状（エピナスティ）が現われる（第6図）。若い葉に発生しやすいが，1週間程度でほぼ回復する。極端に樹勢が弱い樹や根に障害をもつ樹などでは回復が遅れるため，このような樹に対する散布は避ける。

散布時の気象条件　高温時や長く乾燥状態が続いたときの散布は避ける。新梢先端葉および樹冠内部の果そう葉の黄変落葉や頂芽の欠落が発生した事例がある。

新梢の二次伸長を助長　本剤の使用により，新梢の二次伸長が助長される場合がある。

第6図　ヒオモン水溶剤の散布によるエピナスティの発生と回復後のようす　（青森産技セりんご研）

左：エピナスティ（散布翌日），右：回復後（散布1週間後）

第2表　ふじに対するヒオモン水溶剤処理が摘果剤の効果に及ぼす影響

（青森産技セりんご研）

区	ミクロデナポン水和剤85	ヒオモン水溶剤	落果率（%）		
			頂　芽		腋芽果
			中心果	側　果	
試験1	満開14日後処理	満開21日後処理	3.3n.s.	26.7a	48.9a
試験2	満開14日後処理	満開28日後処理	10.0	46.5b	71.3b
対　照	満開14日後処理	—	16.7	72.5c	87.5c
無処理	—	—	6.7	31.9ab	65.2b

注　落果率は満開37日後の調査結果である
　　アルファベットは異符号間に5%水準で有意差あり，n.s.は有意差なしを示す

摘果剤効果への影響　摘果剤（ミクロデナポン水和剤85）を散布したあとに本剤を使用した場合，摘果剤の効果が抑制される（第2表）。摘果剤の効果を優先させる場合は，本剤の使用をひかえる。

(5) 事後対策

梗あ部裂果が発生した果実は，貯蔵後に裂果部位周辺が腐敗するおそれがあるため即売用とし，長期貯蔵用への混入を避ける。とくに，裂果した果実が樹上凍結した場合は，収穫後の早い段階から高い確率で果肉が褐変して腐敗に至る（葛西ら，2008）ので，流通させないようにする。問題となるのは外部裂果と重度の内部裂果であるが，重度の内部裂果はつるもとを指で押してみると弾力があり，判別できる。

執筆　葛西　智（地方独立行政法人青森県産業技術センターりんご研究所）

参考文献

橋本登・後藤久太郎・沢田吉男. 1988. リンゴ「ふじ」の異常成熟と裂果発生. 農業および園芸. **63** (7), 855—861.

葛西智・工藤智・鈴木均・福田典明・浅利欣一. 2008. 収穫期に樹上凍結したリンゴ‘ふじ’の果実品質と貯蔵性. 東北農業研究. **61**, 129—130.

Kasai, S., H. Hayama, Y. Kashimura, S. Kudo and Y. Osanai. 2008. Relationship between fruit cracking and expression of expansin gene *MdEXPA3* in ‘Fuji’ apples (*Malus domestica* Borkh.). Scientia Horticulturae. **116**, 194—198.

葛西智・工藤智・荒川修. 2011. NAA処理によるリンゴ‘ふじ’の裂果抑制. 園芸学研究. **10** (1), 69—74.

Opara, L. U.. 1996. Some characteristics of Internal Ring-Cracking in apples. Fruit Varieties Journal. **50** (4), 260—264.

リンゴ　裂果（千秋）

‘千秋’は秋田県果樹試験場が1966年に‘東光’を種子親，‘ふじ’を花粉親として交雑育種した中生種である。

1980年に品種登録し，食味の良さから有望な中生種として全国的に栽培面積が増え，1992年の結果樹面積は1,630haと国内全体の3.3％まで達した。しかし，裂果の発生により経済品種としての魅力が徐々に失われ，2015年現在の栽培面積は，153.7ha（農林水産統計）とピーク時の10分の1程度まで減少している。

（1）発生様相

‘千秋’の裂果のタイプは，梗あ部や肩部に発生する複雑な外部裂果と，つるもとから縫線方向に直線的に裂開する通称「つる割れ」および梗あ部直下に発生する内部裂果に大別される（第1図）。

これら裂果は，平均では2割前後発生するが，樹や園地，年による変動が大きく，較差は最大で13～15倍にも達する（上田・丹野，2001）。

裂果の発生は中心果よりも側果であきらかに多く，樹では結実初期の段階にあるもの，枝伸びが旺盛で樹勢の強いもの，葉中K含有率が高くCa含有率が低いもの，園地では有効土層が浅く土壌透水性が低いところで多い傾向がある。

また，生態が早く推移し初期の果実肥大が旺盛な年や，気象的には7月の降水量が多い年に多発生する傾向がある（丹野ら，1987）。

（2）発生機構

前項の発生様相から推測する裂果の発生要因を第2図に示した。裂果の発生に樹間差や園地間差，年次変動がみられるのは，遺伝要因をベースとした生理的特性や栽培管理に環境要因が影響しているからだと考えられる。つまり，‘千秋’は選抜段階から果皮の構造や旺盛な肥大特性など裂果しやすい特性（遺伝形質）を有しており，これに剪定や摘果，降水量などさまざまな要因が複雑に作用し合うことで，発生が助長されたり抑制されたりしているといえる。

（3）栽培管理による裂果の抑制は困難

当初，裂果はコントロール可能な生理的障害と考え，樹勢や養水分の制御，小袋や被膜剤による果面の保護など，栽培管理と物理的保護の両面から裂果対策に取り組んだ。

しかし，裂果は栽培管理だけでは抑えきれず，唯一，外部裂果に防止効果が認められた有袋栽培も内部裂果には効果がないなど，すべての裂果に防止効果がある対策は確立されていない。

（4）裂果性の遺伝

‘千秋’の裂果は遺伝要因がベースにあるとしたが，裂果性は本当に遺伝形質といえるのだろうか。

リンゴの裂果については，発生機構や防止対策について若干の報告があるが，遺伝に関

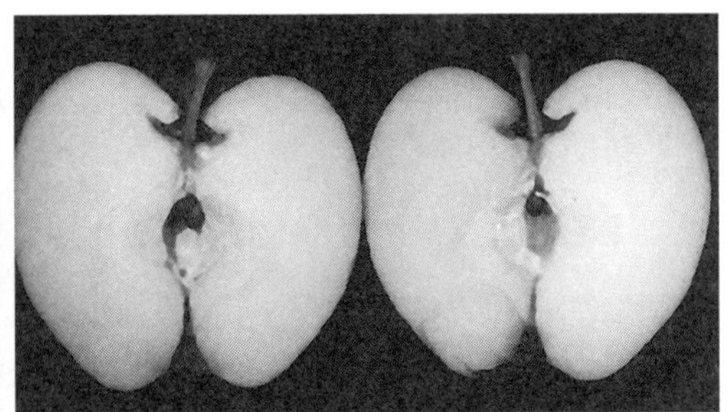

第1図　千秋の裂果

左：外部裂果（梗あ部や肩部が複雑に裂開），中：つる割れ（果梗基部が遊離し，そこから縫線方向へ直線的に裂開），
右：内部裂果（果梗基部の果肉組織に亀裂が生じた状態）

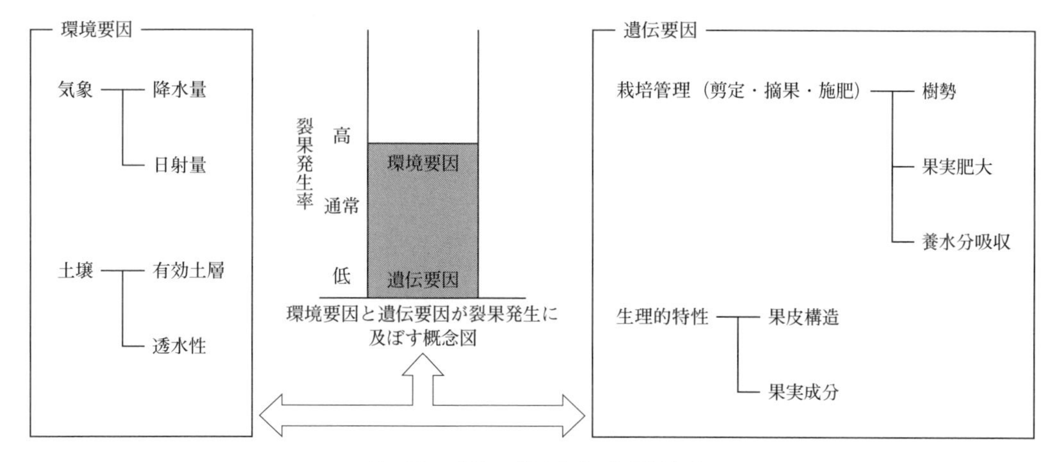

第2図　千秋の裂果発生要因関係図

する報告はみあたらない。唯一，USDA Agr. Handbookのリンゴ病害一覧に，裂果の原因として栄養と遺伝が並記されているのみである。

この疑問に応えるため，'千秋' やその種子親である '東光' と一般栽培品種との交雑実生に発生する裂果の割合をとりまとめてみた。

なお，解析に用いた交雑実生のデータは，秋田県果樹試験場が新品種育成のために実施した第1次，第2次交雑試験の調査結果の一部である。

①交雑実生6,000余個体の外部裂果を調査

第1次交雑試験は '東光' や 'ふじ' など7品種を供試し，これら品種間交雑で獲得した実生は結実の促進を図るため，場内実生圃場に6m×6mで栽植されている 'Redgold' /マルバカイドウに高接ぎした。第2次交雑試験は '千秋' や 'あかね' など14品種を供試し，これら品種間交雑で獲得した実生は，場内実生圃場に列間5mで設置されたトレリスに樹間1mの間隔で定植した。実生の栽培管理は，いずれも結実を促すため初結実まで無剪定としたが，施肥などは一般管理に準じて行なった。

実生に発生した裂果の調査は，裂果のタイプ（外部裂果，内部裂果，つる割れ）とその程度を3か年以上継続して行なった。

しかし，とりまとめにあたっては，両交雑試験で育成した実生6,156個体の調査野帳のなかから外部裂果性を有するか否かのみを対象に行なった。

なぜなら，内部裂果は外観からの判別が困難で見逃される可能性があること，つる割れは内部裂果の進展によって発生することが多く調査時につる割れが確認されなくとものちに発生する可能性があること，また，裂果の発生程度は年次変動が大きく解析の対象として不適当と考えられたからである。

②量的な遺伝形質を示唆

第1表に '千秋' と一般栽培品種との交雑実生に発生する外部裂果の割合を示した。外部裂果の発生割合は，一般栽培で裂果性が認められる 'American Summer Pearmain' との交雑で約6割，国内の一般栽培で裂果性の報告がない7品種1系統 'あかね' 'さんさ' 'はつあき' 'つがる' 'きたかみ' 'やたか' '王林' '秋田2号' との12組合わせで約3割（32.7％）認められた。

第2表に '千秋' の種子親で外部裂果性を有する '東光'，内部裂果性やつる割れ性を有する 'ふじ' '東光' の種子親である 'Golden Delicious' と花粉親の '印度' および一般栽培で外部裂果性の報告がない 'Starking Delicious' や 'Yellow Newtown' などとの交雑組合わせにより発生する外部裂果性を有する個体の割合を示した。

'東光' と 'Golden Delicious' 'Starking

Delicious’および‘ふじ’3品種との正逆交雑（3品種を親として交配を行なうこと。ダイアレル交配）による外部裂果性を有する個体の割合は，平均で20.6％を示したのに対し，これら3品種と‘Yellow Newtown’との交雑組合わせでは4.0～5.8％とあきらかに低い値を示した。

‘千秋’を片親に交雑した21組合わせと，‘東光’と4品種8組合わせの外部裂果発生割合のヒストグラムは，それぞれ21～30％，11～20％にモードをもつ正規分布を示した（第3図）。

これらの結果から，交雑実生が外部裂果性を有する割合は，交雑親に外部裂果性を有する品種を用いた場合，外部裂果性を有しない品種を用いた場合よりも高く，かつ，交雑する品種によってその発生割合が連続的に変異したことから量的に遺伝する形質であることが示唆された。

第1表　千秋と一般栽培品種との交雑実生に発生する裂果性を有する個体の割合

種子親	花粉親	調査個体数	裂果性を有する個体の割合（％）
千　秋	American Summer Pearmain	93	61.3
あかね	千　秋	42	52.4
千　秋	Melba	262	50.4
千　秋	さんさ	270	47.4
千　秋	あかね	133	44.4
千　秋	Raritan	117	42.7
Julyred	千　秋	50	42.0
千　秋	Vista Bella	141	39.7
つがる	千　秋	156	36.5
Vista Bella	千　秋	70	35.7
千　秋	きたかみ	240	34.6
千　秋	はつあき	102	32.4
きたかみ	千　秋	25	32.0
千　秋	つがる	210	29.5
はつあき	千　秋	32	28.1
千　秋	Quinte	301	26.6
千　秋	やたか	19	26.3
千　秋	Julyred	244	25.4
千　秋	秋田2号	106	23.6
Melba	千　秋	62	22.6
千　秋	王　林	37	5.4

第2表　東光と一般栽培品種および一般品種間の交雑実生に発生する裂果性を有する個体の割合

種子親	花粉親	調査個体数	裂果性を有する個体の割合（％）
東　光	Golden Delicious	428	27.8
東　光	Starking Delicious	44	25.0
東　光	ふ　じ	63	22.2
ふ　じ	東　光	61	19.7
Golden Delicious	東　光	342	19.6
ふ　じ	Redspur	44	15.9
印　度	Golden Delicious	598	14.0
Golden Delicious	ふ　じ	59	13.6
印　度	東　光	402	13.4
Golden Delicious	印　度	761	12.7
東　光	印　度	360	12.5
Starking Delicious	東　光	21	9.5
Golden Delicious	Yellow Newtown	52	5.8
Starking Delicious	Yellow Newtown	58	5.2
ふ　じ	Yellow Newtown	149	4.0

③種子親，花粉親いずれにも裂果性の形質

‘千秋’との交雑実生には，本品種特有の複雑な外部裂果が発生することから，外部裂果は遺伝的な形質であることが実感される。

外部裂果性は，どのような遺伝的背景があるのか，‘千秋’の血縁関係を可能な限り遡り，関係する品種の裂果性と裂果のタイプを第4図の交雑系統図に整理してみた。

外部裂果性は‘千秋’の種子親である‘東光’に，内部裂果性やつる割れ性は花粉親である‘ふじ’に認められ，さらに‘東光’の花粉親である‘印度’や，‘ふじ’の種子親である‘Ralls Janet’にも裂果性についての記載や報告がある（木村，1961；伊藤ら，1952）。‘千秋’は種子親，花粉親いずれの血筋にも裂果性の形質が認められることから，裂果性を示す遺伝的な形質が高まっていると推察される。

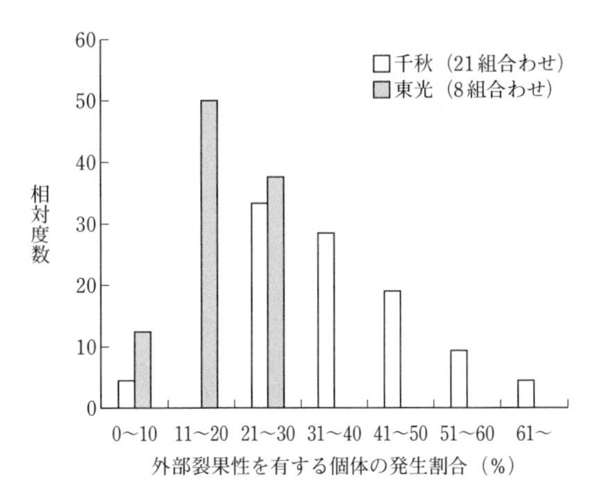

第3図　千秋，東光と一般栽培品種との交雑で外部裂果性を有する組合わせの発生割合別相対度数

内部裂果性やつる割れ性も同様に遺伝形質によるものと推察されるが，どのような遺伝関係にあるのかは，あらためて内部裂果性やつる割れ性を有する品種と裂果性を示さない品種とを交雑し，裂果性のタイプ別に発生割合を検討する必要がある。

裂果は年次変動が大きい形質であるため，個々の裂果性の評価にあたっては十分な年次反復と樹反復が必要であり，選抜段階においては可能な限りさまざまな環境下で試作調査を実施しておく必要がある。また，今回は発生程度を考慮せず有無のみで評価したが，裂果の発生現象を検討するには，Falconer（1993）の閾値形質という捉え方が参考になる。Falconerは閾値形質として罹病度を例にとり，表現型としての「正常」また「発病」は，その背後にある形質の連続的な変異に対し，潜在的な変量がある閾値を超えるかどうかで示すことができるとしている。リンゴの裂果性についても，こうした考え方を適用し，量的遺伝解析が可能と思われる。しかし，解析にあたっては，個々の裂果性の発生程度をどのように評価するのが妥当なのか重要な検討課題が残されている。

＊

‘千秋’は裂果により経済品種として定着することはできなかったが，優れた食味は交雑親として多数の品種に引き継がれている。

裂果は栽培管理でコントロールすることがきわめて困難な形質なので，選抜段階での排除が重要である。幸い登録された後代品種に裂果性の報告はなく，選抜段階でのチェックが働いているものと思われる。

執筆　上田仁悦（秋田県果樹試験場）

参 考 文 献

Falconer, D. S.. 1993. 量的遺伝学入門. 蒼樹書房. 東京. 377—389.

伊藤秀夫・加藤徹・橋本恵次. 1952. リンゴ国光の裂果の発生機構に関する研究. 農業および園芸. 27, 67—68.

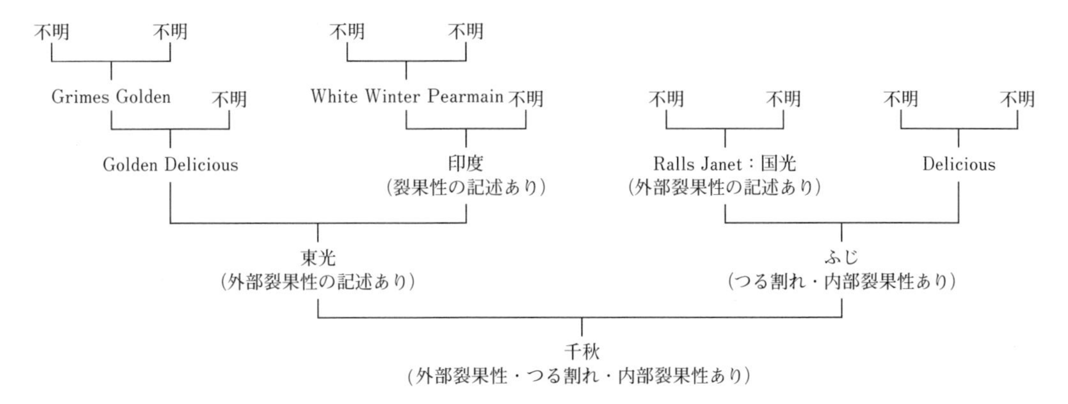

第4図　千秋の交雑系統図

木村甚彌編．1961．第18章　無袋栽培の実際．りんご栽培全編．養賢堂．898．
丹野貞男・上田仁悦・熊谷征文．1987．リンゴ‘千秋’の裂果防止に関する試験　第1報　裂果の発生時期．東北農業研究．40，255―256．
上田仁悦・丹野貞男．2001．リンゴ‘千秋’の裂果に関する研究．秋果試研報．28，1―10．

カンキツ技術，事例

根域制限高うねマルチ栽培（佐賀方式）

(1) 技術開発の経緯

温州ミカンは，佐賀県の果樹産業における主要品目であるが，品質向上のため夏秋季に樹体に水分ストレスを付与する必要があり，この時期に雨を通さないシートを樹冠下に被覆するシートマルチ栽培が広く取り組まれている。しかし，園地条件や近年の異常気象などの影響によりシートマルチ栽培を行なっても年次や園地間で果実品質がばらつくなど，安定した品質向上につながらないことが課題となっている。この要因の一つとして，根の分布域が広いため，マルチ下層またはマルチの被覆部以外からの水供給により水分ストレスが付与されにくいことが考えられる。

そこで，佐賀県果樹試験場では根の生育する範囲を制限する栽培法として根域制限栽培に着目し，技術開発を進め，現地でも栽培可能な技術として確立した。県内では2001年から現地で栽培が開始され，現在約10haの栽培面積となっている。当栽培法で生産された果実は，シートマルチ栽培と比較してブランド占有率が高く，産地によっては他の果実と区別して販売され，高単価で取引きされている。

(2) 根域制限栽培の特徴

①園地条件や気象条件に左右されない栽培法

根域制限栽培とは，地表面に敷設した防根シート上に盛り土し樹を植え付けることで根の分布域を制限する栽培法である。これにシートマルチ栽培を組み合わせれば，容易に土壌を乾燥させることができるとともに，確実に樹に水分ストレスが付与されるため，安定して高糖度な果実を生産できる。水田転換園などの平坦地で糖度の上がりにくい園地でも高品質果生産が可能で，降雨の影響など年による天候変動にも左右されにくく，人為的に栽培適地をつくり出すことができる。

②管理作業の軽労化と省力化

根域制限栽培は，平坦地での温州ミカンの栽培が可能となり，列植で作業道が確保できる。また，根の伸長が制限されるため樹がわい化し，樹高も慣行栽培より低く抑えられる。これらのことから，傾斜地の温州ミカン園に比べ，作業の省力化や軽労働化をはかることができる。現地において作業時間を調査した結果，収穫量が慣行マルチ栽培の約2倍であったが，年間の作業時間はほぼ同程度となり，果実1tを生産するために必要な時間は慣行栽培の約2分1となっている（第1表）。

(3) 根域制限栽培の造成

①根域制限栽培の仕様

うね幅1.5m（両サイドのブロックを含めて1.7m），樹間1.5m，うねの高さは中央部が約30cmのかまぼこ形とし，1樹当たりの土壌容量は約600lとなる。うね間（作業道）は2.0m確保し，うねの長さは，造成する園地の形状に応

第1表 根域制限栽培の労働時間（単位：時間/10a）

（川﨑・新堂，2006）

	根域制限栽培			慣行栽培		
	2004年	2005年	平　均	2004年	2005年	平　均
整枝・剪定	2	7	4.5	2	5	3.5
中耕・除草	2		1	10	11	10.5
摘　果	9	19	14	24	53	38.5
薬剤散布	21	14	17.5	24	25	24.5
収穫・調整	90	96	93	62	82	72
施　肥	11	13	12	3	4	3.5
マルチ管理	10	10	10	22	35	28.5
灌　水	15	17	16		1	0.5
枝吊り	19	5	12	2		1
出荷労働	10	10	10	8	7	7.5
その他				1	4	2.5
合　計	189	191	190	158	227	192.5
収穫（kg/10a）	5,700	5,844	5,772	2,850	2,850	2,850
作業時間（h/t）	33.2	32.7	33	55.4	76.7	67.5

じて決定するが，10a当たり170～180本程度の植栽本数になる（第1図）。

また，根域制限栽培を造成するためには，うねを形成する防根シートおよびブロック，マルチ資材，灌水資材，培土，苗木など，約200万円/10a程度の資材費が必要になる。

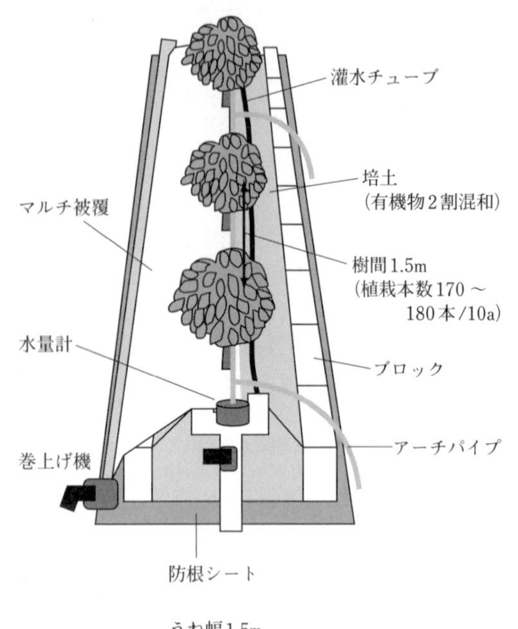

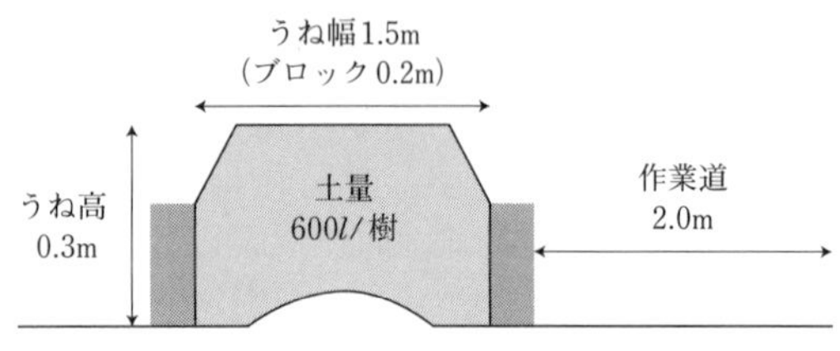

第1図　根域制限栽培の仕様

②圃場の造成

造成の手順を下記に記述しているが，同時に培土と苗木を準備する。適切な培土の作製と健全な苗木の準備は，栽培の成否を左右する重要なポイントとなる。

整地　降雨や灌水時の余剰水により園内に水が滞水したり，うね部に水が溜まると，果実品質低下の要因となる。そのため，園地全体に緩やかな傾斜をつけ，水が滞水しにくい形状とする（第2図左）。また，うねの内部は，水が溜まらないように，うねの中央部を5cm程度盛り上げ，うね内の排水を促す（第2図右）。

防根シートとブロック敷き　整地した地表面の上に防根シートを敷設する。防根シートは，水田転換園のように地下水位が高い場所においても，毛細管現象による地表面からの水の侵入を防ぐため，不透水性の遮水シートを用いる。

シートを敷いたあとは，うねの周囲を囲むように両サイドに土止めのブロックを敷きつめ，うね部を形成する。防根シート敷設時は，ブロックの外に出るシート幅を15cm程度確保する。また，この部分には土が被らないように注意する。ブロックの隙間からうね外へ根が出てしまうと，樹勢が安定せず，果実品質低下の要因となる（第3図）。

培土の準備と土入れ作業　培土は，樹体生育の良否や栽培管理に影響する大事なポイントである。第2表および第3表に佐賀県における代表的な土壌の種類と樹の生育および果実品質を示した。

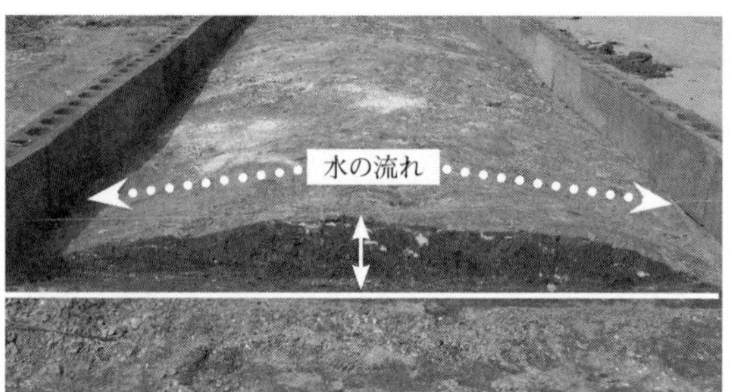

第2図　整地後のうね下部（左：園地の傾斜，右：うね中央部の形状）

第3図　うね外に根が出てしまった例（点線内）

第3表　土壌母材の違いが果実品質に及ぼす影響
（岩永ら，1999）

土壌母材	糖度（Brix）		酸含量（%）	
	1994年	1995年	1994年	1995年
安山岩質土壌	10.8	11.9	0.78	0.90
玄武岩質土壌	12.7	12.6	0.84	1.09
花崗岩質土壌	9.2	9.8	0.79	0.97
火山灰土壌	9.5	10.7	0.92	1.03

注　品種：興津早生

第2表　定植8年後における器官別乾物重（単位：g）　（夏秋ら，2004）

土壌母材	根	根　幹	一年枝	二年枝	三年枝以上	一年葉	二年葉	全　重
安山岩質土壌	607.3	273.5	12.3	42.9	876.8	174.8	134.4	2,122.0
玄武岩質土壌	416.5	511.1	8.5	37.9	825.0	148.0	187.5	2,134.5
花崗岩質土壌	479.6	515.0	18.8	74.3	1,504.4	312.0	381.1	3,285.2
火山灰土壌	712.9	631.0	16.5	76.7	1,988.4	299.4	475.0	4,199.9

注　品種：上野早生
　　解体調査時の果実は考慮していない

第4表　土壌タイプ別の培土の調整

土　壌	資　材
粘質土壌（玄武岩，安山岩）	有機物資材（バーク堆肥，ピートモスなど）2割 ＋ 石灰資材，熔リン（適量）
砂質土壌（花崗岩）	有機物資材（バーク堆肥，ピートモスなど）2割 ＋ 石灰資材，熔リン（適量） ＋ ゼオライト（保肥力などの増強）1割

注　未耕地や痩せた土壌では，3割ほどの有機物を混和する

粘質な玄武岩質土壌や安山岩質土壌は砂質な花崗岩質土壌に比べ，樹の生育は劣るものの，高品質な果実生産が可能である。根域制限栽培の目的は糖度の高品質果実を生産することであり，佐賀県では粘土が比較的多く含まれる玄武岩質や安山岩質土壌を推奨している。

土は雑草の種子や病害虫の混入がない山土の未利用土を利用し，バーク堆肥やピートモス，籾がらくん炭など比較的分解がゆるやかな有機物を容量比で約2～3割混和して培土とする。また，花崗岩質土壌のような砂質土壌を用いる場合は，保水性，保肥力を向上させるために，有機物と合わせて土壌改良資材ゼオライトを容量比で約1割混和する。石灰資材は，土壌分析値に合わせて適量投入する（第4表）。なお水田などの重粘土質土壌は収縮が強く，また固結しやすいため利用しない。

培土準備時のポイントとして，大きな礫は可能な限り除去することが重要である。培土と一緒に投入された礫は，土より重いため徐々にうね下層部に溜まっていき，層となる。礫層は，孔隙が大きく保水性が乏しいため，根が伸長しにくい環境であるといえる。礫が多いと600l/樹の培土を投入しても，うね全体の保水力は低く，根が伸長できるスペースが少なくなり，樹体に過度な水分ストレスが付与されたり，灌水回数が極端に増えることも考えられる（第4図）。

第4図　うねの中下層に堆積した礫

一方，土入れ時のポイントとしては，規定以上の量を投入しないことである。規定以上の土入れは，節水期間中の水分コントロールをむずかしくし，土壌の流亡をおこしたり，また有機物の施用や客土をしにくくするなど，栽培管理に支障をきたすおそれがある。うねの中央部は高さ30cm程度とし，あとで客土や有機物施用ができるスペースを残しておくことが大切である。

灌水設備などの設置　灌水設備の配管と直管などの骨格資材，マルチ巻上げ機を設置する。

灌水量を把握するための水量計は，配管の基の部分（バルブの先）に最低一つは設置する。節水期間中の水管理は，水量計を見ながら灌水量を調整する。

また，灌水チューブは，培土全体に水が広がるよう散水型資材が多く用いられているが，粘土質土壌は過乾燥状態になると，灌水してもうね内に浸透しにくくなることもある。その点，点滴型資材は水分浸透などで優れており，水管理が容易になる。用いる培土の土壌特性に応じて灌水資材を検討する。

苗木の準備と定植　根域制限栽培では施設の導入経費がかかるため，収益を確保するためには，できるだけ未収益期間を短縮し，早期成園化をはかる。三年生ほどの大苗を植え付ければ，定植翌年から収量が一定量確保できる。園地造成を計画するさいは，完成後に大苗移植が行なえるよう事前に二年生苗を購入し，育苗しておく。

定植するさいの苗木掘上げ時はできる限り断根を少なくし，培土に根を広げて植え付ける。こうすることが樹の初期生育にとって大切なポイントとなる。植付け後は，樹を支柱に固定し，十分量の灌水を行なうとともに敷きわらやポリマルチなどで水分保持をはかる。

定植後の管理　育苗年は，適宜十分量の灌水を行ない，とくに植付け直後は乾燥しないように注意する。

育苗年は無着果とし，着花が見られた場合は摘蕾する。夏枝発生時には，窒素主体の葉面散布とアブラムシやミカンハモグリガなどの害虫防除を行ない，夏枝充実を促進させ樹冠拡大をはかる。また，接ぎ木部近くから発生した徒長枝や主枝の分岐した箇所より下から発生した枝は，早期に芽かきなどで除去しておく。樹形の乱れを防止し，樹冠上部の生育促進をはかるために重要な管理である。なお，施肥は，慣行の幼木の施肥基準に準ずる。

第5表　品種および土質別の節水期間

品種	土質	6月	7月			8月			9月	10月	11月	12月
			上	中	下	上	中	下				
極早生	粘質											
	砂質											
早生	粘質	←湿潤→					←節水期間→					湿潤
	砂質											
普通	粘質											
	砂質											

(4) 水管理の実際

①水管理の考え方

品質向上のための節水期間

根域制限栽培では，品種ごとに適切な時期に水切りを開始し，適度な水分ストレスを付与して糖度の向上をはかる。節水期間中は適度な水分ストレスを維持するよう定期的な少量灌水とし，目標品質の達

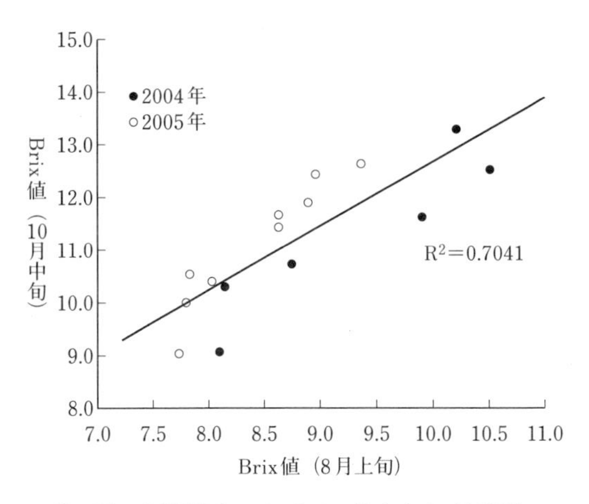

第5図　上野早生における8月上旬と収穫期のBrix値の関係　（貝原・新堂，2006）

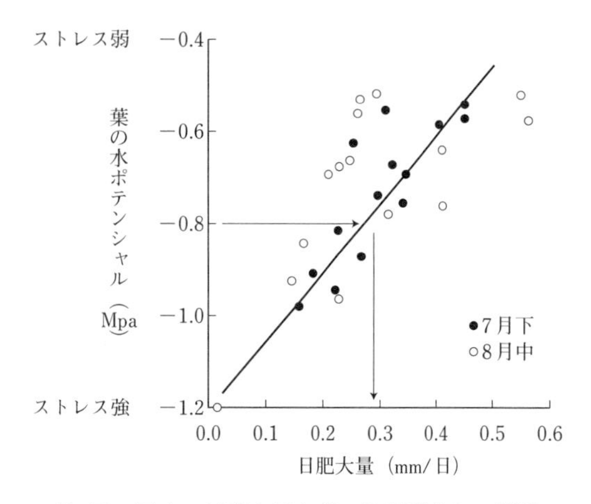

第6図　果実の日肥大量と葉の乾燥程度との関係　（貝原・新堂，2006）

成をはかる。

具体的な節水期間は，第5表で示すように品種や土質により異なる。また，極早生種でいえば8月上旬と収穫時の糖度の相関が高く，ブランドの基準となる10月にBrix値11.0を達成するには，8月上旬時点でBrix値8.5以上を確保しておく必要がある（第5図）。このためには，7月上旬より水切りを開始し，7月中旬には適度な水分ストレスを付与し，この状態を収穫時まで維持するようにする。

灌水のタイミング　一方で，根域制限栽培は過乾燥となりやすく，果実肥大と減酸を促進するためには適量の灌水も必須となる。

節水期間中の灌水は，果実の肥大量や葉巻き程度など樹体の状態をよく観察し，樹に一定の水分ストレスが付与された時点で行なう。

極早生温州では，7月下旬から8月中旬までの果実の日肥大量と樹体の水分ストレス付与程度との相関が高く，日肥大量0.3mm以下で品質向上に必要な水分ストレスが付与されていることになる（第6図）。また，第7図に示しているが，早朝における葉巻き程度を観察し，ストレス中（−1.0Mpa）を灌水の目安とすることも可能である。

節水期間以外の水管理　節水期間以外の土壌は湿潤管理とする。湿潤期間の土壌乾燥は，果実肥大の抑制や樹勢の低下などの要因となる。

第7図　葉巻き程度と葉の乾燥程度との関係
左：ストレス弱，−0.6Mpa，中：ストレス中，−1.0Mpa，右：ストレス強，−1.5Mpa

そのため，この期間に乾燥が続く場合は，適宜灌水を行なう。とくに収穫後は早急かつ十分量の灌水を行ない，樹体に付与された水分ストレスを緩和させることが重要となる。

②土質（母材）に応じた水管理

根域制限栽培に用いられる土壌は，導入される土地でさまざまであるが，その水分特性は，砂質土壌（花崗岩質土壌），粘質土壌（玄武岩質土壌，安山岩質土壌）など土質（母材）で大きく異なる。そのため，用いる土壌の水分特性に応じた灌水対応が必要となる。

第8図に土壌別のpF水分曲線を示したが，

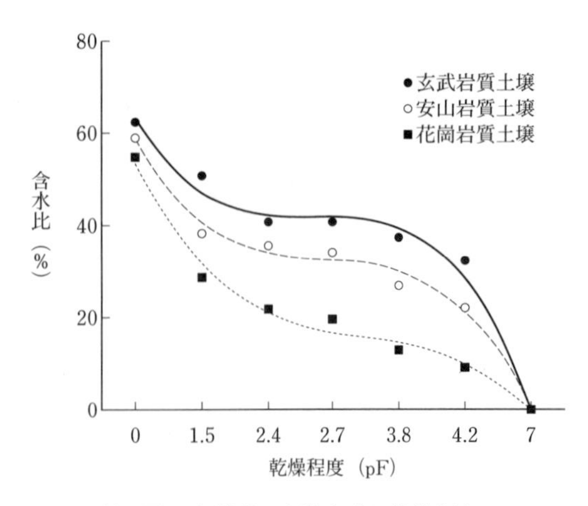

第8図　土壌別の土壌水分と乾燥程度
（貝原・新藤，2006）

第6表　土質別節水期間中の灌水量と収穫時の果実品質　（貝原・新藤，2006）

土　質（母材）	総灌水量（l/樹）	灌水回数	果実糖度	果実酸度
玄武岩	145	14	12.2	0.76
安山岩	260	17	11.3	0.89
花崗岩	318	25	11.9	0.91

注　品種：上野早生
値は2004～2005年の2か年の平均値で，節水期間は7月上旬～10月中旬

花崗岩質土壌は他の2つの土壌に比べ同じpF値における含水比がもっとも小さく，透水性はよいものの保水性に乏しい。玄武岩質土壌は保水性が良好で，安山岩質土壌は両者の中間的な特徴をもつ。

こうしたことから灌水の間隔，量，回数をよく検討し，とくに砂質な花崗岩質土壌では土壌乾燥が著しく水分ストレスが付与されやすいので，こまめな灌水が必要となる（第6表）。

③品種に応じた水管理

各品種の水分ストレス付与程度　培土の土質（母材）が同じ場合，水分ストレスは極早生温州，早生温州，普通温州の順に強く付与するようにする。極早生温州の樹勢は中庸で，早生，普通温州と比べて，葉数は少なく葉も小さい傾向にある。そのため，蒸散量が少ないことが考えられ，過度の強い水分ストレスは与えにくい。場合によっては糖度上昇に必要な水分ストレス付与が不足する点に注意が必要となる。

早生温州，普通温州は水分ストレスを付与しやすく，おもに過度の水分ストレスを付与させない水管理が重要であり，また酸の値にも注意して水管理する必要がある（第9図）。

各品種の節水期間の水管理　第7表に節水期間における品種と土質に応じた灌水の目安を示した。ただし，節水期間の灌水開始時期，灌水間隔は，晴天が続いた場合であり，気象条件により若干異なる。

樹や土壌の乾燥進行は，気象条件によって影

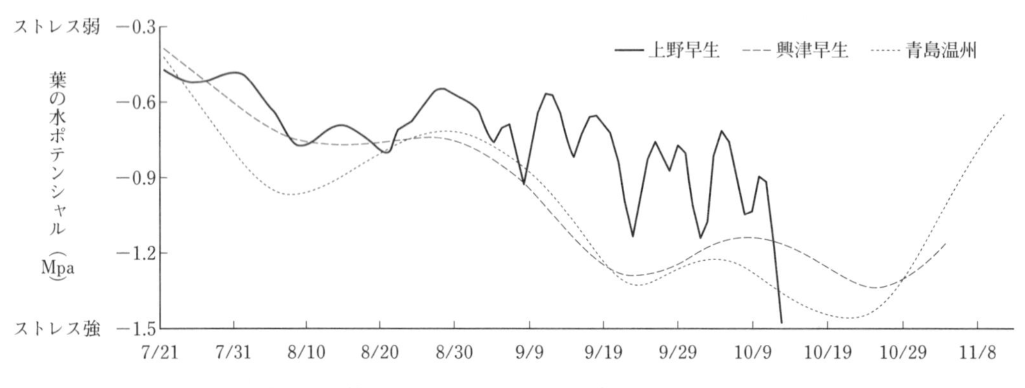

第9図　節水期間における品種別の葉の乾燥程度の推移　（貝原・新藤，2006）
土質：安山岩質土壌

響を受け，曇天や降雨日は乾燥が進まない。灌水間隔の間に曇天や降雨日があれば，その分灌水日を遅らせることになる。また，各品種ともに収穫2週間前ころから，収穫直前のスムーズな増糖と浮き皮果の発生抑制のため，灌水量を減らして水切り程度を若干強める管理とする。

各品種の目標品質　収穫時に目標品質に達するためには，生育ステージごとの目標品質を順次クリアしていくことが重要となる（第8表）。とくに極早生温州において収穫時のブランドの基準をクリアするには，先述のとおり8月上旬にBrix値8.5を確保する必要があり，果実糖度が低い場合は水切りを強める対応となる。同様に早生温州や普通温州では9月上旬の糖度を基準として，灌水を調節する。

第7表　各品種の土壌別の節水期間における灌水目安

品　種	土　質	節水開始	灌水開始	灌水量/1回/1樹(l)	灌水間隔
極早生	粘質 砂質	7月上旬 7月上中旬	7月下旬	10 ～ 20	5～7日おき 3～5日おき
早　生	粘質 砂質	7月下旬，8月上旬 8月上中旬	8月中下旬	20	3～5日おき 2～3日おき
普　通	粘質 砂質	8月上中旬 8月中旬	8月下旬	20	3～5日おき 2～3日おき

注　灌水開始時期，灌水間隔は天候により前後する（灌水間隔は晴天日が続いた場合）
玄武岩質土壌は，安山岩質土壌より灌水間隔がやや長い

第8表　各品種の生育ステージごとの目標品質

	極早生		早　生		普　通	
	糖　度(Brix, %)	酸　度(%)	糖　度(Brix, %)	酸　度(%)	糖　度(Brix, %)	酸　度(%)
8月上旬	8.5～ 9.0	3.5	—	—	—	—
9月上旬	9.5～10.0	2.50＞	9.0～ 9.5	2.80＞	9.5	3.50＞
10月上旬	11.0	1.00	10.0～10.5	1.50＞	10.5 ～ 11.0	2.00＞
11月上旬	—	—	12.0	1.00	11.5 ～ 12.0	1.50＞
12月上旬	—	—	—	—	13.0	1.00

一方で，果実酸度にも注意が必要であり，極端な酸高果とならないような水管理が必要となる。

極早生，早生温州では，10月上旬の果実酸度が目標値よりあきらかに高い場合，10月以降に灌水の量や回数を増やしても収穫期にはやや酸高な果実になりやすい。灌水による減酸効果が高いのは主として9月まででであり，9月上旬の果実酸度が目標値より高い場合は，灌水回数を増やすなど，若干の水戻しを行なう。

ただし，灌水量は一度に大きな変更をせず，灌水のタイミングを若干前後させるような細やかな対応とし，灌水変更後の果実品質をチェックするなどして効果を確認しながら調整する。

(5) その他の栽培管理

①着果管理と剪定

摘蕾・摘果　根域制限栽培では，根の分布域が制限されることにより地上部がわい化しやすく，樹勢が中庸になることなどから，着花は比較的良好となる。しかし，着果過多は果実肥大が不良となるだけでなく，隔年結果するおそれもある。とくに着花過多となっている樹では摘蕾を行ない，早期に樹体への着花負担を軽減して花器の充実や新梢の増加をはかる。

摘果量は通常のシートマルチ栽培などに準じて，生理落下終了ころから粗摘果，仕上げ摘果，樹上選別を順次行ない，葉果比30程度を最終的な着果量とする。初結実時は，着花量が多いことから着果過多となりやすいため，適正な葉果比となるように注意する。なお，1樹当たりの収量の目安は20 ～ 30kgとし，収穫時の果実階級はSM果中心を目標とする。

剪定　根域制限栽培では，樹がわい化するため，剪定はうね部から作業道へ伸長してきた部分や，樹間の枝が重なりやすい部分を中心に行なう。切返しも前年の果梗枝を目安に切り戻す程度とする。春季における新梢および花器の初期生育を促進するため，旧葉を多く確保することが大切である。

②肥培管理

施肥量　根域制限栽培における施肥基準は，

第9表のとおりである。

うねの面積により施肥量を算出するため，施肥量は慣行栽培の半分以下となる。

また，根域制限栽培では限られた土量で栽培し，定期的な灌水を実施することから，土壌養分の流亡も慣行栽培よりも多くなることが予想される。このため，肥効調節型肥料を用いた年1回の施肥も有効である。

葉面散布　収穫後には通常の施肥に加え，尿素500倍の葉面散布を2～3回行ない，速やかな樹勢回復や冬期の落葉防止対策として樹体栄養を高めておく。

また，2月上中旬にはリン酸剤の葉面散布を行ない，着花促進をはかる。

③土壌管理

土壌管理　培土は数年に一度，土壌分析を行ない，過不足に応じて石灰資材や有機物を投入する。また，灌水を頻繁に行なうことから，数年ほど経過すると地表面の土が流亡し，場合によっては根が露出してくる。そのさいは適宜客土を行ない，地表面の根を保護する。

マルチ資材　マルチ資材は，白黒のポリ資材を用いることで地表面の除草作業を省力化できるし，透湿性シートと比較して価格が約3分1の資材でコスト低減にもつながる。節水期間における土壌乾燥効果については，栽培開始から3年ほど経つと根はうね全体に伸長し，樹齢相応の葉数が確保できていれば，地表面からの水分蒸発がなくても，葉からの蒸散で透湿性シートとほぼ同様な土壌乾燥効果が得られる（第10表）。

また，マルチ巻上げ機とアーチパイプを敷設しておくことでマルチの開閉が容易にでき，必要に応じてマルチを開放して，土壌乾燥を促すことも可能である。

なお，第11表に根域制限栽培における年間の管理作業を示す。

第9表　根域制限栽培の施肥基準

品　種	春　肥（kg）	施肥時期	夏　肥（kg）	施肥時期	秋　肥（kg）	施肥時期
極早生	4.0	2月中～3月上旬	2.0	5月下～6月上旬	4.0	収穫直後
早　生	4.5		2.0		4.5	収穫直後
普　通	5.0		2.5		5.0	11月上旬

注　うね幅1.5m，樹間1.5m，作業道2mの10a当たり180本植えでの基準

第10表　マルチ資材の違いによる土質別の収穫時の果実品質

（貝原・新堂，2006）

マルチ資材	土質（母材）	果実糖度	果実酸度
透湿性シート	玄武岩	13.7	0.92
	安山岩	13.5	1.14
	花崗岩	11.9	1.10
白黒ポリ	玄武岩	12.6	0.96
	安山岩	13.4	1.09
	花崗岩	13.7	1.10

注　品種：興津早生
各マルチ資材ともに果実品質は2か年の平均値

第11表　年間の管理作業

	水管理	着果・肥培管理	その他の管理
3月	適宜灌水	春肥施用・葉面散布	
4月	↓	（摘　蕾）	
5月		夏肥施用	
6月			
7月	極早生節水	摘　果	
8月	早生・普通節水		
9月			枝吊り
10月	（極早生水戻し）	秋肥施用（極早生収穫）	
11月	（早生水戻し）	葉面散布（早生収穫）	
12月	適宜灌水（普通水戻し）	（普通収穫）	
1月			（土壌改良・客土）
2月	↓		

(6) 現地の事例

第12表に現地における果実品質と収益性を調査した結果を示した。慣行のマルチ栽培に比べ糖度が高く，ブランド率が格段に向上しており，それに伴い所得も慣行マルチ栽培の倍以上と収益性が高くなることが実証されている。

また，根域制限栽培の1戸当

第12表　根域制限マルチ栽培された温州ミカンの果実品質と収益性　（貝原，2010）

品種	栽培方法	糖度（Brix）	クエン酸（%）	ブランド率（%）	収量（kg/10a）	販売単価（円/kg）	販売金額（千円/10a）	生産費（千円/10a）	農業所得（千円/10a）
極早生	根域制限マルチ	11.8	0.89	75.6	4,788	204	977	487	490
	慣行マルチ	10.1	0.82	13.9	2,840	145	412	320	92
早生	根域制限マルチ	13.2	1.19	93.6	3,309	321	968	399	569
	慣行マルチ	11.6	—	36.9	2,734	198	541	314	227

注　各数値は2008～2010年の3か年平均

第10図　現地における大規模根域制限栽培園

たりの導入面積は，当初10a程度であったが，近年は50a以上と大規模化している（第10図）。根域制限栽培は管理作業の軽労化・省力化がはかれるが，面積拡大によって細やかな管理が困難になり，生産ロスが生じることが考えられる。今後，灌水や防除，運搬作業などを補助する機械・装置を活用し，管理作業の自動化について検討する必要がある。

執筆　田島丈寛（佐賀県果樹試験場）

参考文献

岩永秀人・夏秋道俊・末次信行．1999．根域制限栽培における収量および品質．九農研．61，226

貝原洋平・新堂高広．2006．根域制限高うねマルチ栽培指針．1—19．佐賀果樹試．

貝原洋平．2010．根域制限シートマルチ栽培による温州ミカンの品質と収益性向上効果の現地実証．佐賀果試成果情報．

川﨑敦之・新堂高広．2006．ウンシュウミカンにおける根域制限栽培の経営評価　第2報　収益性及び省力性について．九農研．69，210．

夏秋道俊・岩永秀人・新堂高広・山口正洋・末次信行・岩切徹．2004．根域制限栽培における土壌母材の違いがウンシュウミカンの生育や果実品質に及ぼす影響．佐賀果試研報．15，1—7．

当部会員の園地整備をした圃場

福岡県みやま市　JAみなみ筑後柑橘部会

〈北原早生〉

トップブランド北原早生の生産・販売戦略

高単価実現に向けたJAみなみ筑後柑橘部会の取組み

〈地域の概況とJAみなみ筑後柑橘部会〉

1. 地域，社会的条件など

南筑後農業協同組合柑橘部会は，2002年に既存の4部会が合併して設立され，2017年度現在，部会員342戸，栽培面積333haで，県内有数の産地となっている。当産地のミカン園が広がるみやま市，大牟田市は福岡県の南部に位置し，標高は約10～340m，結晶片岩を母材とした砂壌土および壌土からなる。また気象は，西九州内陸型の有明海気候区に属し，年平均気温16.3℃，降水量1,891mm，日照時間2,103時間で，温暖で豊富な日照量に恵まれている。土壌，気象条件とも温州ミカンの栽培に適し，カンキツ栽培の歴史は江戸時代末期より始まる。福岡県発祥の‘宮川早生’は栽培が始まって約100年になる。現在，ミカンの品種は地帯に応じて極早生から普通まで栽培され，とくに早生が多く栽培されている。

2. 部会運営・組織

JAみなみ筑後柑橘部会の運営は，部会長1名，副部会長2名，役員6名，合計9名で構成される運営委員会で決定される。役員は生産担当と販売担当に分かれ，生産担当はJAなどと連携し各種技術対策の検討を行なう。また販売担当は市場と産地間相互の要望伝達と情報収集，発信を行なっている。

経営の概要

設　立	2002年5月28日
部会員	342戸
栽培面積	333ha
品　種	早味かん，日南1号，北原早生，原口早生，宮川早生，興津早生，石地
出荷量	6,500t（2017年度）
販売高	14億5000万円（2017年度）

部会は地区別の19支部で構成され，各支部長は支部の意見集約と組織決定事項を周知する役割を担う。

45歳以下の生産者で構成されている「青年部」は，技術研鑽のために研修会および先進地視察などを実施している。また，後述する園地登録制のベースとなる果実分析を担うとともに，試食や山川みかんオリジナルジュースの販売など産地のPR活動を精力的に行なっている。50歳代を中心に，生産の規模，技術ともにトップレベルの部会員で構成される「同志会」では現地検討会による技術研鑽を中心に活動しているが，産地が抱える課題解決のための取組みや新品種・新技術の検討，部会への提案なども行ない，産地に貢献している。

〈北原早生導入の経緯〉

販売単価が低迷していた1998年から関係機関と連携し，カンキツ優良系統探索事業に取り組んだ。その結果，2001年に伍位軒集落の北原悦雄・セイ子氏夫妻の園場で栽培されていた‘原口早生’より枝変わりとして‘北原早生’が見出された。福岡県園芸振興推進会議で約8年に渡る果実および樹体の特性調査を行なった結果，優れた品種であることが確認され，2009年に品種登録，同年に苗木配布および高接ぎによる導入が開始された。現在に至るまで県内で苗木11万本以上が供給され，栽培面積は約82ha，同時に佐賀県，長崎県，山口県をはじめ全国へ‘北原早生’の苗木が供給されている。

‘北原早生’は，12度以上の糖度や，紅の濃さおよび肌のきめ細かさなど外観のよさを市場から評価され，出荷時期となる10月中下旬の単価（平成29年実績352円/kg）としては日本トップクラスを誇る（第1図）。その結果，産地自体の評価，引き合いが高まり，‘宮川早生’‘原口早生’などその他の品種の単価向上にも大きく寄与している。本品種の積極的な導入により，農家所得の向上とともに，改植や園地整備が進んだことで，産地全体の生産構造が飛躍的に改善される契機となった。

なお‘北原早生’は，県内外のミカン産地発展に大きく貢献していることから，発見者の北原氏と部会による研究・育成努力に対し，2015年に民間部門農林水産研究開発功績者表彰を，2017年に全国果樹研究連合会会長賞を授与されている。

第1図　北原早生販促用ポスター

〈北原早生の栽培の要点〉

1. 品種の特徴と課題

前述のとおり10月ころから収穫可能で糖度が高く（12度以上，クエン酸含量1％以下），同月中下旬には完全着色し，紅の濃さおよび肌のきめ細かさなど外観のよい早生品種である。しかし，いくつか課題もある。

1点目は，完熟を迎えたら浮皮が発生する問題である。現在，‘北原早生’は10月中旬に集荷を開始するが，集荷終了は11月上旬と期間が短い。浮皮の発生により品質が低下するのがその原因となっている。浮皮の発生は，食味の低下，腐敗果につながることもある。そこで果皮強化を図るため，部会ではカルシウム剤の散布を指導している。果汁が入り始める時期から収穫1か月前まで合計3回以上散布する。

2点目は，‘北原早生’に発根しにくい性質があることである。発根しにくい樹は枝の伸長も悪く，樹齢10年生を超えても樹体は小さい。樹勢低下を招いたり，細根が少ないと施肥しても肥効が得られず，隔年結果を招くおそれがある。対策として，堆肥をスポット的に与え（2t/10a程度），細根や葉数を増加させ樹勢回復を図るようにしている（第2図）。また，苦土欠乏が発生しやすい性質があるので，3月，5月，11月の計3回，硫酸マグネシウムを施用してい

第2図　堆肥をスポット的に施用

第3図 品質を高位に平準化するためのシートマルチ被覆

第4図 側枝単位（図中円内）で枝ごとすべて摘果する

る（1～2袋/10a）。

こうした対策も含め，さらなる品質向上に向けてのさまざまな取組みも行なっている。

2. マルチ敷設，枝別摘果，誘引

‘北原早生’については，品質を高位に平準化するためシートマルチの被覆を必須条件とし，ほぼ100％の被覆率となっている（第3図）。被覆は6月20日までに実施し，マルチ内に雨水が浸入しないよう排水対策をしっかり行なう。

また，水分ストレスを与えるため，弱勢樹，少着果樹を除く園でフィガロン乳剤の散布を7月上旬以降，天候に応じて実施している（日肥大0.2mm以上，8月1日時点で糖度8.5未満の場合，3,000倍を散布，第5表参照）。

さらに，‘北原早生’では，間引き摘果ではなく，枝別摘果を実施している。枝別摘果とは，着果させる枝には群状結実させる一方で，摘果する枝はすべて落とす方法である（第4図）。成らせる枝，成らせない枝を分けることで，着果した枝には翌年新梢が発生し，全摘果した枝は翌年着果させられるため，品質向上と隔年結果が防止できる。粗摘果は7月上旬までには終えるようにし，極小果（26mm以下），傷果を中心に軽めに落としておく。仕上げ摘果は8月中旬までに行なう。8月10日時点で40mm，20日時点で43mm以下の果実を落とし（これ以下は2Sに），出荷時の目標階級はM・S中心として

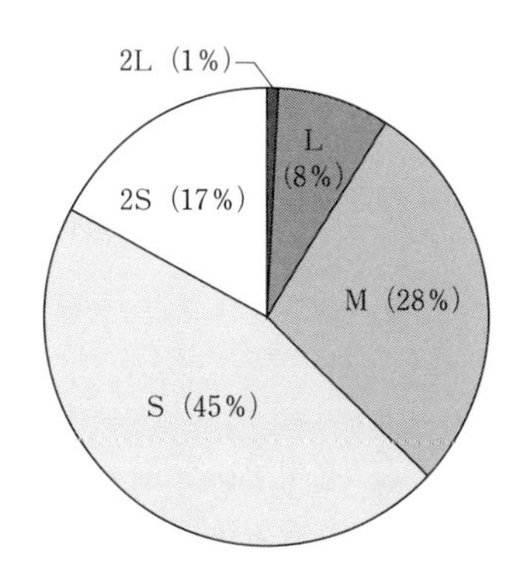

第5図 北原早生の出荷時の目標階級

いる（第5図）。

9月の着果管理としては，品質向上と枝折れを避けるため，果実が垂れ下がるように枝の中ほどをひもで吊る「枝吊り」を行なっている。また，肥大を促すため裾枝は吊り上げている。

以上のようなそれぞれの対策はマニュアルとしてまとめ，部会員で共有している（第6図）。

〈園地の自主整備と早期成園化〉

1. 圃場の準備

部会では果樹経営支援対策事業を用いた優良品種への改植と同時に，園内道の整備，園地の傾斜緩和や直線的な植栽への変更など，作業の効率化を図るため自家施工による「小規模園地整備」を積極的に進めている（第7図）。産地

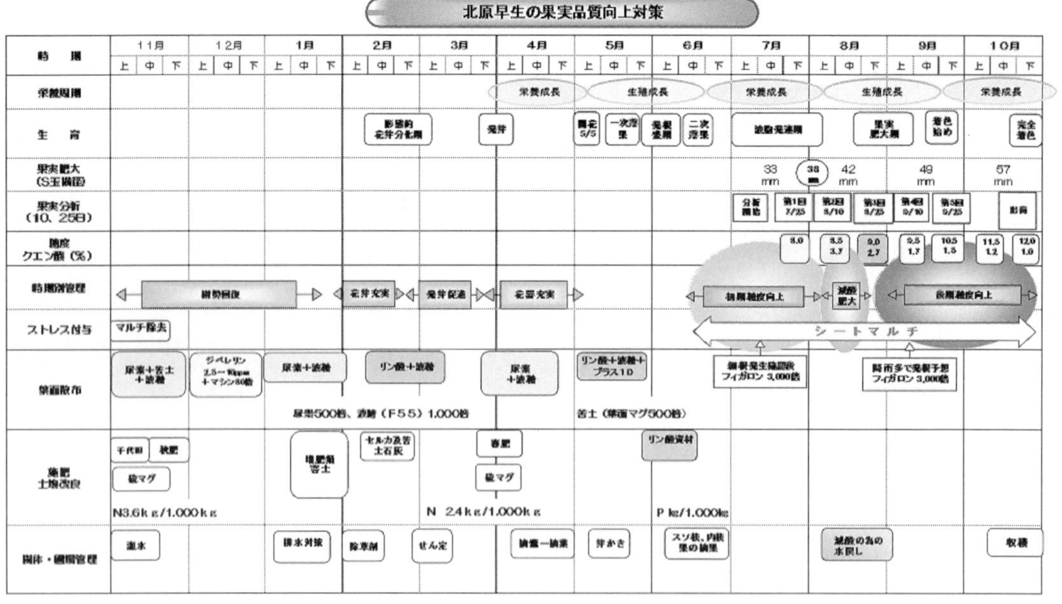

第6図　北原早生の果実品質向上対策

として，毎年15ha程度取り組んでおり，同時にSSなどの省力機械も導入することで規模拡大につながっている。これにより，樹齢20年以下の園地割合は産地全体で約60％，SSの稼働面積率は約40％に増加した。

基盤整備のメリットとして，以下の点があげられる。

・おもに自家施工（農家自らがオペレーター）で業者委託のおおむね3分の1の工費で実施可能。

・SSの導入により防除時間が短縮。薬剤散布量が4割削減。

・肥料散布機や乗用草刈り機が導入でき，作業の省力化につながる。

・作業道が排水路を兼ねる（第7図）。

2. 早期成園化の取組み

また大苗育苗事業を活用して改植時に2年生苗を導入し，育成中は黒マルチを敷設して雑草の抑制，乾燥防止および地温上昇による生育の促進を図っている（第8図）。これらの取組みにより植栽2年後（4年生樹）に結実開始し，早期成園化を実現している。

〈栽培の実際〉

1. 植付け，育成

①植栽本数と植付け

‘北原早生’の株間は1.5～1.8m，園内道がある場合はうね間4.5mとし，栽植本数は120～150本/10aである。

計画密植の場合，株間はその園の土壌条件や気象条件を考慮してまず永久樹の基準株間を決め（第1表），それをもとに間伐樹の植付け位置を決める。段畑の場合は，段の幅によって著しく制限されるが，1列植えの場合はだいたい永久樹の本数の2倍くらいの密植が望ましい。

植付けは，3月下旬～4月中旬（春芽の萌芽直後）に行なう。あらかじめ植付け位置には2本当たり1袋の堆肥を土とよく混和しておく。石灰は，定植前に1樹当たり2kg投入する。また新規開園したところは定植後に微量要素肥料（苦土，コロイドケイ酸を中心にマンガン，ホウ素など9種類を含む肥料「ハイグリーン」）を1樹に300～400g施用する。

植付けにあたっては，根を絶対に乾かさない

第7図　自家施工による小規模園

①段畑，②等高線開墾，③生コン施工前，④生コン施工後（園内道は業者施工）

第8図　苗木の生育経過

①2年生植付け時，②2年生1年後，③2年生2年後

ようにし，また傷付いた根は健全な部分まで切り返す。根は深く広く伸長するようにていねいに広げて，深植えはしない。植付け後にたっぷり灌水し，株元はわら，黒色ポリエチレンフィルムなどで被覆する。

②植付け後の手入れ

苗木は，竹など支柱を立てて誘引し，風で倒

第1表　植付け間隔

種　類	永久樹株間	
	普通土壌	肥沃土壌
極早生種	1.5m × 4.5m	1.5m × 4.5m
早生種	2.0m × 4.5m	4.5m × 5.0m
普通種	2.0m × 5.0m	5.5m × 5.5m

注　植栽本数は段幅が広い園の場合。極早生種は早生種に，中生種は普通種に準ずる

れないようにする。定植後，干ばつ時は10日おきくらいに灌水して活着を促す。活着してから肥料を施用する。1樹当たり有機質配合肥料か，化成肥料50～100gを毎月1回，年間7回程度分施する。

主枝や亜主枝の先端の新梢は，支柱に誘引してまっすぐに伸ばし，おそい春芽，夏芽，秋芽の発生初期に，ミカンハモグリガの防除を徹底する。

③苗木の切返し

芽吹きをよくするため，定植後に苗木は切り返す。

1年生苗の場合は，接ぎ木部から約25～30cmの長さで切るが，春枝が30cm以上伸びていれば輪状芽の下で，30cm以下なら夏枝の盲芽の上のしっかりした芽を2～3芽残して切るようにする（第9図）。

2年生苗の場合，主枝候補枝は夏枝の3分の2程度まで切り返す。すなわち，先端の秋枝とその下の夏枝の3分の1程度を切除する。

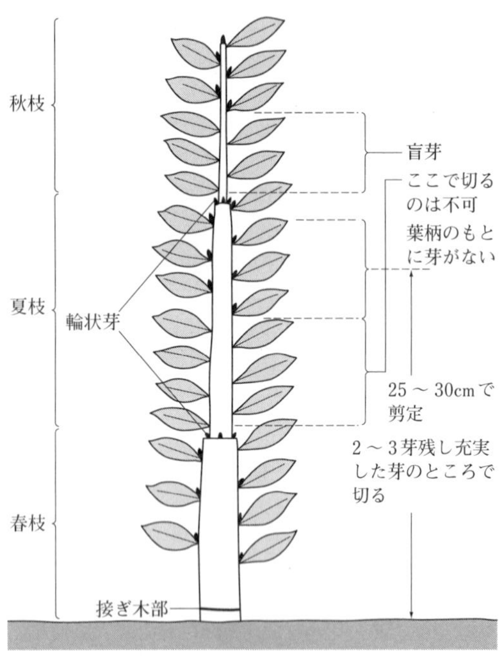

第9図　苗木の剪定位置

参考：『ミカンの作業便利帳』（農文協）

基部の枝は込み合っている場合のみ切除する。枝の切返しや間引きなどは，定植後の活着を良好にするため，根量に応じて行なう。

2. 剪定の考え方

剪定は一般に，作業性向上，結実量・果実肥大・品質などの向上を目的に行なわれるが，実際には品種や樹勢，結果母枝量に応じて対応する。とくに，樹勢が弱っている樹は，着蕾を確認してから行なうようにする。

前年，着果が多かった園（落葉が心配される園）は，剪定はできるだけおそく，3月下旬以降に行なう。また剪定程度は軽くし，弱い間引き程度とする。結果母枝は残すようにし，成り房，枯枝を除去する。

反対に前年適度に着果した園，あるいはやや着果不良だった園（結果母枝が確保されている園）では，3月下旬ころより寒害の心配のない園から剪定を始める。やはり間引き主体とし，内向枝や亜主枝上の立ち枝を除去する。また，予備枝を設置する。

樹形は，全体が逆三角形になるように仕立てていくが，あまり型にとらわれず，前述の剪定のように間引きを主体に，切り上げていく要領で行なう。

3. 肥培管理と病害虫防除

それぞれ第2表，第3表を参照。なお，第2表の施肥量は目安であり，樹勢などに応じ加減する。

また樹勢回復や花芽の充実，新梢の伸長促進，果実の初期肥大促進などを目的に尿素およびリン酸をベースにした葉面散布も行なっている（第4表）。葉面散布ではほかに，着花を減らし，有葉花や新梢を増加させるジベレリンを収穫直後～収穫約1か月後にマシン油と混用して散布するほか，初期糖度を高めるため前述のとおりフィガロン乳剤を満開後60日前後に1回，もしくはその20日後にもう1回（樹勢に応じてだが，できれば1回に留める）散布している（第5表）。

第2表　肥培管理

施肥内容	時　期 （月/旬）	資　材	施肥量 （袋/10a）	目　的
秋　肥	10/下～11/中	配合肥料（9―7―4）	6	隔年結果防止，寒害防止
堆　肥	1～2	バーク堆肥，完熟堆肥	100	発根促進
石　灰	1～2	炭酸苦土石灰，カキガラ石灰	7～10	pH調整
春　肥	3/中～4/中	微量要素入り配合肥料（8―6―4）	5	新梢・花芽の充実
夏　肥	5/中	微量要素入り配合肥料（8―6―4）	2～3	果実肥大促進，樹勢低下防止
リン酸剤	6/中～下	リン酸ボカシ剤，過石	2	夏肥などの窒素消化，品質向上
苦　土	3/中，5/中，11/中	硫酸マグネシウム	2	品種特性，また樹勢低下，寒害などにより発生する苦土欠乏対策

〈山川みかんブランド化と販売戦略〉

“本当にいいものは高く”売り，“努力した人には厚く”報いる生産・出荷システムとして，「園地登録制」を部会主導で運用している。園地登録制とは，1）生産者が園地ごとに取り組む部会のブランドを申請，2）ブランドに応じた基準（糖度・酸度，シートマルチ被覆時期など）にそって生産，3）ブランドごとに集荷・選果し，販売および代金精算を行なう制度である。

ブランドは，糖度を基準に「マル特」，次いで「マイルド」があり，いずれもシートマルチ栽培を必須としている。そして品種，ブランド別に被覆時期を設定し，各支部の部会員同士で被覆確認を行なっている。毎年1,500筆以上に及ぶブランド園地の申請があり，それらを7月から5回，手分析による糖度・酸度検査を実施，さらに選果時には選果機による全果検査を行なっている。その結果，基準を満たさない園地や果実は下位区分に降格され，かりに上位基準を満たしても昇格は認めない。つまり「できたミカン」ではなく，「つくったミカン」を売るシステムを確立した。

導入当初は，シートマルチ被覆という労力とコストアップに対して理解を得られにくかったが，当時の部会役員やJAなど指導機関の熱意と努力によって徐々に浸透した。さらに，本制度により果実品質が大幅に改善されるとともに，選果を経て出荷されるブランド商材（「マル特」は『ハニーみかん』など，「マイルド」は『マイルド130』）の計画出荷が可能となったことから産地の市場評価も高まり，生産者から「努力が報われる制度」として高く評価されている。

〈後継者・担い手育成〉

当部会においても近年は生産者数や園地面積が減少する傾向にあるが，そのなかで後継者や新規就農者も育っている。その最大の理由は，ミカンの販売が高単価で連年推移していることであり，個選からあるいはUターンで戻る人が増えている。部会では彼らを担い手としてJA，普及所，市役所などと連携しながら育成している。

1．柑橘部会青年部

45歳までの若い農家は部会青年部に所属し，独自の技術研修会および先進地視察などを実施している（第10図）。また，前述の園地登録制のベースとなる果実分析を担うとともに，JR博多駅などで開催されるイベントに出店し，試食や山川みかんオリジナルジュースの販売など，産地のPR活動を精力的に行なっている。

2．トレーナー制度と生産基盤の強化

①担い手と雇用労働力の確保

部会に新たに加入する新規就農者が早期にカンキツ栽培の技術を習得し，地域，組織に馴染むことを目的に，技術，信頼ともに十分な近隣の部会員を指導相談役（トレーナー）として任命し，新規就農者をサポートしていく制度を導入している。2016年度からスタートし，これまで2組の実績があがっている（第11図）。

第3表　JAみなみ筑後柑橘部会　温州ミカン病害虫防除暦（2018年4月時点）

月	旬	病害虫	使用薬剤および希釈倍数	収穫前日数（まで）	回数（以内）
3	上 中	かいよう病	ICボルドー66D　60倍 または，コサイド3000　1,000倍 加用クレフノン　200倍	— 発芽前 —	— — —
4	上	そうか病	デランフロアブル　1,000倍 ナティーボフロアブル　1,500倍	30 前日	3 3
	中	アブラムシ類 かいよう病多発園（開花前）	アクタラ顆粒水溶剤　3,000倍 モスピランSL液剤　4,000倍 コサイド3000　2,000倍 加用クレフノン　200倍	14 14 生育期 —	3 3 — —
5	上	訪花害虫	アドマイヤーフロアブル　4,000倍	14	3
	中	灰色かび病 そうか病 チャノホコリダニ ミカンサビダニ	フルーツセイバー　1,500倍 サンマイト水和剤　3,000倍	前日 3	3 2
		アザミウマ類 ヨモギエダシャク 黒点病	エクシレルSE　5,000倍 エムダイファー水和剤　600倍 デランフロアブル　1,000倍	前日 60 30	3 2 3
	下	灰色かび病 そうか病 黒点病	ファンタジスタ顆粒水和剤　4,000倍 または，フロンサイドSC　2,000倍	14 30	3 1
6	上	黒点病 カイガラムシ類 幼虫 カタツムリ類	ジマンダイセン水和剤　600倍 加用アプロード水和剤　1,500倍 加用アビオン-E　1,500倍 ICボルドー66D　100倍	30 14 — 発生前～発生初期	4 3 — —
	中 下	黒点病 カイガラムシ類 ゴマダラカミキリ コナカイガラムシ類 ツノロウムシ	ジマンダイセン水和剤　600倍 加用スプラサイド乳剤40　1,500倍 加用アビオン-E　1,500倍 ダントツ水溶剤　4,000倍	30 14 — 前日	4 4 — 3
7	上 中 下	黒点病 ミカンサビダニ ゴマダラカミキリ（苗木，樹幹処理）	ジマンダイセン水和剤　600倍 加用アプロードエースフロアブル　2,000倍 加用アビオン-E　1,500倍 モスピランSL液剤　400倍	30 14 — 14	4 2 — 3
8	上	カイガラムシ類	エルサン水和剤40　800倍	14	2
	中	黒点病 ミカンハダニ	ジマンダイセン水和剤　600倍 加用ダニゲッターフロアブル　2,000倍	30 前日	4 1
	下	かいよう病	コサイド3000　2,000倍 加用クレフノン　200倍	生育期 —	— —

（次ページへ続く）

（前のページより）

9	上	アザミウマ類 黒点病	コテツフロアブル　4,000倍 ナティーボフロアブル　1,500倍	前日 前日	2 3
	中	貯蔵病害 かいよう病	各品種収穫直前散布 ベフラン液剤25　2,000倍 加用ベンレート水和剤　4,000倍 加用アビオン-E　500～1,000倍（台風前） コサイド3000　2,000倍 加用クレフノン　200倍	 前日 前日 — 生育期 —	 3 4 — — —
	下				
10	上	アザミウマ類	ディアナWDG　10,000倍 または，スピノエースフロアブル　5,000倍	前日 7	2 2

第4表　尿素およびリン酸ベースの葉面散布

時　期	資材・倍数	目　的
各品種収穫以降（秋～冬）	尿素500倍＋F55（液糖）1,000倍	樹勢回復
1月中	尿素500倍＋F55（液糖）1,000倍	樹勢回復
2月上旬～3月中	リン酸剤（リンクエース，ホスポン，カーライト）1,000倍＋尿素500倍＋F55（液糖）1,000倍	花芽充実
4月上旬（発芽期）	尿素500倍＋F55（液糖）1,000倍	新梢の伸長促進
5月中	リン酸剤（リンクエース，ホスポン，カーライト）1,000倍＋尿素500倍＋F55（液糖）1,000倍	初期肥大促進 品質向上
	マルポロン2,000倍＋カルシウム剤＋F55（液糖）1,000倍	ホウ素欠乏対策

注　北原早生および苦土欠園（葉色が全面的に黄色）については上記の葉面散布剤に加え，葉面マグ500倍を加用
気温が温かい時間帯に散布をすると効果が上がる。また，散布回数は少なくとも3回は行なう
発芽後，新梢発生が多い場合は自己摘心まで尿素の散布を控える

一方，「園地登録制」を核とする徹底した品質管理システムによる地域ブランド「山川みかん」確立戦略の基盤となる優良園地を維持するため，規模の縮小・拡大の意向を有する部会員同士を年2回の意向調査によって集約，マッチングする取組みも始め，2017年度には約1haを若手生産者1名につなぐことができた。今後も既存の優良園地を荒廃させることなく生産規模を維持するため，農地中間管理機構と連携して担い手への優良園地の集積，新規参入者の農地確保を加速していく予定である。

また，雇用を確保する新たな取組みとして，JAの無料職業紹介所および行政と連携して，部会員の収穫作業などの雇用ニーズと求職者をマッチングする「雇用システム」の構築に取り組んでいる。

第5表　フィガロン乳剤の散布

	散布時期	果　径	希釈倍数	散布量
1回目	満開後60日前後	横径30mm	2,000倍	250l/10a
2回目	1回目散布後20日	横径40mm	3,000倍	

注　散布する場合，1回目の時期は確実に狙って散布するようにする
樹勢低下に直結するので，使用回数は樹勢に応じて調整（できれば1回に）
散布後に晴天が続くことが見込まれる時期に散布することで，糖度上昇効果が高くなる

②大規模基盤整備の取組み

不良園地の淘汰，優良園地の確保に大きく貢献できる大規模基盤整備を，現在2か所同時に，合計50ha程度の規模で検討を進めている。このような取組みによって同志会・青年部のような基幹生産者の基盤強化を図り，いっそうの産地発展を目指している。

第10図　青年部の他産地視察

第11図　トレーナー制度で新規就農者をサポート

＊

その他部会では，さらなる販路拡大を進めるため輸出にも取り組み，香港，シンガポール，カナダ，ロシアなどに加え，今後新たに台湾への輸出に向け，防除体系の実証試験を行なっている。

また，年末にも高品質のミカンを安定供給するため，晩生優良品種の探索・導入を検討している。さらに，シートマルチ被覆率の向上，高品質栽培マニュアルの普及・実践によるブランドミカン数量の底上げを図るべく，努めている。

《住所など》福岡県みやま市山川町立山964
JAみなみ筑後柑橘部会
TEL. 0944-67-1211
執筆　山口　亮（JAみなみ筑後営農部園芸課山川選果場）

2018年記

ブドウ技術，事例

クイーンニーナのつくりこなし方

1. 来　歴

‘クイーンニーナ’は現・農研機構果樹茶業研究部門ブドウ・カキ研究領域において育成された，赤色の巨峰系四倍体品種である。大粒で，食味がきわめて優れることから，消費者からの人気が高い。

‘ブドウ安芸津20号’に‘安芸クイーン’を交雑して育成された（第1図）。種子親の‘ブドウ安芸津20号’は，‘紅瑞宝’に‘白峰’を交雑して得られた赤色系統であり，フォクシー香をもつ。肉質は優れるものの，渋味を生じやすい特性があり，着色がむずかしく，裂果性が認められる（佐藤ら，2013）。一方，花粉親の‘安芸クイーン’は，‘巨峰’の自殖実生から得られた赤色品種であり，フォクシー香をもつ。一部の地域では有核栽培もみられるが，現状は無核栽培が中心である。「平成26年産特産果樹生産動態等調査」（農林水産省）によると，全国での栽培面積は71.7haである。

‘クイーンニーナ’は1992年に交雑，2002年に一次選抜された。2004年から‘ブドウ安芸津27号’の系統名で，ブドウ第11回系統適応性検定試験に供試された。34都道府県36か所の公立試験研究機関および育成場所において一斉に試作栽培を行ない，特性が検討された。その結果，2009年2月に新品種候補として選抜され，2010年に特性の優れる品種として農林水産省の農林認定品種とされた。また，2011年3月に，登録番号20733号として種苗法に基づき品種登録された。

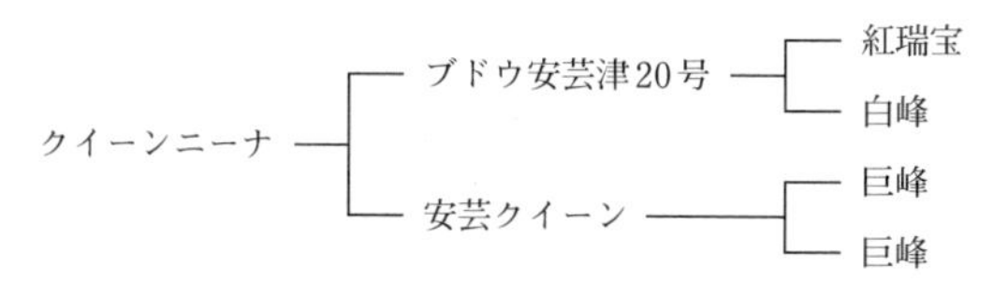

第1図　クイーンニーナの系統図

2. クイーンニーナの特性

(1) 形態的特性と生育特性

育成地（東広島市安芸津町）における特性調査結果は次のとおりである（佐藤ら，2013）。

‘クイーンニーナ’の熟梢は暗褐色であり，幼梢先端の葉は広く開き，綿毛のアントシアニン着色はない。成葉の形は五角形で，5つの裂片がある。成葉の上裂刻は深く，閉じるが，葉柄裂刻は広く開く。

開花時の自然花穂は長く，花性は両性である。成熟時の果房の穂梗は緑色，果粒の形は倒卵形で，果粉は多い。

棚上面のみ簡易ビニール被覆した平棚で，長梢剪定栽培した樹の樹勢は中～強であり，‘巨峰’‘ピオーネ’とほぼ同様であった。しかし，樹齢の進んだ樹においては‘巨峰’‘ピオーネ’よりやや弱くなった。

発芽期は，‘安芸クイーン’より13日，‘巨峰’より5日，‘ピオーネ’より2日おそかった。開花期は，‘安芸クイーン’より6日，‘巨峰’より4日おそかった。

結実性は‘安芸クイーン’‘巨峰’および‘ピオーネ’と同様であり，摘粒時に目標とする果粒数を少し上まわる着粒が得られた。

収穫期は，‘安芸クイーン’より7日，‘巨峰’より5日，‘ピオーネ’より4日おそかった。

(2) 全国の試験における果実特性評価結果

全国の試験研究機関において，無核栽培を中心とした‘クイーンニーナ’の試作試験（系統適応性検定試験）が行なわれた。対照品種は，同時に植栽された‘巨峰’および‘ピオーネ’

が用いられた。

全国34場所において2006～2008年に評価された，‘クイーンニーナ’の栽培結果（平均値）を第1表に示した（佐藤ら，2013）。

発芽期は，北海道と長野で5月上～中旬，九州南部で3月下旬，それ以外の地域では4月上～下旬であった。全国平均値は，‘巨峰’より2日，‘ピオーネ’より1日おそかった。

開花期は，もっともおそい北海道と東北地方の一部で6月下旬，中国地方と四国および九州で5月中～下旬の場所が多く，それ以外の地域ではおおむね6月上～中旬であった。全国平均値は6月5日であり，‘巨峰’および‘ピオーネ’より2日おそかった。

結実性は，場所により変動が大きく，「困難」または「困難」～「中」と判定した場所が13場所あったのに対し，「容易」と判定された場所は6場所，年次により大きく変動した場所は3場所であった。

収穫期は，関東地方以西では8月下旬～9月上旬とする場所が多く，東北地方，北海道，長野では9月下旬～10月上中旬であった。全国平均値は9月15日であり，‘巨峰’より7日，‘ピオーネ’より4日おそかった。

着粒の粗密は，全国平均値をみると‘巨峰’‘ピオーネ’よりやや粗着であった。今後は，‘クイーンニーナ’の密着果房を安定的に得るための検討が必要と考えられる。

果粒重は，場所により10.6～20.8gまで変動した。平均は14.7gとなり，‘巨峰’より3g，‘ピオーネ’より2g程度大きかった。

果皮色は赤～淡紅，灰赤色と判定された場所もあったが，多くの場所で赤と評価された。

裂果性は，3年間ともに「無」の場所が9場所，「無」～「極少」の場所は7場所あったが，年次により「少」以上の裂果が認められた場所は15場所あった。全国平均値をみると，‘巨峰’および‘ピオーネ’よりわずかに裂果が多かった。

成熟果房の脱粒性，剥皮性は，全国平均をみ

第1表　全国試作試験（系統適応性検定試験）におけるクイーンニーナの特性（2006～2008年，種なし栽培）

（佐藤ら，2013）

品　種	樹　勢1)	発芽期（月/日）	開花期（月/日）	花穂整形労力2)	花振い性3)	摘粒労力3)	収穫期（月/日）
クイーンニーナ	2.5	4/18a4)	6/5a4)	3.4	2.1	1.4	9/15a4)
巨　峰	2.7	4/16b	6/3b	3.4	1.8	1.6	9/8c
ピオーネ	2.7	4/17b	6/3b	3.5	1.8	1.6	9/11b
有意性5)		**	**				**

品　種	果房重（g）	着粒の粗密6)	果粒重（g）	裂果性7)	脱粒性8)	剥皮性8)	果肉特性9)
クイーンニーナ	442	1.8	14.7a4)	1.8	1.6	2.2	1.5
巨　峰	374	2.2	11.3c	1.4	1.3	2.0	2.0
ピオーネ	407	2.3	12.6b	1.3	1.4	2.0	1.9
有意性5)			**				

品　種	果肉の硬さ10)	糖　度（%）	滴定酸度（g/100ml）	渋　味11)	含核数	日持ち性（日）
クイーンニーナ	2.5	20.6a4)	0.40a4)	1.3	0.06	5.8
巨　峰	2.0	18.5b	0.53c	1.1	0.13	4.8
ピオーネ	2.1	18.2b	0.49b	1.1	0.10	4.5
有意性5)		**	**			NS

注　1）1（弱）～3（強），2）1（極少）～4（多），3）1（少）～3（多），4）異符号間に5%水準で有意差あり（最小有意差法），5）2元配置の分散分析により，**は品種間に1%水準で有意差あり，6）1（粗）～3（密），7）1（無）～6（極多），8）1（易）～3（難），9）1（崩壊性）～3（塊状），10）1（軟）～3（硬），11）1（無）～4（多）

ると，‘巨峰’‘ピオーネ’とほぼ同等となった。果肉特性は，‘巨峰’‘ピオーネ’よりやや咬み切りやすいと評価されており，また果肉の硬さも，‘巨峰’‘ピオーネ’よりも硬いと評価され，生食用欧州ブドウに近い肉質であると考えられた。

食味については，‘クイーンニーナ’は‘巨峰’および‘ピオーネ’より高糖度，低酸度を示す品種と考えられ，高評価につながるものと考えられる。また，渋味は全国平均値では，‘巨峰’‘ピオーネ’と大きな差はなかったが，‘クイーンニーナ’は果皮と果肉の境界付近に渋味を生じやすいことが指摘されており，皮ごと口に含んで食すと，渋味を感じやすいものと考えられる。

(3) 山梨県における果実特性

①ゴルビーとの比較

山梨県における赤色品種の栽培面積は，現在‘甲斐路’の早生系統である‘赤嶺’がもっとも多く，217.3haである（農林水産省「平成26年産特産果樹生産動態等調査」）。しかし，有核栽培が中心であること，べと病，灰色かび病などへの病害抵抗性が低いことなどから栽培面積が減少している。

無核栽培品種では，‘クイーンニーナ’と同じ巨峰系四倍体品種である‘ゴルビー’の生産が多いため，‘クイーンニーナ’と‘ゴルビー’の果実品質を比較した（第2表）。‘クイーンニーナ’の成熟期は，‘ゴルビー’より2週間程度おそく，他の巨峰系品種と比較しても晩生の品種と考えられた。

両品種とも，成木の果粒重は20g程度とほぼ同等であり，軸長8cmに30粒程度を残す摘粒を行なうと，600g前後の果房が生産できる。

裂果の発生は，‘クイーンニーナ’で多い傾向が認められた。‘ゴルビー’も年次によっては問題となることがあるが，8月下旬までに収穫が終了すれば秋雨の影響を受けにくく，大きな問題にはなりにくい。2015年は，平年と比較して9月上旬が低日照，多雨の年次となり，‘クイーンニーナ’で裂果が激発した。着果過多，大房生産は収穫時期の遅れに直結するので，とくに注意する必要がある。

第2表　クイーンニーナ[1] とゴルビー[2] の果実品質　（山梨県果樹試験場）

試験年次	品　種	調査日（月/日）	GA処理	果房重（g）	着粒数（粒/房）	軸長（cm）	果粒重（g）	裂果（%）	果粉[3]（1～5）	糖度（° Brix）	酸含量（g/100ml）	着色[4]（c.c.）	アントシアニン含量（μ g/cm^2）
2012	クイーンニーナ	9/14	1回処理	541	33.9	9.0	16.0	11	5.0	21.8	0.37	5.1	35
			2回処理	567	33.3	8.5	17.6	10	4.0	21.4	0.33	4.7	27
	ゴルビー	8/31	2回処理	518	32.0	7.8	16.3	3	3.2	19.8	0.45	4.0	—
2013	クイーンニーナ	9/9	1回処理	546	30.5	8.4	18.8	5	4.1	23.5	0.35	5.0	29
			2回処理	608	29.1	8.6	21.6	1	3.1	22.4	0.38	4.2	23
	ゴルビー	8/21	2回処理	544	31.3	8.8	17.9	2	3.0	20.4	0.47	3.6	15
2015	クイーンニーナ	9/14	1回処理	574	28.7	8.1	20.4	78	3.9	21.5	0.36	4.9	19
			2回処理	663	32.3	7.8	21.0	56	3.3	20.3	0.36	4.1	15
	ゴルビー	9/1	2回処理	711	31.6	8.5	22.1	0	3.7	19.7	0.39	3.8	17
2016	クイーンニーナ	9/6	1回処理	542	27.9	7.9	19.9	18	4.9	21.6	0.36	5.0	22
			2回処理	634	29.0	8.3	22.3	7	4.4	20.6	0.33	4.2	15
	ゴルビー	8/22	1回処理	622	31.4	8.1	20.8	2	4.4	19.5	0.45	4.5	20
			2回処理	654	31.3	7.9	20.8	3	4.1	19.7	0.40	4.2	17

注　1）T.5BB台，長梢剪定樹，2012年時10年生
2）T.5BB台，長梢剪定樹，2012年時8年生
3）1（少）～5（多）
4）赤色系ブドウ専用カラーチャート（山梨県総合理工学研究機構）：0（緑）～6（濃赤）

両品種とも，高糖度，低酸度で食味の優れる品種であるが，とくに‘クイーンニーナ’では，その傾向が顕著である。肉質も，他の巨峰系品種より硬い‘ゴルビー’と比較して，さらに硬く締まっている。

収穫時の着色は，両品種とも鮮紅色となり優れたが，‘クイーンニーナ’はよりアントシアニン含量が多く，色調が濃い傾向があった。両品種のアントシアニン組成は類似しており（宇土ら，2010），着色特性もおおむね同様であると考えられる。

一般に，ブドウの着色は温度環境の影響を強く受けるが，赤色品種では光環境，果実への糖蓄積も非常に重要である。山梨県において，着色期の気温が高く‘ピオーネ’などの巨峰系黒色品種の着色が不良な年次においても，赤色品種は，十分な日照があれば着色はよく進む。一方，冷夏であっても日照時間が少ない条件では，着色不良の危険性が高いと考えられる。峯村・泉（2014）も，長野県における着色期の気温・日照と着色の関係を調査し，実際の栽培では，‘クイーンニーナ’の着色は温度以上に日照の影響を大きく受けると推察している。

②ジベレリンの処理方法による影響

‘クイーンニーナ’において，ジベレリン処理方法の違いが果実品質に及ぼす影響を比較したところ，慣行のGA2回処理と比較して，GA1回処理で，若干果粒重が小さくなるものの，糖度が高くなり，着色が向上した。また，果粉も多く，果房の形状も優れる（第2図）傾向があった。ただし，裂果の発生がやや多くなる傾向があった。‘クイーンニーナ’の裂果発生には大きな年次差が認められており，多発年次では，ジベレリン処理方法の違いに関係なく大きな問題となる。そのため今後は，裂果の発生を抑制する方法の検討も求められる。

なお，果粒重ごとのアントシアニン含量をジベレリン処理方法ごとに第3図に示した。‘クイーンニーナ’は大粒であることも魅力の一つではあるが，極端な大粒生産は着色不良の一因となるため，生産目標の遵守などに留意する。

（4）病害虫抵抗性と生理障害

育成地における栽培では，‘巨峰’を対象とした慣行防除において，‘クイーンニーナ’でとくに顕著に発生した病害虫は認められなかった（佐藤ら，2013）。

巨峰系品種の重要病害である晩腐病については，*Colletotrichum acutatum* 菌に対する抵抗性を，成熟期果粒への接種により検定した結果，‘巨峰’より弱く，‘ピオーネ’や‘安芸クイーン’と同程度と評価されている（Shiraishi

第2図　ジベレリン1回処理のクイーンニーナ果房

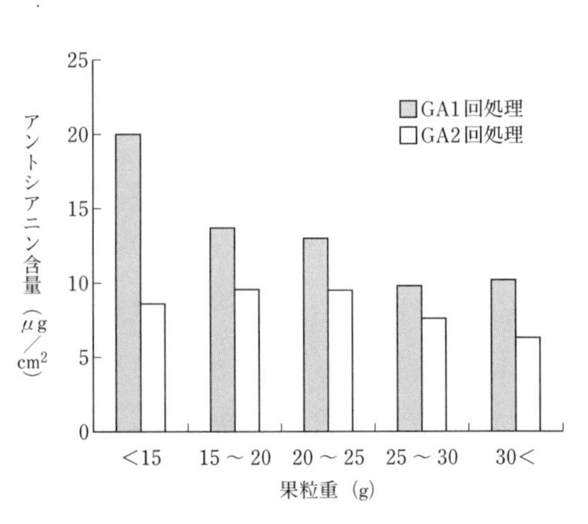

第3図　果粒重とアントシアニン含量の関係

（里吉ら，2016）

et al., 2007)。

山梨県における露地栽培でも，‘巨峰’‘ピオーネ’‘藤稔’を対象とした防除体系において，とくに問題となる病害虫は認められていない。また，生産に支障をきたす生理障害の発生は，現状では認められていないが，年次によっては開花前の早期落蕾が発生することがある。

3. 山梨県における栽培管理

(1) 新梢管理

①芽かき

芽かきは，生産に適した新梢数に調整することに加え，樹勢調節および生育を揃えることが目的となる。基部から強く発生し，樹形を乱す原因となる新梢や，極端に生育の進んだ新梢を除去する。生育を揃えることで，ジベレリン処理などの作業期間も短縮される。展葉2～3枚時に副芽，不定芽などをかき取り，展葉7～8枚時には，新梢が込み合っている部分を中心に整理する。

‘クイーンニーナ’は他の巨峰系品種と比較して，やや樹勢が弱い。長梢剪定において，結果母枝がかなり細く，節間が詰まっている場合は，先端から3芽目，6芽目もかき取るとよい。また，樹全体として，望ましい新梢勢力より弱い場合は，なるべく早くから取りかかる必要がある。

②誘　引

勢力の強い新梢から誘引作業を行なうことで新梢の勢力が揃いやすくなる。最初の誘引は展葉7～8枚時に芽かきと併せて行なう。新梢数は3.3m^2当たり，短梢剪定で15本，長梢剪定で20本程度とし，棚面が均一となるように配置する。また，長梢剪定において，先端の新梢はまっすぐ優先的に誘引し，その他の新梢は結果母枝に対して直角に配置するが，強く発生したものは返しぎみに誘引する。

③摘　心

開花始め期の適正な新梢長は80～90cm程度と考えられる。これ以上に伸長した旺盛な新梢は，新梢先端を軽く摘む摘心を行なう。

摘心の省力化技術として，展葉9～11枚時にフラスター液剤を500～800倍で散布することで，摘心作業に代えることもできる。また，‘クイーンニーナ’はやや房しまりが悪い傾向が認められるが，処理によって，若干，支梗の伸長が抑制され房形がまとまりやすくなる傾向がある（第3表）。

ただし，樹勢の弱い新梢に処理すると，新梢の伸長が停止してしまうおそれがあるので，新梢の生育にバラツキがある場合は，生育が旺盛な新梢のみに散布するか，使用をひかえる。

(2) 果房管理

①花穂の整理

房づくり前までに花穂の整理を行なっておく。原則として1新梢当たり1花穂にするが，かなり強勢な新梢は2花穂，弱い新梢はカラ枝にしておく。なお，残す花穂は第1，第2花穂に関係なく，房尻が素直に伸長したものを優先し，穂軸が扁平になっているものやダンゴ状につぶれたものを除去する。

②花穂の整形（房づくり）

房づくりは，花穂の肩の花蕾が1～2輪咲き始めた時期が適期となる。作業が早すぎると，開花までに花穂が伸びるために大房になりやすい。おそすぎると，花蕾どうしの養分競合のため花振いしやすいので注意する。作業に日数がかかる場合は早めに作業に取りかかるが，その

第3表　植物成長調整剤処理方法の違いが収穫時におけるクイーンニーナの支梗長および軸横幅に及ぼす影響[1]　（里吉ら，2016）

処理区		支梗長[3] (mm)	軸横幅[4] (mm)
GA処理	フラスター処理[2]		
1回処理	あり	5.7	44
	なし	7.4	49
2回処理	あり	7.1	48
	なし	7.6	53

注　1）2014～2015年の平均値，短梢剪定樹
2）展葉9～11枚時に500倍で散布
3）穂軸から第2次支梗までの長さ
4）果粒を除去した果房の最大幅

場合は，残す花穂長をやや短めにするとよい。

なお‘クイーンニーナ’は，年次や樹体の状態によって早期落蕾が発生することがある。その場合は，開花始め期にフルメット液剤2～5ppmを花穂浸漬処理すると，着粒安定に一定の効果が認められる。

房づくりの方法は，花穂の下部から3.0～3.5cmを残し，他の支梗は除去する。房尻は切り詰めない。第1，第2花穂とも花穂先端の形状が悪い場合には，副穂や大きめの上部支梗を使うこともできるが，やや果粒重が小さくなる傾向がみられる。

(3) ジベレリン処理

山梨県では，巨峰系赤色品種の種なし栽培を行なう場合，満開期および満開2週間後にジベレリン処理を行なう「GA2回処理」を基本としている。ただし，‘クイーンニーナ’はGA2回処理で生産した果実の房形が乱れやすく，房しまりの悪さが問題となることが多い。

そこで，そのような場合は満開3～5日後に処理を行なう「GA1回処理」での生産を推奨している。以下に各処理方法を示した。

① GA2回処理（慣行法）

第1回のジベレリン処理は，12.5～25ppmが登録の適用範囲であるが，山梨県では25ppmを基本とし，フルメット液剤を加用せずに浸漬処理を行なっている。処理時期は，満開（房づくりした花穂のすべての花蕾が咲いた時点）～満開3日後となる。

第2回のジベレリン処理は，満開10～15日後にジベレリン25ppmを浸漬処理する。登録上は，果粒肥大促進を目的に，フルメット液剤を5～10ppmの範囲で加用して処理することが可能であるが，糖蓄積および着色の遅延を助長する傾向があるため，基本的にはジベレリン単用処理とする。

② GA1回処理

ジベレリン処理回数削減による省力化を目的に開発された方法であるが，GA2回処理と比較して房形がまとまりやすく，また，着色がよい，果粉（ブルーム）が多い，といった特徴が認められるため，選択される場面も増加している。

ただし，‘クイーンニーナ’でGA1回処理を行なうと，果てい部の裂果がやや増加するため，成熟期の降雨が多い地域や，裂果が発生しやすい土壌条件では注意が必要となる。

処理方法は，満開3～5日後に，フルメット液剤10ppm加用ジベレリン25ppm溶液を浸漬処理する。処理が早すぎると果粒肥大不足につながり，おそすぎると着色不良を助長するため，処理適期を迎えた花穂を順次処理する，拾い浸けを行なう必要がある。

‘クイーンニーナ’はジベレリン処理による無種子化が比較的容易な品種であると考えられる。しかし，樹勢が低下しやすい特性があるので，いずれのジベレリン処理方法においても，無種子化の補助剤として，満開14日前～開花期にアグレプト液剤1,000倍を散布，もしくは浸漬処理することを推奨している。

(4) 摘　粒

房形を整えるとともに，果粒数を制限することで，密着による裂果の防止や，果粒肥大をはかることを目的に行なう。果粒肥大を良好にするためには，できるだけ早い時期から作業を行なう必要がある。果粒肥大や摘粒作業の省力・効率化のためには，予備摘粒と仕上げ摘粒に分けて行なうことが望ましい。

なお，ジベレリン処理をGA1回処理で行なった場合は果粒の初期肥大が優れる傾向があり，摘粒時期が遅れると作業労力が増すので注意する。

①予備摘粒

第1回ジベレリン処理の4～5日後から始める。この時期の小果梗は軟らかく，指でつまんでひねると果粒が除去できる。内側を向いている果粒や小果粒，キズ果を中心に除去しておく。この時期の穂軸は5～6cm程度となっているが，それより長い房は，房の形状を確認しながら上部支梗を切り下げるか，房尻を切り詰める。

②仕上げ摘粒

第2回ジベレリン処理ころから仕上げ摘粒を

行なう。密着した円筒形を目標に，軸長7～8cmに30粒程度を残す。肩の部分に果粒をやや多めに残すとまとまった果房になりやすい。果梗の切り残し（ツノ）は残さず，また果粉を落とさないよう軸を持って作業を行なう。

(5) 摘房（予備・仕上げ）

予備摘房は，予備摘粒と併せて，房の形状や着粒状況がわかりしだい，できるだけ早くから実施する。第2回ジベレリン処理前に，形の悪い房や粗着な房を摘房する。その後，仕上げ摘粒の前に，最終着房数に調整する（仕上げ摘房）。目標果房重が500gの場合，反収1,200kgで10a当たりの果房数は2,400房（3.3m^2当たり8房），1,500kgで10a当たり3,000房（3.3m^2当たり10房）を目安に残す。果粒肥大が例年よりも良好な場合は，この目安よりやや少なめに調節する。

(6) 果粒軟化期前後の管理

‘クイーンニーナ’は着色における光の要求性が高く，とくに紫外線は重要となる。したがって，着色期は透明のポリエチレン製笠にかけ替えて管理することが望ましい。

白色の果実袋のままであっても，棚面が適正な明るさであれば着色は進むが，被袋した果房に直射光が当たると袋内の温度が大幅に高くなる。果粒軟化期前後はとくに日焼け果が発生しやすい時期となることから，着色始め期までは，棚面の明るい部分に着房するものを中心に，遮光率の高い笠（クラフト紙製や不織布製）を併用する必要がある。

着色を進めるため棚の明るさを確保する必要があるが，日焼け果の発生を考慮し，新梢管理は果粒軟化の1～2週間後から段階的に行なうことが望ましい。3～4割程度の光が棚下に差し込むように新梢の配置を見直し，徒長した新梢，副梢の摘心や剪除を行なう。

新梢管理と併せて，光反射マルチを敷設すると着色向上に一定の効果がみられる。資材は，アルミを蒸着したシルバーシートや，不織布製の白色シートがある。両資材の着色向上効果に大きな差はないと考えられるが，シルバーシートでやや温度が上がりやすく，若干日焼けの発生が多くなる傾向がある。

また，着色始めの1～2週間後に，果房上部の葉を1～2枚除去する摘葉処理を行なうと，果房周辺部の光環境が改善され着色が向上する。また，処理により糖度が高くなる傾向が認められる。ただし，糖度が低い状況（2011年）では，着色向上の効果は小さくなった（第4図）。

着色の進みが鈍く着色始めが遅れる場合は，着色不良が危惧される。このような状況では，早急に着房数を見直し，なるべく早く収量を制限することが必要である。

(7) 収　穫

‘クイーンニーナ’の着色は，果実の糖蓄積とかなり強い相関関係が認められる（第5図）。比較的減酸も早い品種であるため，しっかり着色した果実はおおむね食味が良好となる。したがって，収穫は着色を確認しながら行なえばよいと考えられる。

‘クイーンニーナ’は冷夏の年に着色不良が発生することが多く，これは低日照条件による低糖度が大きく関係していると考えられる。そのような年次は裂果の発生も多い傾向があるので，着色を待ち，収穫を遅らせているうちに商

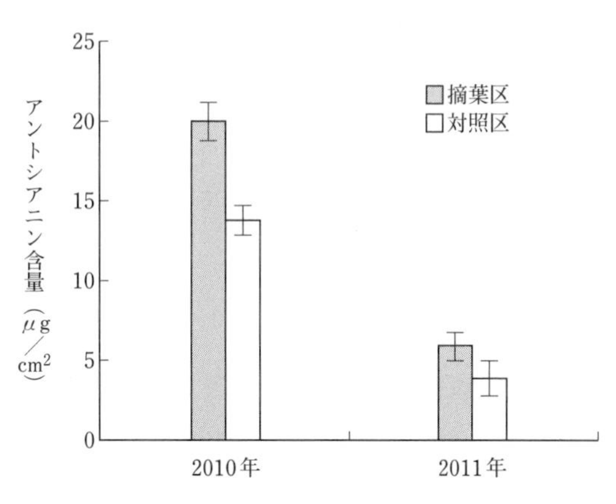

第4図　果房周辺部の摘葉処理がクイーンニーナのアントシアニン含量に及ぼす影響
（宇土ら，2014）

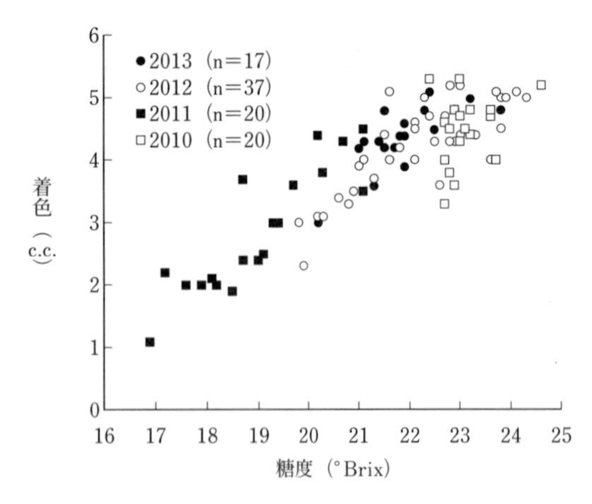

第5図 クイーンニーナにおける糖度とカラーチャート値の関係 （宇土ら，2015）

品化率が低下する危険性があるため，注意が必要となる。

(8) 整枝・剪定

‘クイーンニーナ’は短梢剪定栽培が可能である。一般に赤色品種では，長梢剪定栽培と比較して短梢剪定栽培で着色が劣る傾向が認められる。しかし，‘クイーンニーナ’は比較的樹勢が弱い品種であるため，短梢剪定栽培でも十分に高品質な果実が生産できる。山梨県ではH型もしくは一文字仕立てでの栽培が多い。

長梢剪定を行なう場合，結果母枝の切り詰めが弱いと，発芽率の低下，新梢勢力のバラツキにつながりやすい。したがって切り詰めは強めにし，結果母枝数をやや多めに置くようにする。適正な植栽本数は土壌により大きく異なるため明記できないが，‘巨峰’‘ピオーネ’より樹冠の拡がりは小さいため，多めの植栽とする。

比較的樹勢の弱い品種であるが，若木では「ドブづる」と呼ばれる太い結果母枝が発生することもある。このような枝には発芽率向上を目的に，休眠期のシアナミド剤処理や揚水期前の芽傷処理を行なう。

執筆　宇土幸伸（山梨県果樹試験場）

参考文献

峯村万貴・泉克明．2014．温度と日照条件がブドウ‘クイーンニーナ’の着色に及ぼす影響．園学研．13（別1），49．

佐藤明彦・山田昌彦・三谷宣仁・岩波宏・山根弘康・平川信之・上野俊人・白石美樹夫・河野淳・吉岡美加乃・中島育子・佐藤義彦・間瀬誠子・中野正明・中畝良二．2013．ブドウ新品種‘クイーンニーナ’．果樹研究所報告．15，21—37．

里吉友貴・宇土幸伸・塩谷論史・小林和司．2016．ジベレリン処理方法の違いがブドウ‘クイーンニーナ’の果実品質に及ぼす影響．園学研．15(別2)，296．

Shiraishi, M., M. Koide, H. Itamura, M. Yamada, N. Mitani, T. Ueno, R. Nakaune and M. Nakano. 2007. Screening for resistance to ripe rot caused by *Colletotrichum acutatum* in grape germplasm. Vitis. 46, 196—200.

宇土幸伸・齊藤典義・里吉友貴・三森真里子．2010．ブドウ品種のアントシアニン組成による分類と着色に及ぼす光の影響．園学研．9（別2），129．

宇土幸伸・小林和司・齊藤典義・里吉友貴・三森真里子．2014．摘葉処理による赤色系ブドウの着色向上．園学研．13（別2），98．

宇土幸伸・里吉友貴・小林和司・齊藤典義・三森真里子．2015．糖蓄積がブドウの着色に及ぼす影響．山梨県果樹試験場研究報告．14，11—19．

醸造用ブドウの仕立てと剪定

1. 垣根仕立てと棚仕立て

(1) どちらを選ぶか

海外では一つの経営体の圃場規模が数十haと大きいことから，トラクターなどの機械管理による大規模栽培を前提としており，コンパクトで単純な垣根仕立て栽培（後述）が主流となっている。

一方，日本では小さい耕作面積で収量をあげるため，生食用ブドウ品種ではおもに棚仕立て（後述）での栽培が取り入られてきた。醸造用ブドウ（生食醸造兼用種を含む）についても，生食用ブドウの経営補完作物として栽培され，生産量を確保するため，棚施設を利用した栽培が主流となっている。山梨県では生食用ブドウ栽培との複合経営も多く，かりに1.5haの経営栽培では醸造用ブドウの割合は50a程度の栽培が目安となる。一方，醸造用ブドウを専門としている農家では，1軒で2haの規模で管理している事例もある。しかし，棚仕立ての栽培では機械化ができないため，それ以上の拡大はむずかしく，大規模に栽培する場合は，機械管理を前提とした垣根仕立て栽培の導入も検討する。

垣根仕立て栽培では，一般的に，垣根を南北に配置すると日照条件がよく，着果位置への日当たりが均一になり，品質の揃ったブドウが収穫可能となる。しかし，傾斜がある圃場ではこのとおりではなく，排水方向を考慮して傾斜に沿って垣根を配置している事例もみられる。ただし，傾斜に対して水平方向に設置する場合と異なり，傾斜の上り下りのため作業効率は下がる。また，スピードスプレーヤなど管理機械が安全に導入できるか考慮する必要がある。

棚仕立て栽培では，平地の場合，棚の設置に決まりはない。山梨県で用いられている甲州式平棚は土地のすべてをむだなく利用できる。一方，滞水するような平地の圃場では排水性向上のため明渠や暗渠排水の導入も選択肢のひとつである。傾斜地の場合，日照条件や水はけなどを考慮し，傾斜に応じて棚を設置する。

(2) 台木の選定

仕立ての選択にあたっては台木の検討も必要である。

これまで山梨県のブドウ栽培では生食用品種が中心であることから果粒肥大が促進される台木が中心で，‘5BB’台や‘1202’台などのやや強い台木が推奨されてきた。しかし，醸造用ブドウの栽培においては，果粒肥大は問題とならず，むしろ垣根仕立てでは新梢伸長が旺盛になりやすいことから，穂品種の樹勢を抑える台木の利用が求められている。一方，摘房により収量制限を行なうワイナリーも多くみられるが，極端な収量制限は新梢伸長を促すので，栄養生長と生殖生長のバランスを考慮し，わい性の台木を選択する必要がある。棚仕立ての栽培でも，密植で栽植本数を増やす場合は樹冠の拡大をはかる必要がなく，わい性台木の選択も必

第1表 台木選択の目安

仕立て	剪定方法	台　木
棚	長梢 短梢	5BB台もしくは101-14台 101-14台もしくはグロワール台
垣　根	長梢・短梢	101-14台もしくはグロワール台 （カベルネ・ソーヴィニヨン以外では3309台も可能性あり）

要となる。栽培方法による台木選択の目安を第1表に示す。以下，わい性～半わい性台木の概要を述べる。

なお，フィロキセラ対策として台木品種に接ぎ木された苗木を栽植するのは，醸造用ブドウでも生食用ブドウと同じである。

①グロワール台

純粋のリパリア種であり，国内ではもっともわい性の台木である。棚仕立てでは台負けが強く，穂品種は若木時代には旺盛に伸長するが，結実が始まると樹冠の拡大は抑制される。赤ワイン用品種の‘カベルネ・ソーヴィニヨン’ではベレゾーン期や着色期が早まる特性がみられた。また，通常，着色は良好で，果房が大きく，結実も安定しており，収量が多い。ただし，着果過多による着色不良に注意が必要である。

生食用品種の長梢剪定では，樹冠拡大や樹勢維持，果実肥大などがみられることから推奨されなかったが，醸造用品種では，肥沃な圃場で有効な台木の一つと考える。とくに，新梢伸長が旺盛で樹勢コントロールが問題となる垣根仕立てにおいて，有望と思われる。ただし，休眠枝接ぎによる苗木生産では活着率が低いといわれている。

② 101-14 台

リパリア種とルペストリス種の交配種で，‘グロワール’に次いで新梢伸長を抑える半わい性台木である。若木時代には旺盛に伸長するが，結実が始まると樹冠の拡大が鈍り，最終的には‘5BB’台の8～9割程度となる。醸造用品種の栽培においては，棚仕立てではやや密植にした短梢剪定や，垣根仕立てでは主枝の延長が可能な短梢剪定コルドンでの活用が見込まれる。

③ 3309 台

リパリア種とルペストリス種の交配種で‘101-14’と同程度の半わい性台木である。‘グロワール’と‘101-14’の中間的な特性を示し，‘メルロ’では果実品質は良好である。ただし，‘カベルネ・ソーヴィニヨン’においては，植付け後，枯死が著しく発生する系統（‘337’など）があるので，注意が必要である。

2. 仕立ての特徴

世界的に標準となっているのは垣根仕立てである。日本は高温多雨の気象条件から棚仕立てで栽培されており，欧州でもイタリアなどの一部地域や降水量の多い東南アジア地域でも棚仕立てが取り組まれている。一方，日本の伝統的な棚仕立てにおける長梢剪定栽培は技術的にむずかしく，熟練を要することや，大規模な栽培ができないという問題がある。また，農薬などの改善や防除技術が向上したこともあり，近年，ワインメーカーを中心に，欧州系の醸造専用品種を垣根仕立てで栽培する事例が増えている。

（1）垣根仕立て

垣根仕立てのなかには改良マンソンを応用したマンズレインカット方式などもあるが，ここでは機械管理に適した平垣根仕立てについて述べる。

①特　徴

垣根仕立ては果実への日当たりがよく，薬剤散布が効率的で，風通しなどの微気象が良好となる。棚仕立てに比べてトレリスの施設費が安価で，簡易雨よけが設置しやすい。また，椅子などに座った姿勢で果房の管理ができる。一方，日本の垣根仕立てでは海外に比べて新梢が旺盛に伸びやすく，摘心や新梢管理の作業回数が多くなる。また，樹勢が旺盛なため，花振いによる結実不良がみられ，着粒密度も低いことから，棚仕立てに比べて収量は劣る。平均的な収量は，‘シャルドネ’や‘カベルネ・ソーヴィニヨン’などで1.0～1.2t/10a程度であるが，さらに摘房により収量を制限しているワイナリーもみられる。

垣根仕立て栽培の最大の長所は，新梢が垂直に伸びる特性を生かし，新梢の誘引方向が一定であることである。このことから，新梢が平面に並ぶため摘心や新梢管理などの作業が単純で容易である。さらに，機械による摘心管理を導入しやすく，大規模な栽培が可能である。海外

第1図　リーフカッター付きトラクターによる摘心・新梢管理作業
左：L字型トリマー刃式アタッチメント，右：コの字形回転刃式アタッチメント

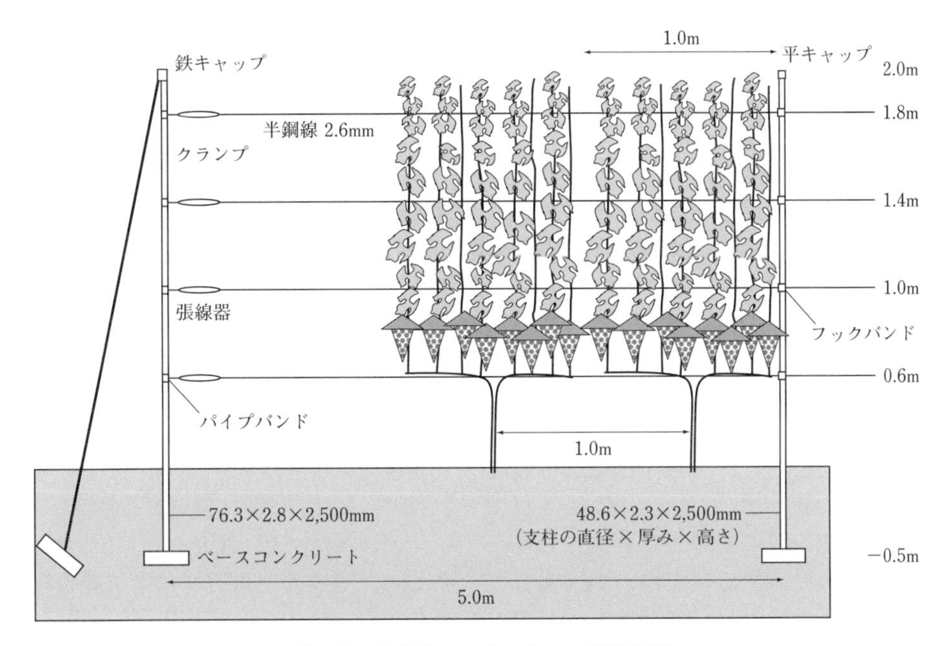

第2図　垣根仕立てトレリスの構造事例

ではリーフカッターと呼ばれるトラクターアタッチメントの新梢管理機があり，走行しながら摘心や新梢管理を行なっている。大規模に栽培している日本のワイナリーでも新梢管理機の導入がみられる（第1図）。

②基本構造

垣根仕立てのトレリスは，両端の隅柱にアンカーで固定した太い柱を立て，強度を保つため5～6mおきに支柱を置く。各支柱の間に2～4本の支線を通す。摘心位置は地表から1.8～2.0mが一般的であることから，もっとも上部の支線の位置は，地表から1.8mが管理しやすい。かりに4本の支線を通すとすると，結果母枝誘引のため，最下段は地表から0.6mの位置に配置し，以後0.4mおきに支線を通す（第2図）。経費はかかるが，各支線，それぞれ2本のワイヤーがあれば，ワイヤーの間に新梢を誘引して固定しやすい。着房する位置が低いと収穫や管理作業に労力を要するため，結果母枝の誘引位置を0.8mに上げている事例もみられるが，新梢の長さを最低限1.2～1.4m確保するには，摘心位置が2.0～2.2mと高くなり，大人の男性が手を伸ばした位置になる。

垣根の資材はさまざまなメーカーから供給されており，50～80万円/10a程度の経費がかかる。支柱に木材を使用し，自力で施工すれば，経費が大幅に削減できる。一方，金属製のパイプを使用すれば，強度や耐久性を高めることができる。

③栽植密度

垣根仕立てにおいて，うね間は収量に影響し，株間は品質に影響するとされる。うね間については，間隔を狭くすれば栽植本数が増えるため収量は増加する。一方，スピードスプレーヤなど管理機械を使用するには，作業効率を考慮し，2.0～2.5m程度のうね幅が必要となる。なかにはうね間が3.0mのワイナリーもある。あえて，うね間を縮めるには日照を確保するために樹高を下げる必要がある。海外の事例では，もともと樹勢も強くないため樹高が低く，うね間も1.2～1.5mと狭いワイナリーもみられる。

株間は，一般的に長梢剪定ギヨ・ダブル（後述）では1.0m間隔で植栽されることが多い。しかし，日本の垣根仕立てでは新梢伸長が旺盛であることから，最近では適正な樹体コントロールを行なうため，やや疎植的に株間を1.5mに広げる事例もある。とくに肥沃な土壌や生育期に降雨の多い場合，また，樹勢が強い品種の場合，短梢剪定コルドン（後述）で株間を2.0～3.0mに広く設定している事例もある。かりにうね間が2.0m，株間が1.0mの植付けとすると，500樹/10aの栽植密度となる（第2表）。

(2) 棚仕立て

①特　徴

‘甲州’や‘マスカット・ベーリーA’は生食醸造兼用種として，長く棚仕立てで栽培されてきた。欧州系の専用種については棚仕立ての栽培事例は少ないが，近年，棚を利用して短梢剪定一文字整枝で取り組む栽培者もいる。醸造専用種は比較的樹勢が落ち着きやすいので，生食用の品種に比べて樹冠の広がりがおそい傾向がある。一般的に，棚仕立ては垣根仕立てより収量が多く，1.5～2.0t/10a程度である。‘甲州’などは地域によって3t/10aを超える栽培事例もみられる。

②基本構造

基本的に生食用ブドウと同じ構造である。山梨県で採用されている甲州式平棚については，1間が2.25m（7尺5寸）で構成され，高さが1.7～1.8mの平棚である。棚施設は資材費が垣根のトレリスよりやや高く，現状70～100万円/10a程度はかかる。また，平棚の設置には熟練を要するので，職人の人件費がかかる。1ha規模の設置事例もみられるが，1区画の面積を拡大すると強度が弱くなるため，積雪や傾斜などの条件と併せて検討が必要である。

以前は隅柱に太い丸太やセメント製の支柱が使われてきたが，最近では金属製の隅柱も多く使われている。山梨県とJAフルーツ山梨農業協同組合を代表としたグループでは，平地でφ48mmの単管パイプとクランプでつないだ簡

第2表　醸造用ブドウの栽植密度の目安

仕立て	剪定方法	整枝方法	うね間	株　間	栽植密度（樹/10a）	備　考
垣　根	長梢 短梢	ギヨ コルドン	2.0～2.5m 2.0～2.5m	1.0～1.5m 1.0～2.0m	260～500 200～500	 旺盛な品種はさらに株間を広げる
棚	長梢 短梢	X字・自然整枝 一文字整枝	6.8m（3間） 2.25m（1間）	9m（4間） 9～18m（4～8間）	15～18 25～50	旺盛な品種はさらに株間を広げる 樹冠の拡大に応じて適宜縮間伐を行なう

注　10年生樹までの栽植密度の事例（参考）
1間は2.25m（7尺5寸）

易な新甲州式低コスト平棚を開発している（第3図）。

③栽植密度

栽植密度は仕立てや整枝・剪定方法，植栽する土壌や気象条件，品種により異なるので，第2表を参考に栽植密度を決定する。旺盛な生育をする品種や肥沃度の高い圃場では植付け本数を少なくし，樹冠の広がりがおそい欧州系の専用品種はやや密植で植え付ける。計画密植にした場合は樹勢に合わせて，適宜縮間伐を行なう。

第3図　新甲州式低コスト平棚（山梨県農政部）

3. 整枝・剪定方法

(1) 垣根仕立ての整枝・剪定方法

垣根仕立ての樹形としては，長梢剪定のギヨ（Guyot）と短梢剪定のコルドン（Cordon）が一般的である。いずれの場合も，結果母枝の高さは，果房が地上0.6～0.7m程度の高さに着果するように配置する。ワイナリーによっては作業性向上のため結果母枝をより高めの0.7～0.8mに配置している事例もみられる。

基本的に剪定は枯込み防止のため厳寒期を過ぎてから行なうが，面積が広い場合は，落葉後から始め，犠牲芽で剪定を行なう。とくに短梢の剪定は，剪定時期が早すぎると短梢から芽座への枯込みが懸念されるため，冬季に荒切り（予備剪定）を行ない，厳寒期を過ぎてから本剪定したほうがよい。

①長梢剪定（ギヨ，Guyot）の概要

ギヨと呼ばれる垣根仕立ての長梢剪定栽培は，支線に沿って誘引する長梢の結果母枝の本数によってギヨ・ダブルとギヨ・シングルがある。

ギヨ・ダブルは基本的に1樹当たり2本の結果母枝を長梢で主幹の両側に配置し，結果母枝以外に，主幹部により近い位置にそれぞれ短梢を1芽，あるいは不定芽があれば1芽残して，翌年の結果母枝候補（予備枝）とする樹形である（第4図）。この樹形を拡張させないよう，基部に近い結果母枝への切返しを基本とする。海外では樹勢が弱い地域も多く，充実した結果母枝が取りにくいことから，このように基部により近い位置にそれぞれ短梢を配置しているが，日本の地力のある圃場などでは，短梢を配置しない事例もみられる。

新梢は1mにつき12～15本を配置するのが望ましい。なお，ギヨ・ダブルは，新梢（翌年の結果母枝）を1.2～1.4mで摘心するため，株間1.5m以上は主枝の延長ができない。

ギヨ・シングルは，基本的に片側に長梢の結果母枝，もう一方に短梢を配置する。長梢の結果母枝側には，不定芽があれば1芽残すが，翌年の結果母枝候補となる短梢はとらない（第5図）。

②短梢剪定（コルドン，Cordon）の概要

コルドンと呼ばれる短梢剪定栽培は，主幹部両側の側枝に7～10cmに1つの芽座を配置し，各芽座には1～2芽つけた短梢を1本配置する樹形である（第6図）。基本的に1芽座1新梢とし，1mにつき新梢12～15本配置できるのが望ましい。ただし，芽座の欠損や間隔があいた場合は，1芽座につき2本の新梢を残して，枝数を確保する。基本的な株間の植付け間隔は1.0mであるが，新梢の伸長が旺盛な場合，間伐により株間を2.0～3.0mに広げている事例もみられる。

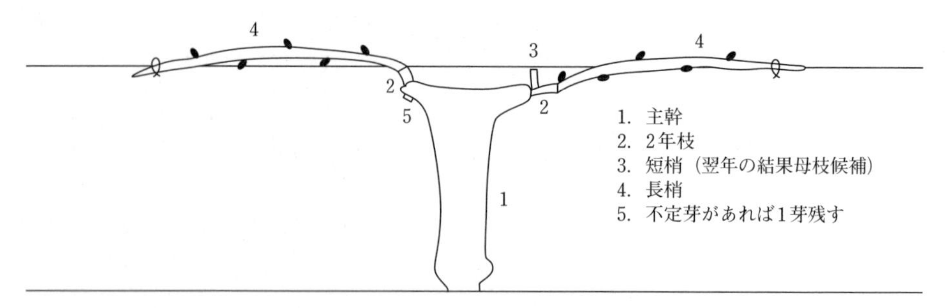

第4図 垣根仕立て長梢剪定ギヨ・ダブル整枝の基本形態

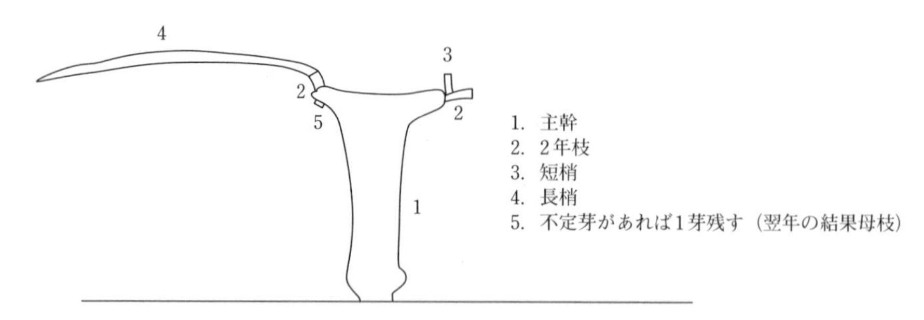

第5図 垣根仕立て長梢剪定ギヨ・シングル整枝の基本形態

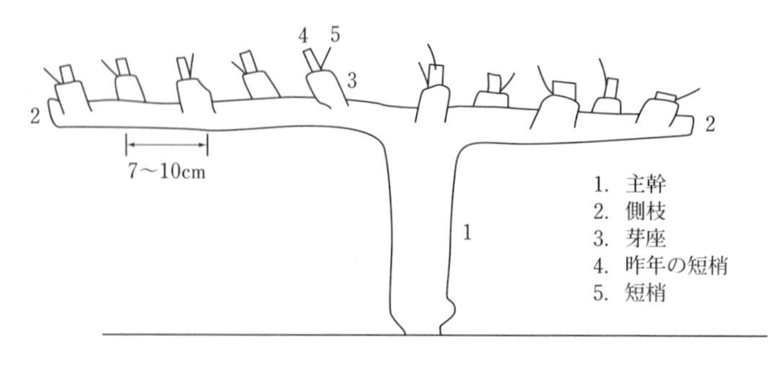

第6図 垣根仕立て短梢剪定コルドン整枝の基本形態

③垣根仕立ての長所と問題点

垣根仕立ての長所は，新梢が平面に並ぶので作業性がよく，単純で容易なことであり，新梢管理など機械化を導入しやすい。また，剪定時に大きな傷をつくることが少ない。樹形がコンパクトなため樹体の更新がしやすい。

一方，問題点としては，主幹部周辺の新梢や不定芽，台芽が樹体の中央部に集中繁茂しやすいことから，芽かきで調整する必要がある。棚仕立てよりも植付け本数が多いため，苗木代がかかることが短所としてあげられる。

整枝方法で比較すると，ギヨは品種によってコルドンより糖度が高い場合がある。コルドンはギヨよりも発芽が揃うことから生育の揃いがよい。また，コルドンは1芽座から2新梢が発生するため，芽かきのさいの選択肢が広がる（ギヨは1つの芽から1新梢のみである）。さらに，冬季に一律に短く剪定できることから，単純に荒切りができる。したがって，コルドンのほうがギヨより栽培が単純で容易である。

ギヨの問題点は，結果母枝が毎年主幹部より遠くなっていくため，中央部が間延びして空間ができることがある。さらに，結果母枝を支線に誘引するさいに折れやすい。結果母枝として適切な新梢を選択して残すため，コルドンと異なり剪定が単純ではない。品種によっては，結果母枝の先端と基部から発生した新梢が旺盛に伸長するため，新梢の勢力にバラツキがみられる。

第7図 短梢剪定における芽座の上昇事例
芽座が上昇した場合は，基部に近い結果母枝に更新する

一方のコルドンの問題点は，芽座が固定されるため，支線と重なる短梢は剪定がむずかしくなる。発芽が揃うことから，新芽がいっせいに霜害に遭遇するリスクがある。またコルドンは開花が遅れる傾向がある。芽かきのさいの選択肢は多いが，反面，芽かき作業がギヨより多い。芽座が上昇した場合は，数年ごとに基部に近い結果母枝への更新が必要である（第7図）。

④垣根仕立ての植付け後の管理

1）ギ　ヨ

1年目の管理　1年目は，発芽後，生育のよい新梢を1芽残してかき取る。新梢は生育に応じて，順次支線に誘引する（第8図）。

2年目の管理　2年目は最下段の支線（0.6～0.8m）下の10cmほどに発生した登熟のよい結果母枝を2本残す。支線に沿って左右に開いて水平に誘引する。誘引した結果母枝は，隣接樹との中間点で剪定する。結果母枝は誘引で折れやすいので，可能であれば剪定時に3本残し，樹液流動が始まり，枝が柔軟になる時期に2本の結果母枝の誘引を行なう（第9図）。とくに‘カベルネ・ソーヴィニヨン’や‘甲州’は誘引時に枝が折れやすいので，注意が必要である。

3年目以降の管理　3年目から成園に向けた剪定となる。主幹部に近い4本の結果母枝を残し，うち2本を長梢で両側に配置する。主枝の間延びを防ぐため，残す結果母枝よりも内側に短梢を配置して，翌年の結果母枝候補とする（第10図）。前述のとおり，短梢を残さない場合は，主幹部にもっとも近い2本の結果母枝を長梢で両側に配置する。基本的に残す結果母枝はより基部に近く，位置が低く，なおかつ垣根の列幅からはみ出ない位置にあって，健全で，曲げやすい中庸な枝（直径1cm程度）から選択する。徒長的な枝や極端に樹勢の弱い結果母枝は発芽の揃いが悪いため選択しないが，結果母枝より基部に近い位置にある場合は1芽残して剪定し，翌年の結果母枝候補としてもよい（第11図）。

海外の樹勢が弱い地域では，1mにつき8～12本ほどの新梢を配置しているようだが，日本の垣根仕立ては樹勢が強いため，近年は1mにつき12～15本の新梢を配置し，着果負担を多くしている。したがって，株間1.0mの場合，結果母枝に残す芽数は，6～8芽/0.5mで，隣接樹との中間点で剪定する。しかし，前年の生育が旺盛で生産量が多かった場合には残す芽数を増やし（第12図左），反対に前年の萌芽が揃わず，新梢の生育にバラツキがみられ，樹勢が弱い場合は芽数を減らして（第12図右），樹勢の回復をはかる。株間1.5mの場合は9～12芽/0.75mを配置する。以降の年もこの繰り返しとなる。

樹勢低下や病害，結果過多などの影響で，充実した結果母枝が2本確保できないことがある。そうしたときは，翌年の樹勢回復をはかるため，片側の結果母枝は長梢とせず，芽数を減らして1～2芽残した短梢として切り返す。結果的にギヨ・シングルになることもある。

ギヨ・シングルは，ギヨ・ダブルと同様に適

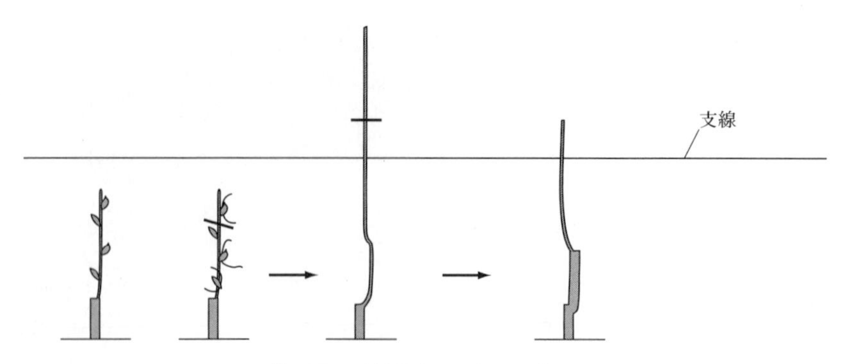

第8図　垣根仕立て1年目の管理

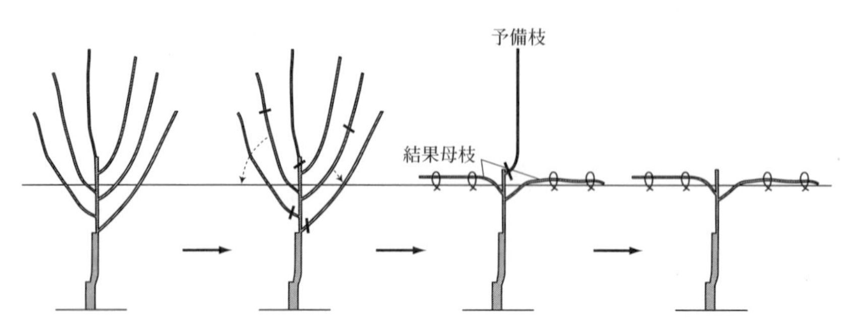

第9図　垣根仕立て2年目の管理

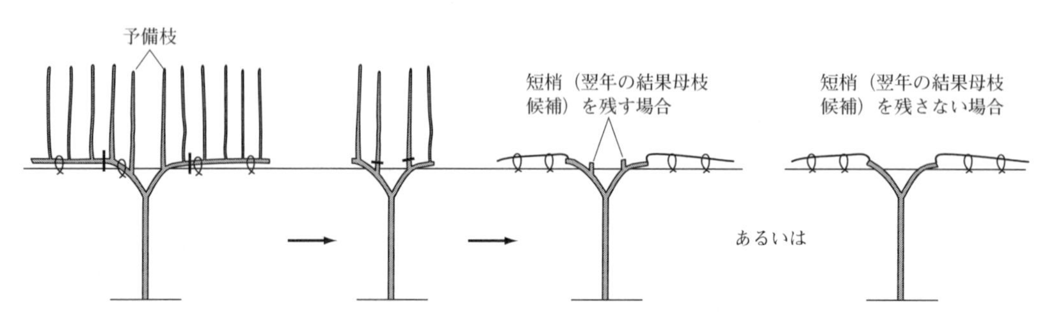

第10図　長梢剪定ギヨ3年目の管理

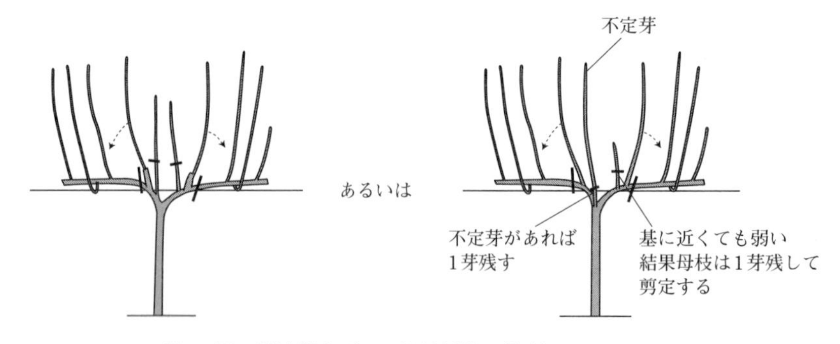

第11図　長梢剪定ギヨ4年目以降の管理（以後くり返す）

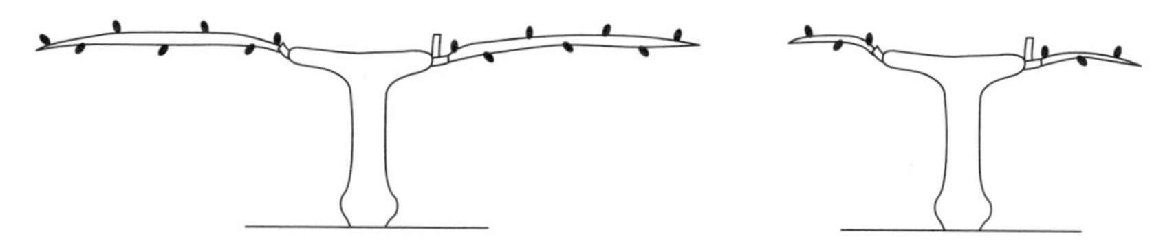

第12図　樹勢が強い場合の切り詰め（左）と樹勢が弱い場合の切り詰め（右）

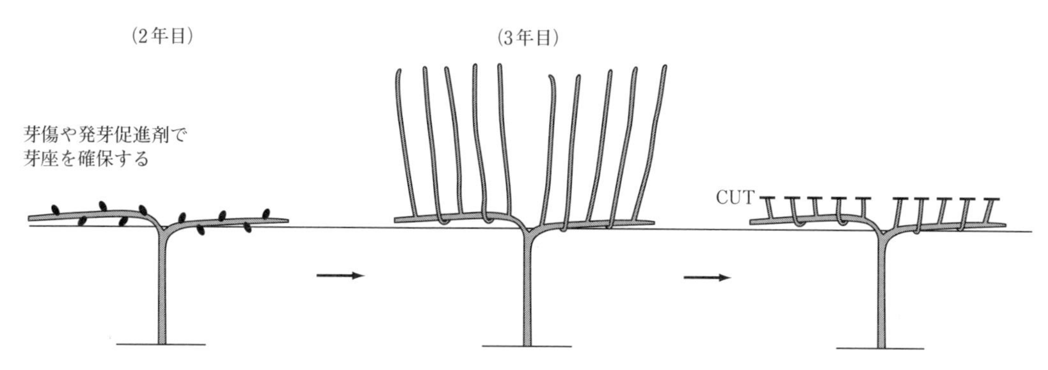

第13図　短梢剪定コルドン3年目の管理

切な結果母枝を長梢として1本配置し，反対側の側枝は短梢で切り詰める。株間1.0mの場合，長梢の芽数は12～15芽/1.0mとする。

品種によって新梢を長く残しすぎると，先端と基部の新梢が徒長し，中間部分の生育が劣るなど生育にバラツキがみられる。芽数が確保できないことがあるため，栽培する品種の発芽状況により，株間を決定する必要がある。とくに'甲州'のような節間が長い品種は，単位長さ当たりの芽数が少なく，また生育にバラツキがみられるため，収量の面からギヨで管理するのはむずかしい。

2）コルドン

1年目の管理　1年目の管理はギヨの場合と同様である。

2年目の管理　コルドンは，側枝を配置するさいの芽座の確保が重要である。3年目のギヨの新梢が短梢コルドンの芽座になるので，結果母枝から発生した新梢の基部を短梢で剪定し，翌年の芽座とする。2年目に結果母枝を誘引するさい，充実した芽座を確保するため芽傷や発芽促進剤を使用して，新梢の発芽を促進するとともに，芽座をかかないよう注意する（第13図）。株間1.0mの場合，片側の側枝で6～8芽座/0.5mの配置が望ましい。

芽傷は2～3月ころ，樹液流動前に，結果母枝の先端と基部を除いた発芽させたい芽の先端側5～10mmを目安に，幅5～10mm，深さ2mm（形成層にかかる）程度の切れ込みを入れる。芽傷処理が早すぎると，処理した部分が乾燥しやすく，発芽が悪くなることもある。また，樹液流動後では処理した部分から樹液が漏出し，芽が腐敗したり，凍害を受けやすくなる。

発芽促進剤としてシアナミド剤のCX-10もしくはヒットα10～20倍を，発芽前までに散布または塗布する。薬剤の付着を助けるため，植物成長調節剤に摘要のある展着剤を加用する。

コルドンでは節間の短い結果枝が良好な芽座の形成につながることから，フラスター液剤を使用し，新梢伸長を抑制する。1年目の新梢展葉7～11枚時に1,000～2,000倍で散布することで，芽座の節間が短くなる効果が期待できる。

3年目以降の管理　'シャルドネ'や'メルロ''カベルネ・ソーヴィニヨン'などの欧州系の品種では花穂の着生がよく，基芽にも着生するため，1短梢につき基芽＋1芽を残し，2芽

第14図 短梢剪定コルドンの芽座の切返し
短梢剪定では芽座の上昇を避けるため，翌年発生した2新梢のうち，充実したもっとも低い位置の新梢へ切り返す

目を犠牲芽で剪定する。芽座の上昇を避けるため，翌年発生した2新梢のうち，充実したもっとも低い位置の新梢に切り返す（第14図）。新梢数が多い場合は，着穂している充実した新梢を残し，芽かきで調整するのが一般的である。

‘甲州’のように，節間が長くなり，着穂も悪く，花振いしやすい品種では，1芽座から複数の短梢を残し，新梢数を多くしたほうがよい。基芽から発生した新梢には着果しないことが多く，着果しても小房となる。また1芽目も小房になりやすいため，芽座は伸びてしまうが短梢の切詰めは2芽を残して3芽目を犠牲芽で剪定する。

(2) 棚仕立ての整枝・剪定方法

棚仕立てにおける剪定方法は，長梢剪定と平行整枝による短梢剪定に分けられる。この仕立ての植付け後の管理は生食用ブドウに準じるため，生食用ブドウの項を参照してほしい。

①長梢剪定

基本的には，生食用のブドウ品種と同様に，X字型や自然型整枝で栽培する。品種や台木により樹冠の広がりが異なるが，醸造専用種は生食用ブドウと比較して樹勢が弱い品種が多く，新梢伸長が抑えられて節間が短くなるため，細かい枝の発生が多くなる。棚面が暗い場合は，生食用ブドウよりも芽かきを多くする必要がある。‘シャルドネ’や‘カベルネ・ソーヴィニヨン’などの欧州系品種では15～18樹/10a（10年生時点）の栽植密度である（第2表）。他の仕立てや剪定方法よりも結実が安定しているため収量が多く，品種によっては1.8～2.0t/10a以上の収量が得られる。しかし，過度に着果負担を多くすると，樹勢が著しく低下し，発芽不良や凍害を受けやすくなるので，注意する。

醸造専用種は品質を考慮して収量制限により1樹当たりの着果負担を少なくした密植栽培が適しているとするワイナリーもある。

‘カベルネ・ソーヴィニヨン’などの赤ワイン用の品種では，垣根仕立てに比べて着色の向上がみられる。‘シャルドネ’は年によって密着果房となりやすく，降雨により密着裂果が発生する場合がある。

‘甲州’や‘マスカット・ベーリーA’は，肥沃な圃場では樹勢が強くなりやすく，樹の広がりが大きくなるので，長梢剪定のX字型整枝を基本とし，早期に樹冠拡大をはかり，結実を安定させる。

②短梢剪定

醸造専用種の短梢剪定の応用事例は少ないが，平行整枝によるH字型整枝やハヤシスマート方式が知られている。また，近年，作業の単純さから一文字整枝に関心が寄せられている。一文字整枝の場合，株間は基本的に主枝長9m（10年生時点）で栽培するが，樹勢に応じて縮間伐により主枝を拡張していく。うね間は2.25mで，新梢は2mの位置で一律に摘心する。したがって，栽植密度は50樹/10aである（第2表）。短梢剪定栽培は，着房位置が一律に揃うので，トンネルメッシュを利用した簡易雨よけ栽培が可能となる（第15図）。山梨県果樹試験場の成果では，醸造専用種の棚仕立ての短梢剪定栽培における収量は1.0～1.5t/10aで，長梢剪定よりやや少ない。長梢剪定と同様に，品種によって密着裂果の発生もみられる。

垣根仕立ての短梢剪定コルドンと同様，‘メルロ’や‘シャルドネ’など欧州系の醸造専用種は，基芽や1芽目にも着房するので，萌芽が良好であれば，短梢の切詰めは原則1芽残し，2芽目を犠牲芽にして剪定する。

第15図 トンネルメッシュを利用した簡易雨よけ栽培

‘甲州’の短梢剪定については現在，山梨県果樹試験場で検討中だが，樹形としては樹冠の広がるH型整枝や株間を広げた一文字整枝が望ましい。一文字整枝の場合は，樹勢に応じて主枝の延長をはかる。樹勢が強い場合，13.5～18mへの樹冠拡大も必要になる。肥沃な圃場では，‘グロワール’台や‘101-14’台などのわい性～半わい性台木が望ましい。芽座を確保するために，芽傷入れやシアナミド剤の散布により発芽促進処理も必要となる。コルドンと同様に，‘甲州’の短梢剪定では基芽に着果しないことが多く，着果しても小房になりやすい。また1芽目も小房になりやすいため，芽座は伸びてしまうが短梢の切詰めは2芽を残して3芽目を犠牲芽で剪定する。

執筆　渡辺晃樹（山梨県果樹試験場）

参考文献

Carbonneau, A., A. Deloire and B. Jaillard. 2007. La vigne. DUNOD.

Hidalgo, L.. 2005. Taille de la vigne. DUNOD.

小林和司．2015．育てて楽しむブドウ～栽培・利用加工．創森社．

小林和司．2017．よくわかるブドウ栽培．創森社．

農文協編．1981．農業技術大系果樹編．

小川孝郎．2001．草生栽培で生かすブドウの早仕立て新短梢栽培．農文協．

Reynier, A.. 2007. Manuel de viticulture. TEC & DOC.

渡辺晃樹．2014．フランス・ボルドーにおける醸造ブドウの栽培事例．山梨県果樹試験場研究報告．第13号，83—94．

渡辺晃樹・三宅正則・宇土幸伸・小松正和・恩田匠．2015．3種の台木品種に接ぎ木した欧州系赤ワイン用ブドウの特性．園学研．**14**（別2），333．

渡辺晃樹・三宅正則・宇土幸伸・小松正和・恩田匠．2015．仕立てや整枝・剪定方法の違いが‘カベルネ・ソーヴィニヨン’および‘シャルドネ’の果実特性に及ぼす影響．J. ASEV Jpn. Vol.26（No.2），96—97．

渡辺晃樹・三宅正則・宇土幸伸・小松正和・恩田匠．2016．3種の台木品種に接ぎ木した垣根仕立て短梢剪定栽培‘甲州’の特性．園学研．**15**（別2），127．

渡辺晃樹・三宅正則・小松正和・恩田匠．2016．仕立ておよび整枝剪定方法の違いが‘甲州’の果実特性に及ぼす影響．J. ASEV Jpn. Vol.27（No.2），74—75．

山梨県醸造用ぶどう技術情報交換会．2002．醸造用ぶどう栽培指針．

山梨県果樹園芸会．2007．葡萄の郷から．

筆者と妻
（写真撮影：田中康弘）

長野県上伊那郡箕輪町　柴　壽

〈ナガノパープル〉

露地栽培・WH型短梢剪定

排水改善と小葉で，裂果を防いで高品質安定栽培

〈地域の概況と私の経営〉

1. 地域の課題

長野県箕輪町は，上伊那郡の北部に位置し，諏訪湖から流れる天竜川をはさみ，東は南アルプス，西には中央アルプスを背負い，眺望景観の素晴らしい町である。天竜川西岸の扇状地では，少し下った岡谷市より水を揚げ，豊富な水量を確保するなどして稲作が盛んな一方，野菜や果樹ではリンゴ，ナシ，ブルーベリー，ウメ，スイートコーン，ナガイモ，ゴボウ，ハクサイなどがつくられている。

当地でも農家の担い手不足が大きな課題となっている。高齢化の進行とともに，かつて多くつくられていた重量感のあるナシ‘二十世紀’の栽培が急速に減少したが，近年注目されてきたリンゴの高密植栽培，ブドウの‘ナガノパープル’‘シャインマスカット’などが，里親制度を活用したIターンなども加わって，担い手の獲得に役立っている。

しかし伊那谷の産業としてのブドウ栽培は，生産組織は遅れており，集出荷体制もこれからという状態なので，こうした基本となる組織をきちっと確立しなければならない。現状は，古くから営業している観光農園やJAなどいくつかの直売所，個人的に行なっている贈答販売が主力になっているのが実情である。

指導体制は，JAが中心となり農業改良普及センターやJAの技術員により定期的に技術指導を行なっている。

経営の概要

立地条件	標高720m，西南の緩傾斜地，日照豊富，埴壌土，pH6.5，耕土約35cm，年間降水量1,000mm，灌水施設なし
ブドウ	ナガノパープル13a　5～15年生　1.6t/10a シャインマスカット10a　6年生　1.8t/10a 巨峰5a　25～50年生　1.6t/10a リザマート0.5a　25年生　1.2t/10a クイ　ンニ　ナ0.5a　5年生　1.4t/10a ピオーネ1a　8年生　1.5t/10a デラウェアほか3品種3a　25年生　1.5t/10a
その他	リンゴ20a，モモ，アンズほか7種類10a，水稲21a，野菜20a，耕作面積約1ha リンゴわい性台木M9，取り木委託6a
労働力	家族労力：本人夫婦2人 雇用労力：シルバー人材センターのべ50人 グループ：みのわ営農傘下の作業班営農集落長岡代表

樹園地はまとまったところが少なく，栽培様式も混在している。販売している果実の品質もバラツキが多く，基本技術の徹底をはからなければならない。ただ救われる点は，地力があり乾湿の変化が少ないこと。年間降水量は1,200mm以下で日照時間も長く，立地条件に恵まれているところが多く，技術面では古くからブドウ栽培に取り組んでいる生産者が各地にい

て，彼らがきちんと基本技術を指導していくことで商品性の高いブドウ生産ができるものと確信している。

2. 私の目標

私は，長野県職員を退職後，生まれ育った箕輪町に帰り，地域に根ざした活動やブドウ，リンゴの栽培をすることが目標だった。とくに，育成にかかわった一人として‘ナガノパープル’（第1図）への熱い思いが人一倍強い。‘ナガノパープル’は，「日本農業新聞」の果物売れ筋ランキングでも2011年以来，6, 7, 2, 3, 6, 9位とベストテン入りをしているものの，販売単価，生産量で大きく‘シャインマスカット’に水を開けられている。最大の課題は，生産地を育成県の長野県だけに囲っていることから知名度が低く，千疋屋，高野フルーツパーラーといった果実専門店にメジャーと認めてもらえないためであろう。そこで長野県としても2017年より囲いを外して栽培範囲を拡大し，期待している消費者に応えていきたいと考えている。

そのなかで立ちはだかる課題がある。このところ毎年各地で異常気象が発生し，大きな災害をもたらしている。異常気象の定義は30年に一度あるかないかというものと聞くが，それが毎年のようにあり，しかも観測史上初めてというから大変である。そのなかで，‘ナガノパープル’は裂果しやすいという弱点をもっているので厄介だ。2015年は8月盆すぎから低温，降雨，日照不足により県内各地で被害が発生。2016年も9月の長雨，日照不足があった。

そこでここでは，‘ナガノパープル’の生産にもっとも大きく影響する裂果対策を中心に，全天候型栽培ともいうべき，気象や生育を先読みした，より安定した栽培について紹介してみたい。

第1図　ナガノパープル
（写真撮影：田中康弘）
露地栽培なのに，ここ10年ほどほとんど裂果なし

〈ナガノパープルと裂果〉

1. ナガノパープルの品種特性

‘ナガノパープル’は，長野県果樹試験場が1990年に四倍体の‘巨峰’に二倍体の‘リザマート’を交配し，胚培養により育成した三倍体品種で，2004年6月に品種登録された。‘巨峰’と比べると発芽は早く，開花はややおそく，成熟期はほぼ同時期という特性をもっている。栽培的には，三倍体の特性上，健全な種子ができにくいのでジベレリン処理が不可欠だ。

果皮色はパープルの品種名どおり，つやがある紫黒色で美しい。果粒重は13～15g，糖度は18～21％，酸度は0.4～0.5g/100mlで，食味は素晴らしい。果皮が薄く，皮ごと食べられるので，体によいとされるポリフェノールを丸

第2図　本来はこのように裂果しやすい
（写真撮影：田中康弘）
とくに糖度14～15％の時期が危険（果皮が弱くなる）

ごと摂取できる大きな利点をもつ。ところがこの皮ごと食べられる果皮の薄さが，裂果しやすいというこの品種の弱点にも繋がる（第2図）。

生産目標は，房重400～450g，房数3,000～3,500房とし，収量は10a当たり1,600kgを目指している。

2. 裂果の克服

‘ナガノパープル’の利点は食味，色調の素晴らしさ，ポリフェノールの抗酸化機能評価が高いこと，加工適性が高いなど少なくないが，大きな課題は当初からいわれている「裂果」の克服だ。

ブドウの裂果は，収穫を前に手間をかけてきてから発生するので大きな痛手だ。また，果皮が破れ果汁が出て，健全な果粒にまで影響するので，生産者泣かせの障害である。これまで有望と期待され，消えていった品種も多い。私が好きな‘リザマート’でも苦戦している。そして今一番頭から離れないのが‘ナガノパープル’の裂果であり，露地栽培でこれを防止するという難題だ。長野県でも総力をあげ試験研究に取り組み，一定の方向性も見えてきた。

3. 裂果発生の原因

裂果の発生には三つのタイプがある。一つは「密着型」といわれるもので，‘デラウェア’に代表されるように，クチクラ層が形成される前に果粒同士が密着すると，接触部位のクチクラ層の形成が阻害されて果皮強度が低下し，熟度が進むとさらに弱くなり亀裂が生じる。成熟期の降雨があるとその部位から吸水し，果粒内に膨圧が生じて裂開する。むろん根からの吸水もある。

もう一つは「粗着型」で，‘巨峰’‘オリンピア’などがこちらのタイプだ。糖度14～15%と未熟なうちに果皮強度が低下し，果皮に陥没やひびが生じたりするとその部分から裂果が発生する。‘巨峰’は果面に傷があると吸水速度が速く，吸水量も多くなる。‘リザマート’も同様で，その遺伝子を継いだ‘ナガノパープル’もよく似たパターンを示す。

もう一つ，「うどんこ病型」だが，これは病気に弱い欧州種ないし欧州系品種に多く，うどんこ病の被害部位の果皮が弱くなり裂果しやすくなる。

一般的な対策としては，理にかなった生産量を目標にすることを第一に，密着型でいえば，適正着粒と吸水防止がポイントであり，吸水防止には早めに袋をかける。一方，粗着型では適正着果を守り，安定した果実肥大をさせ成熟を早くすることが重要だ。

〈過去の経験に酷似〉

1. 1974年の有核巨峰の大被害

ところで私は「裂果」と聞くと，半世紀にわたるブドウとの付き合いのなかで，1974年の有核‘巨峰’の大被害を忘れることはできない。長野県上田市の塩田平中心に発生し，ほとんどが売り物にならない状態であった。当時，中信農業試験場に在職していた私は，早速，土壌調査や栽培条件の調査を行ない，裂果との関係を分析した。その結果は，「粘質土壌で排水が悪く，乾湿変化が大きかった」「梅雨期の降水量が多かった」「梅雨明け後，急激に高温乾燥となった」「その後，降雨に遭遇」，そして裂果発生というのが典型的なパターンであった。

そんななかにあって，樹間に溝を掘り，上げ床にした園では，被害がきわめて軽微であった。溝の中に水溜まりができても，上げ床の中に20cm程度根が活動できる状態だった。また，土壌水分の変化の少ない火山灰土壌地帯も発生が少なかった。栽培条件では，大房，着果過多といった「成らせ過ぎ」が被害を助長していた。

2. 新梢と葉に注目

この大災害を契機に，梅雨の降水量が多い場合，梅雨明け後，急激に高温乾燥となるので土壌水分の影響を避けるため乾燥期へのつなぎを早くするとともに，1回の灌水量はひかえめに回数を多くするようにした。また，好適樹相に誘導する手法についても検討した。

長野県下の‘巨峰’38園（各園3樹）を選び，

第3図　理想的な「小さい葉っぱ」(着色期)
(写真撮影：田中康弘)
手の平におさまるぐらいがいい。ベタッとしておらず，角度がある。色が濃くて，つやもある

5年間，生育状況や葉の大きさや葉色など20項目と結実，着色，糖度，果実重の関係を徹底分析。その結果，新梢の伸び方，止まる時期，葉の大きさや色つや（第3図）といった樹の表情が，裂果など障害の発生と密接に関係していることがわかった。たとえば強樹勢で葉が大きいと棚下が暗くなり，糖度上昇が鈍り，果皮強度がもっとも弱くなる糖度14～15％の期間が長引いて，後期肥大から裂果に結びつく。

3. 危険な強樹勢・排水不良

冒頭でも記したとおり，このところ頻繁に異常気象が発生し，2016年6月2日には，長野県の標高の高いところで氷点下1℃を記録した。6月としては観測が始まって初の低温とのことだった。また，2015年の8月は，お盆すぎの異常低温，日照量40％，連続降雨で大変であった。このなかで裂果も多発し，‘ナガノパープル’はもちろん，‘巨峰’の種ありにも被害が及んだ。しかし，こうした状況のなかでもやはり被害がほとんどなかった地域や栽培者もいたのである。その違いは何だったか？

一つは，強樹勢であったか否かである。すなわち，新梢伸長が旺盛→葉が大きい→副梢の伸長が旺盛→棚下が暗い→しかも短梢剪定が主流なので，地力に合った樹冠専有面積となっていない→糖度・着色不良→糖度14～15％の果皮強度が弱くなる時期に後期肥大が始まる→果粒の横径と縦径のひずみが大きくなる，という経過をたどり，その結果，果面に小さな亀裂や果てい部に陥没ができ，そこからの吸水で果粒内に膨圧が生じ，裂果が発生するというプロセスである。この現象は梅雨期の降水量が多く，梅雨明け後，乾燥に急変した場合に顕著だ。

もう一つは，粘土質土壌で排水が悪く，乾湿の変化が大きい→根の枯死，葉焼けの発生が多い→成熟が遅れ，後期肥大が始まる，あとは上と同じパターンで裂果に繋がる。

〈裂果を防ぐポイント〉

以上，過去のデータを整理するなかで，1974年に長野県を襲った有核‘巨峰’の裂果発生と，昨今の‘ナガノパープル’でのそれが改めて酷似していることに驚かされる。そこで，重点となる防止対策を整理すると次のようになる。

1. 環境整備

土壌改良により，排水，通気性をよくする。水溜まりができないようにする。深植えは禁物である。

2. 樹勢を抑える

種なし栽培では，樹勢を強くしなければという意識が強い傾向がある。栽培の基本が平行型・短梢剪定のため，結実，明るさの確保，着色，糖度の確保のための新梢管理はおもに摘心で成り立っている。若木のうちは手も入り，周囲に余裕があるので順調に進んでいるように思うが，棚が埋まってくると，明るさが確保できなくなってくる。そのため摘心を何回もしなければならなくなり，葉が大きくなる。すると棚下が暗くなり，成熟期が遅れる。こうしてもっとも裂果をおこしやすい糖度14～15％の期間が長くなるという最悪パターンに陥ってしまう。

加えて後期肥大が被害を助長する。かりに乾燥が続いたとしても，負荷が大きく商品性の高いブドウは生産できない。樹勢は，強すぎはもっとも危険であり，弱すぎてもよくない。ほどほどがよい。

3. 樹形で樹のバランスをとる

私は樹冠専有面積を土壌条件（肥沃度など）に適合させることが大切だと考えている。

短梢平行形整枝ではH型の樹形で苦労している生産者を多く見かける。決められたスペースに樹を押し込めなければならないからだ。これでは強剪定となり，前述したように樹勢が強くなってしまう。H型からWH型へ，あるいは短梢剪定から中梢剪定に換えるなどして，できるだけ正方形・円形に近い樹の広がりとし，根と果実の距離が開きすぎないほうがいいのではないかと思う。その意味で，話題となっている奴白和夫氏（山梨県笛吹市）が開発した「ロケット式一文字仕立て」なども選択肢の一つだ。

4. 梅雨明け後，すぐ少量・多灌水

土壌水分の急激な変化は裂果を助長する。とくに，梅雨明け後，急激に高温となって激しく乾燥するので，早めに対応することが大切だ。土壌の表面が白くなってからではおそい。梅雨明け3日ころから灌水を始め，1回の量は少なめで，回数を多くしたい。

〈裂果を避ける栽培管理〉

理にかなった生産量を目標にするのは大事なことである。そのためには着房数を少なくし，房を小さくすれば無難である。しかし，私は生産性の拡大にも挑戦している（慣行栽培で10a当たり1.5tのところを，1.6～1.8t）。危険をおかすことになるが，挑戦の魅力もある。このとき私が力点をおいているのは，太陽の恵みを存分にいただき，光合成の働きを機能させることだ。

そのポイントは，葉を小さくする（有核‘巨峰’の大きさと同じ145cm^{2}前後にする）こと。また着色期の葉色がもっとも濃くてつやがあり，しかも硬くて角度をもっていることが重要だ。これが光合成が存分に行なわれている証であると考える。さらに大切なことは，1m^{2}の平面に2～2.5m^{2}分の働く葉を確保することだ（LAI：葉面積指数2～2.5）。私はLAI2.5が理想と考える。そのうえで，棚下を十分に明るくしなければならない。

これらの条件を満たすには，弱い新梢（着果させない新梢）は誘引せず上に伸ばし，棚面を立体的に使い，できるだけ摘心が2回程度ですむような状態をつくり上げたい（第4，5図）。そして，8月後半の悪天候が予想される場合には思い切った結果調節や，満開後30～35日の環状剥皮も有効な方法となる。

働く小さな葉が多ければ，裂果しやすい糖度14～15％前後の「危険な期間」をすばやく乗り切ることもできる（光合成で糖度が上がるため）。

また，永年性の果樹は，今年の果実を生産しながら来年の準備もするので，貯蔵養分を蓄えておくことも忘れてはならない。太陽の恵みを

第4図　弱い枝や着果させない枝は，棚付けせずに上へ（矢印）　（写真撮影：田中康弘）
葉が重ならず，下に光が入る

第5図　多収を目指しているブドウ園
（写真撮影：田中康弘）
枝を立て，葉をたくさん確保し，棚に厚みを持たせるイメージ。端の枝は下に垂らして樹勢調節

第6図　棚下から見たところ
（写真撮影：田中康弘）
1房約450g。樹形は6本主枝か8本主枝。主枝1本の長さは10m，主枝と主枝の間隔は2.5m

第7図　ナガノパープル自然形中梢剪定（伊那市西箕輪・みはらし観光農園，2017年6月9日撮影）

存分に享受し，緑色で濃く，つやのある葉を着色期まで維持することを心がける。

つまりブドウの顔色をうかがいながら，その年の気象を見定め管理する。よくいう「ブドウと話ができる」ことが重要なのである。

〈整枝・剪定〉

1. 樹形はWH型6～8本主枝

整枝剪定の基本は，最終的な「好適樹冠専有面積（樹の広がり）」を求め，好適樹相に誘導することである。この条件を満たすために私は以下の方法で行なっている。

①短梢・平行形整枝

WH型8本主枝ないし6本主枝の変則WH型とし，どちらも主枝長は10m，主枝間2.5mとし，前者は樹冠専有面積200m^{2}で5本/10a，後者は150m^{2}で，6～7本/10aとなる（第6図）。前述のとおり理想的には，1樹の広がりをできるだけ正方形か円形に近づけ，果実と根域の距離が近いほうがバランスをとりやすい。H型だと私のところは樹勢が強すぎるので，計画的にH型から樹形改造をしてバランスをとっている。

なお，実際場面では，圃場の形状がさまざまなので，主枝の間隔や主枝長を微調整すればよい。また，植物成長調整剤（フラスター）や環状剥皮などを用い好適樹相を維持している。

②自然形長梢・中梢剪定

品質面，圃場の形状が複雑な場合は適当な樹形である。私は‘巨峰’の種なし栽培で中梢剪定（5芽前後で切る）を行なっているが，標高の高いところの‘ナガノパープル’で熟期を早めるにはこの方法がよいと思う（第7図）。

2. 剪定の基本

年内の剪定は雪や病害虫の対応として，結果枝が込んでいるところや虫や晩腐病の被害枝などを除去し，乾燥害が出にくい結果枝の中間部分からの切除，さらには巻きひげや着房位置の果柄を切除する。

本格的な剪定は厳寒期をすぎた2月に入ってから行なう。また，私は速乾性の水性ボンドを切り口や芽傷に塗布して，樹液の出るのを抑えている。

以下，年間の作業については第1表を参照。

〈土壌・施肥管理〉

この項目は，地域性が強いので，基本的なことについて触れることにする。

1. 地表面管理

スピードスプレーヤの鎮圧防止，有機物補給，土壌の改良を兼ね，イネ科牧草（匍匐型）による草生栽培で行なっている。草種は，ケンタッキーブルーグラスとレッドトップの混播で

第1表　作業暦

<table>
<tr><th>月</th><th>ステージ</th><th>おもな作業</th></tr>
<tr><td>1</td><td>休眠期　自発休眠：12～1月</td><td>整枝・剪定：寒冷地では2～3月中に実施
多雪地では，年内に粗剪定をしておく</td></tr>
<tr><td>2</td><td>休眠期</td><td>整枝・剪定：焼却処理</td></tr>
<tr><td>3</td><td>休眠期</td><td>①休眠期防除：石灰硫黄合剤10倍液散布
剪定枝の処理：焼却
病害残存果房穂軸・罹病結果枝・巻きひげなどの除去</td></tr>
<tr><td>4</td><td>生育期　発芽期：4月末～5月初旬</td><td>②発芽前（4月上旬）防除
芽かき：1回目発芽時，3葉期ころ</td></tr>
<tr><td>5</td><td>生育期</td><td>③展葉5～6葉期防除
苦土の葉面散布：展葉4枚期～開花期までに4回ほど薬液に加用</td></tr>
<tr><td>6</td><td>生育期</td><td rowspan="2">④開花直前期防除
開花前新梢摘心：房先2葉摘む。花穂整形：上部枝柄の開花が始まったころ～満開期
1回目ジベレリン処理：満開時～満開3日後
⑤落花直後期の防除
⑥6月下旬～7月初旬期防除
摘粒：1回目処理後5日ころから始め，2回目処理までに終わらせる
ジベレリン2回目処理：満開10～15日後
⑦7月上旬期の防除
袋かけ前の最終防除：薬剤汚染・果粉の溶脱の限界期前まで
⑧被袋直後の防除
袋かけ：防除の終了期（直射日光が直接当たるところ日焼け注意）</td></tr>
<tr><td>7</td><td>生育期　袋かけまでが勝負</td></tr>
<tr><td>8</td><td>生育期　品質点検：着色状況を点検し（カラーチャート）収穫時期を決めていく</td><td>⑨収穫直前の防除
着果量調節の限界期（果実軟化期）までによく観察し，無理がないか，樹と気象状況を点検しながら樹に無理をさせない着果量にする</td></tr>
<tr><td>9</td><td>生育期</td><td>⑩収穫後の防除
収穫後10月中旬までが基肥の時期：年内に吸収させたい</td></tr>
<tr><td>10</td><td>生育期</td><td></td></tr>
<tr><td>11</td><td>休眠期　落葉期</td><td>落葉処理：邪魔にならない場所に埋没する</td></tr>
<tr><td>12</td><td>休眠期</td><td>主幹部の防寒：12月中旬までに完了，乾燥した稲わらを5cmの厚さに巻き，上部をミラーマルチで巻き雨水を遮断，翌年3月末ころ除去</td></tr>
</table>

ある。棚下が暗くなると雑草が勝ってしまうが，30％ほどの木漏れ日があれば毎年再生し，よほどのことがなければすぐ更新する必要はない。

2. 土壌改良，欠乏症対策

ブドウの好適土壌pHは6.5～7までである。最近は表層の改良が中心で，根域の調査が不十分なので，下層の改良に力点をおきたい。

土壌がアルカリになるとマンガン欠乏が発生する。種なし‘デラウェア’の着色不良（つるひけ）が知られているが，大粒種にもその傾向が見られるので注視したい。対策としては水溶性マンガンを，2回目のジベレリン処理液に0.5％濃度になるように加用して処理する。

また，カリが過剰になると苦土が吸収しにくくなるので（第8図），水溶性のマグネシウム（アクアマグなど）500倍液を開花前に3～4回葉面散布する。

ホウ素の必要量はごく微量なので，根元に集中的に散布したり，つい多く施用すると過剰障害が出やすいので注意する。

堆肥は，稲わらや牧草など粗飼料を多く食べている牛の家畜糞など，よく完熟したものを用いる。

第8図　苦土欠乏症状の葉（収穫直前）
結果枝の葉は小さく理想に近いが，残念ながら基部の葉に苦土欠乏が発生。この対策も課題。これがなくなれば光合成能がさらにアップし，高生産が可能になる

3. 施　肥

永年性の作物は春先のスタートダッシュが大切なので，肥料成分は年内に樹体内に吸収させておきたい。私は，一般にお礼肥といわれている時期の9月，おそくても10月上旬までに基肥を施用している。量は10a当たりそれぞれ窒素2.4kg，リン酸1.2kg，カリ0.6kgである。

もともと私の園は前作がナシであったため10年ほど窒素は施用せず，最近になって有機が半量入った化成肥料を使っている（「有機50％フルーツパワー上伊那12-6-3」，これには苦土とホウ素がそれぞれ3％，0.3％入っている）。追肥は開花期ころに新梢の伸長を見て施肥し，袋かけ後に葉色が薄い場合には尿素1,000倍液を葉面散布する。

〈芽かき・誘引・摘心・花穂整形〉

以下，おもに‘ナガノパープル’の栽培管理について述べる。

1. 新梢管理

新梢管理には芽かき，誘引，摘心と年度当初の重要な作業が続く。しかもその間には開花，ジベレリンなどの処理が入ってくるので，手順を誤ると致命傷になりかねない。

①芽かき（短梢剪定）

発芽して展葉4～5枚ころまでに行なう。1芽座1新梢が基本であるが，間隔が広い場合は2新梢とする。このあたりの選択は，芽の揃いとか花房の形などで変化してくる。一般には形のよいものを残す。新梢間隔は20cm程度に仕上げる。ただ，私は弱い新梢は残して誘引せずそのまま立てておき，棚に厚みを持たせ，光合成に必要な葉面積を確保している。

②誘　引

50～60cm程度に伸びた新梢から随時誘引する。いきなり誘引すると折れてしまうが，第2～4節間目をポキッと音がするくらいに捻枝すると折れない。捻枝が遅れると新梢が硬くなり，誘引はやりづらい。

③摘　心

開花前，新梢が1m程度伸びたころ軽く摘心する。また新梢の伸長抑制と，葉を小さくすることをねらい，展葉9枚期ころにフラスター液剤散布を行なう。フラスター液剤の散布は新梢の伸張抑制に有効だが果粒肥大も進むので，房づくり・摘粒の仕上げの段階で着粒制限をする必要がある。

2. 花穂整形

1）花穂が十分に伸びきった開花直前に行なう。

強い新梢は早く行なうと房が大きくなりすぎるので，上部の枝柄の花が咲き始めたころからジベレリン処理が始まる直前までに完了する。

2）満開時の房先を3～3.5cmの長さとする（第9図）。

3）通常1新梢1房とし，第2花房を用いるが，房の形状が悪い場合は，第1花房を用いる。また，先端の条件のよい新梢には両方残し，2房残すこともある。

〈ジベレリン処理・摘房・摘粒〉

1. ジベレリン処理

‘ナガノパープル’は三倍体品種であるが，自然の状態では果粒重5g程度の小粒で，しかも不完全であるが種子が入る。したがって‘ナガノパープル’は，ジベレリン処理を前提とした種なしブドウである。

第9図　ナガノパープルの房づくり
満開時に房先を3～3.5cmに整理する

第10図　袋かけ前の結実状況

1回目の処理は，花穂のキャップがすべて飛んだことを確認して行なう。濃度は25ppm。開花が揃わない場合は2回に分けて行なうが，それ以上遅れる場合は摘房する。キャップの飛びが悪い場合は，手でこすり落とす。

2回目の処理は，指導ではジベレリン25ppmを満開後10～15日としているが，私は1回目処理から12日後ころが肥大抑制とブルームの乗りもよく，適当と思う。フルメット液剤は食味を害するので使用しない。

なお，‘ナガノパープル’は樹勢が落ち着いてくると種子が入りやすいので，開花14日前ころに花房中心にストレプトマイシン液剤の1,000倍液を散布する。

2. 摘　房

1回目のジベレリン処理時に摘房を終わらせ，2回目の処理までに仕上げ摘房を終わらせる。目標では一房重400～450gとし，5新梢に4房あるいは，500gになると4新梢に3房といった状況になってくる。第1～第2果房の節間太さ10mm以下の弱い新梢は棚付けせずそのまま放置し，できるだけ立てて風になびくようにして，木漏れ日が棚下に30％程度落ちるようにする。

3. 摘　粒

摘粒は，ジベレリンの1回目処理後5日目ころになると生育状況がわかってくるので，そこから始め，2回目処理までに終わらせる。軸長を，上段支柄を切除もしくは房尻を切り上げ7cm程度に揃えてから摘粒を始める。

目標の果粒重は13～15g，着粒数は30～35粒で，大粒は30粒以内としているが，これまでの実績に照らして，無理をしないように対応する。なお，袋かけ前に，果粒肥大と果粒の密着状況を点検し，摘粒が不十分な場合は仕上げ摘粒を急ぐ。

〈袋かけ・収穫〉

1. 袋かけ

袋かけ前の防除を早くして袋をかけたい（第10図）。露地栽培の薬剤散布のポイントは，果粉の溶脱，果面の薬剤汚染と防除効果の高いマンゼブ剤（ジマンダイセン剤），キャプタン剤（オーソサイド水和剤）を開花前と落花後に散布する。

袋かけは梅雨明け直後がもっとも危険で，直射日光が当たりやすい果房は果粒が高温になれていないうえ，急激に45℃以上になるので日焼けが発生する。とくに果実軟化期（ベレゾーン）以前だと被害が大きい。鳥害防止を兼ね，遮光率の高い笠をかける。

2. 収　穫

糖度19度以上，果皮色は果てい部まで紫黒色（「ナガノパープル」用カラーチャートで4か5）の完熟期とする。食味は，果皮に渋味がなく果肉が締まり，皮ごと食べても違和感のないものを収穫する。果実が軟化した房は要注意だ。

なお，収穫前の8月になってからまだ新梢が伸長しているようだと樹体の充実に悪いので摘心をする。

《住所など》長野県上伊那郡箕輪町
柴　壽（81歳）
執筆　柴　壽（長野県実際家・元長野県果樹試験場）

2017年記

最新農業技術　果樹 vol.11
モモ生理，品種と基本の技術ほか

2018年８月31日　第１刷発行

編者　農山漁村文化協会

発 行 所　一般社団法人　農山漁村文化協会
郵便番号　107-8668　東京都港区赤坂７丁目６－１
電話　03(3585)1141（営業）　03(3585)1147（編集）
FAX　03(3585)3668　　振替　00120-3-144478

ISBN978-4-540-18055-2
<検印廃止>

印刷／藤原印刷
製本／根本製本
定価はカバーに表示